초유기체 인간

초유기체 인간

1판 1쇄 인쇄 2017. 12. 15.
1판 1쇄 발행 2017. 12. 22.

지은이 정연보
발행인 고세규
편집 황여정 | 디자인 이은혜
발행처 김영사
등록 1979년 5월 17일(제406-2003-036호)
주소 경기도 파주시 문발로 197(문발동) 우편번호 10881
전화 마케팅부 031)955-3100, 편집부 031)955-3250
팩스 031)955-3111

값은 뒤표지에 있습니다. ISBN 978-89-349-7961-6 03400

독자 의견 전화 031)955-3200
홈페이지 www.gimmyoung.com   블로그 blog.naver.com/gybook
페이스북 facebook.com/gybooks   이메일 bestbook@gimmyoung.com

좋은 독자가 좋은 책을 만듭니다.
김영사는 독자 여러분의 의견에 항상 귀 기울이고 있습니다.

이 도서의 국립중앙도서관 출판예정도서목록(CIP)은 서지정보유통지원시스템 홈페이지(http://
seoji.nl.go.kr)와 국가자료공동목록시스템(http://www.nl.go.kr/kolisnet)에서 이용하실 수 있습
니다. (CIP제어번호: CIP2017030988)

초유기체 인간
SUPERORGANISMIC HUMAN

정연보

김영사

타성적 방법을 버리고 우리가 철학적 탐구에서
성공을 기대할 수 있는 유일한 방편이 여기 있는데,
그것은 곧 이따금 변방의 성이나 마을을 점령하는 대신
이들 학문의 수도 또는 그 중심을 향해,
즉 인간 본성 그 자체를 향해 곧장 나아가는 것이다.
단 한 번이라도 우리가 인간 본성을 꿰뚫어 볼 수 있다면,
우리는 어디서나 손쉬운 승리를 기대할 수 있을 것이다.

데이비드 흄, 《인간 본성에 관한 논고》[1]

브라질의 포렐리우스 푸실러스Forelius pusillus 종의 개미는 해 질 녘이면 모두 집으로 돌아가지만 몇 마리는 밖에 남아 입구를 봉쇄해버린다. 입구가 보이지 않으니 개미집은 더없이 안전하게 되지만 밖에 남은 몇 마리의 개미들은 희생된다. 이 개미의 사회에서는 사회를 지키기 위하여 자기 몸을 던지는 장렬한 전사가 매일같이 반복된다. 이런 희생이 가능한 것은 군체의 개미는 같은 여왕개미의 자손이고, 개미는 여왕개미만 번식하는 초유기체superorganism이기 때문이다. 푸실러스 개미의 장렬한 희생은 사람으로 치면 피 몇 방울 흘리는 것과 비슷하다고 볼 수 있다.

사람은 개미와 달리 각자 생식하는 동물이다. 자신과 자식이 우주의 중심이다. 사람에게 남을 위한 희생이란 본래 기대하기 어렵다. 그러나 뜻밖에도 인류 사회에서도 개미 사회에서나 볼 수 있는 완벽한 자기희생이 목격된다. 평생을 고통받는 사람들을 돕는 데 바친 이태석 신부 같은 사람도 있고 위기에 처한 사람을 구하려다 자신이 희생되는 살신성인도 비일비재하다. 사람에게 왜 이런 이타성이 존재할까? 이런 극단적인 자기희생은 인류에게 초유기체성이 있음을 시사한다. 인류는 개미 같은 완전한 초유기체는 아니지만 필요에 따라 초유기체성을 드러내는 조건부 초유기체라고 할 수 있다.

인류 사회를 초유기체로 보게 되면 많은 인문학적·사회과학적 현상이 새로운 의미를 갖고 다가온다. 윤리, 신, 가치는 초유기체를 지향하는 것이고 자유, 인권, 정의는 초유기체성에 대한 저항과 연관되어 있다.

익숙한 인문사회학적 개념들이 생물학적 뿌리를 갖기 시작하는 것이다. 그것은 인문사회학과 자연과학이 연결된다는 말이며, 인문사회학의 지식들이 견고한 객관적 지식 위에 서게 된다는 뜻이다. 영국의 화학자이며 문인인 C. P. 스노우는 인류의 지식이 크게 인문학 분야와 자연과학 분야로 나뉘는데 이 두 분야는 바다와 산만큼이나 성질이 다르고 연구 방법도 다르기 때문에 서로 소통하는 일이 거의 없다고 했다. 스노우는 소설가도 양자역학을 이해해야 하고 물리학자도 셰익스피어 좀 읽으라고 조언하였다. 사회생물학의 비조인 에드워드 윌슨은 두 분야의 소통이 문제가 아니라 인문사회학과 자연과학이 하나의 끊임없는 지식의 체계로 통합되어야 한다고 주장하며 그렇게 될 것이라고 예언한다. 물리학에서 생물학에 이르는 자연과학의 지식은 이미 통합이 되었고, 이제 인문사회학이 인간 생물학의 기초를 가질 때가 되었다는 것이다. 리처드 도킨스는 두 분야의 계곡을 가로지르는 《이기적 유전자》라는 다리를 보여주었다. 사람은 유전자의 도구이며 날아가는 포탄이 자신의 의지로 날고 있다고 착각하는 것이다. 도킨스의 주장은 설득력이 있지만 유전자와 사람 사이에는 아직 높은 산이 가로막고 있고 자아의 부정은 정서에 와 닿지 않아 쉽게 받아들여지지 않는다. "사람이 목적"이라는 칸트의 손을 들어줄 사람은 많아도 "사람이 도구"라는 도킨스의 손을 들어줄 사람은 별로 없는 것이다. 그러나, 유감스럽게도, 낭만적인 인류중심주의를 극복하고 정신을 진화의 산물로 해체해나가지 않는다면 우리는 자신을 올바르게 이해할 수 없다.

저자는 원래 DNA에 대한 연구로 박사학위를 받았지만 때늦게 사람의 도덕성이 자연선택에 의한 진화의 산물이어야 한다는 생각을 하게 되었다. 살면서 도덕적 딜레마를 느끼는 경우가 허다하다 보니 그 이유가 이런 고려가 빠진 탓이 아닌가 하는 생각이 들었고, 진화와 윤리의 연관성은 커다란 흥미를 끌었다. 그러나 조강지처를 버리고 눈맞은 애인을 따라나설 만한 과감성은 없는지라 '무엇이 옳은 행동인가?', '사람은 왜 이타적일 수 있는가?' 등의 질문에 대한 답을 찾으려는 시도는 어정쩡하게 취미가 되어버렸다. 이런 취미는 자연과학의 경계를 넘어 철학을 비롯하여 생소한 분야를 공부해야 하는 부담스러운 일이고, 나의 이성은 '애써봐야 헛일이야' 하고 말렸지만 큰돈 들 일 없고 독서와 사유가 할 일의 전부였기 때문에 취미는 오래 지속되었다.

고상한 취미를 즐기며 10여 년 지나다 보니 뜻밖에 나름 답안이 떠오르기 시작했다. 첫 번째 단초는 우리가 선이라고 생각하는 모든 것이 결국 사회의 이익을 뜻한다는 것이다. 남을 돕는 것은 물론, 진리, 문화, 정의 등 선의 성격을 갖는 것들은 모두 사회에 이익이 되는 것이다. 유레카! 이익을 선이라고 보게 되면 윤리적 딜레마는 더 이상 딜레마가 아니고 이해의 충돌이 되어버린다. 세상의 끊임없는 분쟁은 그다음 힌트를 준다. 인간은 자신이 속한 사회를 위하여 협동하고 다른 사회에 대해서는 적대적이다. 윤리는 사회의 범위를 넘을 수 없고 보다 정확하게는 내집단內集團/in-group(공동체) 안에서만 작용한다. 이런 특성은 자연선택natural selection의 한 양상인 그룹선택group selection으로 설명이 된다. 그룹선택은 개별적 번식을 도모해야 하는 인간이 윤리적일 수 있다는 모순을 설명하면서 윤리와 더불어 정의의 목적과 내용을 새로운 관점에서 천착할 기회를 준다. 윤리는 적극적 협동의 장치이고 정의는 협동의 이완을 방지하는 소극적 협동의 장치로서 초유기체적 사회를 유지하기 위해서 필요한 장치들인 것이다.

초유기체의 개념은 부富가 공동체가 함께 생산한 것이라는 사실을 부각시킨다. 부는 인류의 문명과 더불어 생성되어 축적되는 것이고 개인은, 유전자를 다음 세대로 전달하듯이, 그 부를 잠시 맡았다가 다음 세대로 전달한다. 부의 세습은 공동체의 소유물을 개인의 소유물로 고착화하는 것이기 때문에 권력의 세습과 마찬가지로 진화생물학적 타당성이 없다.

인류는 조건부 초유기체이기 때문에 초유기체로서 협동하면서 여전히 자신의 생존과 번식을 목적으로 한다. 민주주의와 자본주의는 초유기체의 세포인 개인들이 자신들의 생존과 번식의 욕구를 주장하는 것이다. 민주주의는 세포들이 동등한 지분을 주장하는 것이고 자본주의는 세포들 간의 경쟁을 의미한다. 물과 기름 같은 민주주의와 자본주의를 포용하는 정의로운 사회는 사회계약을 넘어 약정, 동등, 공평, 감시, 보험, 불세습 등 6가지 원칙에 기반하는 사회약정의 사회이어야 한다.

초유기체성에 대한 탐구는 필연적으로 행위의 배경이 되는 정신을 향하게 된다. 심리학은 행동의 배후에 욕망이 있다고 한다. 욕망은 감각에서 행동에 이르는 정신 과정의 중심에 자리잡고 있다. 욕망은 무한히 다양한 듯이 보이지만 가만히 따져보면 정서로 인식되는 한정된 수의 레퍼토리가 있다. 몇 개의 옷이 이리저리 조합되며 새로운 패션이 되듯이 욕망도 이리저리 조합되어 다양한 인간의 행동을 만들어내는 것이다. 욕망은 인간의 핵심적인 본능이다. 정신 과정의 중심에 자리잡은 욕망은 자극에 대해서 반응하는 정신의 척추를 보여주며 이성 및 '행복게이트'와 함께 '자유의지의 회로'를 그릴 수 있게 해준다. 자유의지는 욕망 가운데 하나를 선택하는 것이며, 이성은 그 방법을 제시한다. 행복게이트는 쾌락의 크기에 따라 최종적 승인을 내리는 심판관이다.

고구마 한 뿌리를 잡아 계속 캐다 보니, 먹을 수 있는 것인지 아닌지는 더 두고 봐야 알겠지만, 꽤 많은 수확으로 이어졌다. 나는 '사회의 이익이 선'이라는 첫 번째 고구마에 고무되어 2004년 《인간의 사회생물학》이라는 제하에 그동안 탐구했던 것을 정리하여 펴낸 바 있다. 당시는 사업에 매달려 있던 시기였고 평생 사업을 할 것이라고 생각하던 때였으니만큼 책을 쓰는 일은 쉽지 않았지만 고구마를 썩혀버리기 아까워 사이사이 시간을 내어 집필을 하고 서둘러 마무리를 지었다. 그래도 깜냥엔 할 만큼 했다는 생각이었다. 그러나 시간이 지나면서 오류와 결핍이 눈에 띄었고 논리의 무결성integrity이 부족하다는 것을 알게 되었다.

오래전 일이지만, 학계의 인물도 아닌 마이다스아이티의 이형우 사장님은 한편으로는《인간의 사회생물학》의 열독자로서 성원을 보내면서, 비록 농담조였지만, 허투루 쓰인 부분을 거듭 지적하며 보완할 필요가 있다는 점을 일깨워주었다. 가까운 친구들도 생물학의 파장이 피부에 와 닿음을 인정하곤 했지만 숙성이 충분하지 않음을 아프게 지적해주었다. 즐거움도 컸지만 한도 끝도 없는 이런 지적 노동에서 스스로를 해방시키려던 나의 계획은 예상치 않았던 빚을 느끼면서 미루어졌고 많은 세월이 흐르다 보니 결국 새 책으로 갚게 되었다. 좌파하지 않고《초유기체 인간》에 도달하게 되었으니 그동안 성원해주신 분들께 감사를 드리지 않을 수 없다. 저자의 동생인 경희대학교 철학과의 정연교 교수는 유용한 철학책들을 소개하고 저자가 철학적 개념들을 올바르게 이해하는 데 큰 도움을 주었다. 정 교수 덕분에 많은 오류가 수정되었다. 객관적 시각을 유지하는 데 일조한 아내 양혜란에게도 감사를 표하고 싶다.

2017년 겨울
정연보

차례

마음

MIND

항상 당당하던 이에론은 권좌에서 밀려나고 말았다. 루이트와 니키가 힘을 합쳐 몰아세우는 데는 어쩔 도리가 없었다. 루이트는 우두머리가 되었고, 니키는 이에론에게 위세를 부렸다. 비록 일인자의 자리는 빼앗겼지만 이에론이 니키 하나도 당하지 못할 바는 아니다. 그러나 이에론은 니키와 이인자의 자리를 놓고 다투지 않았다. 오히려 니키에게 아랫것의 예를 올렸다. 그러자 루이트는 니키를 견제하기 시작했다. 루이트는 니키와 이에론이 가까이 지내지 못하게 방해했다. 루이트는 이에론에게 손을 내밀었다. 이에론은 자신을 몰아내고 권좌를 차지한 루이트가 아니라 니키와 손을 잡았다. 그리고 마침내 이에론은 니키와 힘을 합쳐 루이트를 몰아내는 데 성공했다. 이제 니키가 우두머리가 되었다. 니키는 너무 어렸고 권좌는 불안정했다. 니키는 루이트에게도 이에론에게도 어느 정도의 위세를 허용할 수밖에 없었다. 그러던 어느 날 니키가 이에론의 교미를 방해하자 이에론은 이내 루이트와 한편이 되었고 이에론의 힘을 업은 루이트는 니키를 몰아내고 우두머리의 자리에 복귀했다. 그러나 루이트의 통치는 10주밖에 가지 못했다. 니키는 이에론에게 손을 내밀었고 둘은 어느 날 밤 우리에서 혼자 자는 루이트를 급습하여 죽여버렸다.

프란스 드 발은 네덜란드 아넴동물원의 사파리에 살고 있는 침팬지들을 밀착 관찰하면서 침팬지들의 믿기 어려운 삼국지를 기술했다.[1] 나무를 오르내리며 기성을 지르는 침팬지들이지만 머릿속에서는 권좌를 차지하기 위한 합종연횡의 정략이 회오리치고 있었다. 두 약자는 힘을 합쳐 강자를 몰아내고, 권좌에 오른 이는 반역을 꾀하지 못하도록 부하를 감시한다. 권좌에서 쫓겨난 이에론이 젊은 니키에게 예를 올림으로써 스스로 3인자가 되어 물러나 앉아 캐스팅 보트를 쥐는 것은 사람을 넘어 제갈공명을 연상시킨다.

침팬지 세계에 정략과 배신이 있고 예의와 윤리까지 있다는 관찰은 우리의 나르시시즘을 흔들어놓는다. 사람은 특별한 존재가 아니며 진화의 가지에서 침팬지의 이웃에 있는 한 종일 뿐이다. 침팬지와 사람의 DNA 염기서열의 차이는 1%도 안 된다.[2] 유인원이 사람이 되는 것은 비약적인 발전이지만 사람의 정신이 갑자기 창조된 것은 아니다. 어느 순간 마지막 숫자가 맞으면 로또 1등이 되는 것같이 준비되어 있는 유인원의 정신에 마지막 1%가 채워지면서 인간이 된다. 장구한 진화사에는 가파른 변화들이 종종 눈에 띈다. 어느 순간 물고기는 뭍으로 올라오고 파충류에게 날개가 달린다.[3] 가파른 진화는 지진 에너지가 축적되어 있다가 어느 순간에 터지는 것과 비슷한 것이다. 세밀한 관찰은 진화적 도약을 준비하는 물밑 작업을 드러낸다.

호주 맥쿼리대학교의 캐롤린 스미스는 3차원 가상현실 기술과 첨단 시청각 기기로 무장하고 닭으로서는 속을 수밖에 없는 갖가지 상황을 연출하면서 닭의 정신세계를 파고들었다.[4] 마당에는 다수의 카메라가 설치되었고 닭의 목에는 작고 가벼운 마이크가 달렸다. 닭들의 일거수일투족이 모두 감시되는 것이다. 스미스의 이런 노력은 닭의 머릿속에 감춰져 있는 놀라운 정신을 백일하에 드러냈다. 수탉은 먹을 것을 발견하면 머리를 앞뒤로 움직이면서 "꼬, 꼬, 꼬" 소리를 내어 암탉을 부르며 마치 남자가 여자를 멋진 레스토랑에 초대한 듯이 폼을 잡는다. 장닭이 폼을 잡을 때 다른 수탉들은 얌전히 있어야 한다. 감히 흉내를 내서 암탉을 유혹하려 들다간 장닭한테 쪼이고 쫓기는 수난을 당한다. 그러나 겸손은 어디까지나 보스가 보는 범위 내에서이다. 장닭의 시야 밖에 있다고 생각이 되면 수탉들은 장닭과 다름없이 벼슬을 흔들며 마치 자신도 먹이를 발견한 듯이 폼을 잡는다. 다만 "꼬, 꼬, 꼬" 하고 소리를 내지 않을 뿐이다. 닭의 천적인 매가 하늘에 뜨면 닭들은 서둘러 위기 상황을 알리고 동료들이 피신하도록 돕는다. 그러나 매가 떴다고 수탉이 무조건 소리를 지르는 것은 아니다.[5] 우선 자신이 매의 눈에 잘 띄지 않는 덤불 속에 숨어 있을 때 경보가 잘 터졌고 암탉과 병아리들이 있으면 더 잘 터졌다. 그러나 주변의 다른 수탉이 매의 출현을 미처 모르고 노출되어 있으면 경보는 잘 터지지 않았다. 스미스는 닭들은 행동하기 전에 생각한다고 믿으며 거만함과 비굴함과 교활함을 모두 갖추고 있다고 주장한다.

영국 브리스틀대학교의 조앤 에드거는 병아리의 눈가에 압축공기를 쏘았다.[6] 압축공기는 병아리에게 무해하지만 병아리는 성희롱당한 아이같이 심한 스트레스를 받는다. 스트레스를 받는 병아리는 경계 자세를 갖추고 심장 박동이 빨라지며 눈의 온도가 떨어진다. 에드거는 병아리를 괴롭혔지만 에드거의 관심은 실은 병아리가 아니라 옆에 있는 어미 닭에 있었다. 그녀는 어미 닭이 고문당하는 병아리를 목격할 때 스트레스를 받는지 궁금했던 것이다. 놀랍게도 어미 닭은 병아리와 마찬가지의 스트레스 증상을 보였다. 병아리의 스트레스가 어미 닭에게도 그대로 전해지는 것이다. 에드거의 실험은 닭이 스트레스를 느끼는 것은 물론 공감 능력까지 있다는 외면하고 싶은 결론을 내놓는다.

정신은 뭍에서만 관찰되는 것이 아니다. 그물에 산더미같이 건져 올려지는 물고기의 세계에서도 정신이 활동하고 있다. 스위스의 레두안 브샤리와 호주의 알렉산드리아 그루터는 호주 퀸즐랜드 산호초에서 서식하는 안경돔과 청소놀래기의 공생 관계를 연구하고 있었다.[7] 청소놀래기는 작은 물고기인데, 안경돔 표면의 기생충을 잡아먹는다. 안경돔은 기생충을 제거하고 청소놀래기는 먹을 것을 얻는 공생 관계인 것이다. 그런데 청소놀래기는 실은 안경돔이 피부보호용으로 분비하는 점액질을 더 좋아한다. 때때로 청소놀래기는 기생충은 내버려두고 안경돔의 점액질을 뜯어 먹어 안경돔의 또 다른 기생자가 된다. 점액질을 뜯긴 안경돔은 청소놀래기와 같이 있을 이유가 없으며 자연히 다른 곳으로 가버린다. 안경돔의 기생충이라도 넉넉히 먹으려면 청소놀래기는 맛있는 것만 추구하는 욕망을 억제할 필요가 있다.

브샤리와 그루터는 안경돔이 행실에 따라 청소놀래기를 차별한다는 정황을 포착하고 실험실에서 비슷한 상황을 재현하여 이를 확인하고자 했다.[8] 이들은 세 칸으로 구분된 수조를 마련하고 양 끝의 방에 청소놀래기와 모형 안경돔을 1마리씩 넣었다. 모형 안경돔은 플렉시글라스로 만든 편평한 모형인데 청소놀래기는 이것이 진짜 안경돔인지 인공물인지 구별하지 못한다. 연구자들은 왼쪽 방의 모형 안경돔의 표면에는 빨간 새우를 붙여놓았고 오른쪽 방의 모형 안경돔에는 아무것도 붙여놓지 않았다. 왼쪽 방의 청소놀래기(L)는 모형의 표면에 붙어 있는 새우를 먹는 데 열중하기 마련이고 오른쪽 방의 청소놀래기(R)는 안경돔 표면에 먹을 것이 없으니 모형 근처에 있지 않고 이리저리 헤엄쳐 다니게 된다. 사정을 모르는 안경돔이 본다면 왼쪽 방 청소놀래기(L)는 열심히 일하는 모습이고 오른쪽 방 청소놀래기(R)는 건달 모습인 셈이다. 가운데 방에는 실험의 주인공인 진짜 안경돔이 놓인다. 세 방을 나누는 칸막이는 경찰의 조사실같이 한쪽에서만 볼 수 있는 일방통행형이라 가운데 방의 안경돔은 양쪽 방을 볼 수 있지만 양쪽 방의 청소놀래기들은 가운데 방의 안경돔을 볼 수 없다.

가운데 방의 안경돔이 양쪽의 청소놀래기들의 행동을 충분히 보았다고 생각되는 10분 뒤 실험자들은 칸막이를 걷어냈다. 주인공 안경돔은 두 청소놀래기에게 차별적인 반응을 보일 것인가? 연구자들은 안경돔이 청소놀래기(L) 곁에서 더 많은 시간을 보내는 것을 관찰할 수 있었다. 안경돔은 두 마리의 청소놀래기를 구분하였으며 일하는 청소놀래기(L)

를 건달 청소놀래기(R)보다 선호하는 것이 분명했다. 바람직한 행동을 보인 사람을 선호하는 것을 심리학에서는 '이미지 스코어링image scoring' 이라고 한다. 높은 이미지 스코어를 얻는다는 것은 좋은 평판을 듣는다는 말이다. 안경돔이 다른 안경돔에게 청소놀래기들의 평판을 얘기해줄 수는 없겠지만 성실한 청소놀래기와 건달 청소놀래기를 구별함으로써 평판의 첫 단계를 달성한 것이다.

브샤리와 그루터는 반대 방향에서도 실험을 하였다. 모형 안경돔에는 맛있는 새우와 맛없는 인공사료가 함께 붙여졌다. 이 두 먹이가 동시에 주어졌을 때, 만일 제3의 안경돔이 주변에 있다면 청소놀래기의 행동이 달라질 것인가? 다시 말하면 관중이 있으면 행동이 달라지는가를 묻는 것이다. 이것은 일종의 사회생활적 감각과 판단이 필요한 행동이기 때문에 이제까지 물고기에서 이런 행동을 기대한 사람은 없다. 그러나 뜻밖에도 청소놀래기는 다른 안경돔이 보고 있을 때는 새우를 먼저 먹지 않고 맛이 없는 인공사료를 먼저 먹었다. 청소놀래기에게 '관중효과'가 작용하는 것이며 남들이 보고 있으면 착한 행동을 하기 쉬운 것이다.[9]

사람이 아닌 비인간동물nonhuman animal들의 정신세계를 과학적으로 탐색하기 시작한 것은 불과 백 년도 되지 않는다. 전통적인 편견을 가지고 보면 비인간동물에 정신이 존재한다는 자체가 의심스러운 것이지만 과학은 동물의 행동에서 정신의 존재를 확인하고, 그것도 위선과 기만, 공감에, 소셜 네트워킹까지 두루 갖춘 정교한 정신임을 밝히며 인간의 정신이 동물의 정신과 연장선상에 있음을 확실히 보여준다. 정신은 뇌와 더불어 진화해온 것이다.

아직 회의적인 사람도 얼마든지 있지만 정신이 뇌라는 하드웨어의 활동에 수반하는 현상이라는 것은 이제 정론임을 넘어 부인하기 어렵다.[10]

우리는 자아가 있고 감정을 느끼며 자유의지를 가진 특별한 존재라고 생각하지만 이 초월적으로 보이는 특성들은 뇌의 한계를 벗어나지 못한다. '초월적'이라는 말은 '신비스럽다'는 말같이 과학적으로 잘 알지 못한다는 뜻이다. 뇌에서 정신이 되는 중간 과정을 이해하지 못하는 것일 뿐 답은 나와 있다. 뇌의 신경회로를 건드리면 우리의 정신은 마구 교란된다. 증거와 증명은 허다하다. 프랑스 파리의 살페트리에르 병원에서는 한 파킨슨병 환자를 치료하고 있었다.[11] 의사는 환자의 두개골을 톱으로 잘라 열고 뇌의 여기저기에 바늘 같은 프로브를 꽂아 전기 자극을 주며 치료해야 할 부위를 찾고 있었다. 뇌에는 통증을 느끼는 감각기가 없기 때문에 뇌수술을 할 때는 환자의 뇌를 마취시킬 필요가 없다. 환자는 깨어 있었고 의사는 환자와 이야기를 주고받으며 수술을 한다. 그런데 환자는 돌연 대화를 멈추더니 이내 울기 시작했다. 환자는 "나는 더이상 살고 싶지 않아요. 아무것도 보거나 듣거나 느끼고 싶지 않아요. 삶에 지쳤어요. 이젠 충분해요. 더 이상 살고 싶지 않아요. 사는 게 지긋지긋해요" 하고 말했다. 의사들은 곧 치료에 문제가 있음을 깨달았다. 전극의 전기가 차단되었다. 약 1분 30초가 지난 뒤 환자는 갑자기 울음을 그치고는 원래의 기분으로 돌아왔다. 5분도 되지 않아 농담을 하고 아주 즐거운 무드가 되었다. 환자는 "도대체 어떻게 된 거냐?" 하고 물었고 자신도 이해할 수 없지만 아주 끔찍한 기분이었음을 얘기했다. 환자에게는 전혀 우울하게 느낄 이유나 병력이 없었다. 뇌의 어느 부분이 전기 자극을 받으면서 슬픔을 유발한 것이다. 희로애락은 전기 자극에 달린 것이다! 정신이 뇌가 활동해서 생기는 결과라는 것은 군이 병원의 수술대나 특이한 질환을 들먹일 필요도 없다. 술 한 병이면 사람은 행복해질 수 있고 이성은 교란되며 말은 느슨해진다. 뇌에 알코올을 좀 뿌리면 정신이 오작동하는 것이다.

인지과학은 뇌가 컴퓨터와 마찬가지로 정보처리장치라고 단언한다. 정신은 눈 같은 감각기에서 출발하여 근육 같은 반응기에 닿는 신경회로가 작동하면서 발생하는 현상의 총체이며 감각기에 입력된 자극을 해석하고 적절한 대응을 계산해내는 과정인 것이다. 진화의 어느 단계에서 정신의 어떤 특성들이 생겼는지 아직 감도 잡히지 않지만 이런 정의에 따르면 해파리에서 침팬지까지 모든 비인간동물들도 정신을 가지고 있다. 동물의 정신을 그림으로 그려낼 수 있다면 육체와 마찬가지로 다양한 모습을 하고 있을 것이다.

컴퓨터와 정보통신기술은 사람과 다른 동물의 정신의 차이에 대해서 시사점을 던진다. 컴퓨터 통신은 처음에는 문자를 주고받던 오솔길에 지나지 않았지만, 소리나 이미지를 보낼 수 있는 포장도로가 되더니 이제는 동영상을 순식간에 주고받을 수 있는 넓고 시원한 고속도로가 되었다. 의사소통은 문자면 충분하고 통신하는 상대편은 아이디 하나면 인식되지만 통신 이용자들은 더 많은 정보를 요구하고 통신은 더 빠르게 진화한다. 어류의 정신은 통신의 오솔길이며 흑백 화면의 도스DOS 세계에 있고 침팬지의 정신은 포장도로이며 초기 윈도의 세계에 머물러 있지만 사람의 정신은 고속도로에 멀티미디어의 윈도즈 세계에 있다고 할 수 있다.

도스의 워드프로세서도 윈도즈의 워드프로세서도 원고를 입력하고 수정할 수 있고 행을 맞추고 단어를 찾을 수 있다. 이 책의 텍스트는 몽땅 합해야 수백 킬로바이트에 불과하다. 스마트폰으로 찍은 사진 한 장의 크기도 되지 못한다. 문자에만 의존한다면 오솔길의 통신과 도스의 운영 체제에서도 이 책의 내용을 전달하는 것은 문제가 없다. 협동, 배반, 위선, 평판 등 정신적 활동이 문자로 기술될 수 있고 복잡한 멀티미디어 데이터가 필수적이 아니라면 청소놀래기나 닭도 의외로 복잡한 생각을 굴릴 수 있을지 모른다. 이미지 스코어링이나 관중효과 정도라면 알고리즘은 그다지 복잡할 것도 없다. 등장인물은 고작해야 두세 명이고 먹이는 두 종류, 행동도 몇 가지 안 된다. 도덕이나 정치가 매우 고차원적이고 복잡한 정신 활동이라는 생각은 인간 중심적 사고에서 나온 편견이기 쉽다. 금수는 사람같이, 사람은 금수같이 바라보면 그동안 못 보던 것을 볼 수 있다.

1장

인류 초유기체

HUMAN
SUPERORGANISM

조건부 초유기체

영국의 수상 윈스턴 처칠은 제2차 세계대전에 임하여 전쟁에서 패배한다는 것은 곧 죽음이라고 부르짖었다.

여러분은 우리의 목표가 무엇인가를 물으실 것입니다. 본인은 한마디로 이렇게 대답하겠습니다. '승리가 있을 따름입니다.'
어떠한 희생이 있고 어떠한 공포를 무릅쓰고라도 우리는 승리를 이루어야 합니다. 승리를 쟁취하는 길이 아무리 지루하고 험난하더라도 승리에 도달하도록 해야 합니다. 왜냐하면 승리를 쟁취하지 못한다면 다시 살아남을 수 없기 때문입니다.[1]

처칠의 연설은 감동적이지만 일말의 의혹을 남긴다. 패배는 죽음인가? 패배는 흔히 경제적 어려움과 영토의 위축을 가져오지만 그렇다고 패전국 국민들의 죽음으로 연결되지는 않는다. 오히려 전쟁은 살인의 시작이고 종전은 살인의 종식이다.

인류의 역사는 거의 전쟁사라고 할 만큼 전쟁으로 점철되어 있다. 현재의 영국도 오랜 시간에 걸친 수많은 전쟁의 결과이다.[2] 2000년 전 로마인들은 영국 섬의 원주민인 켈트족 사회를 정복하였고 5세기경에는 북해를 건너 덴마크와 독일 북부에서 앵글족과 색슨족이 침공하여 앵글로색슨의 기원이 되었다. 9세기부터는 덴마크와 노르웨이의 바이킹들이 침략하여 영국 섬의 대부분을 장악하였고, 11세기 초 영국은 덴마크의 속주였다. 11세기 후반에는 프랑스의 노르망디 공작 윌리엄이 영국 정복에 성공하여 새 주인이 되었다. 전쟁을 겪으며 영국 섬의 지배자들은 계속 바뀌었지만 그렇다고 이전에 살던 주민들이 모두 살해되거나 쫓겨난 것은 아니다. 영국 섬의 서쪽 지방인 웨일스와 북쪽의 스코틀랜드는 여전히 켈트족의 색채가 강하고 중부와 남쪽의 잉글랜드와는 이질감을 갖고 있으며 툭하면 독립이란 카드를 만지작거린다.[3]

독일이 영국을 정복한다면, 일본의 조선 정복이 보여주듯이 영국의 모든 자산은 독일의 수중에 떨어지게 된다. 영국의 자원은 독일의 산업에 이용되고 모든 영국적인 요소는 파괴되고 부정되며 뉴턴이나 셰익스피어는 지워지고 라이프니츠와 괴테가 그 자리를 차지할 것이다. 영어는 비효율적이고 불완전한 언어로 치부되고 영국의 모든 명칭은, 심지어는 사람들의 이름조차도, 윌리엄은 빌헬름으로, 루이스는 루트비히로 바뀔 것이다. 처칠이 승리 없이는 살아남을 수 없다고 한 것은 영국인이 아니라 영국 사회다. 영국인들이 주인인 사회가 죽는다는 말이다. 당시 4500만 명이던 영국인 가운데 4400만 명이 살아남는다고 하여도 더 이상 영국적인 것은 용납되지 않고 독일적인 것으로 대체된다고 하면 영국 사회는 죽는 것이다. 영국인 가운데 일부는 재빨리 독일 사회에 동화하면서 독일인으로 행세하고 잘 살아남겠지만 대다수의 영국인들은 사회의 하층계급이 되어 수탈당하고 억압받는 생존을 겪어야 한다. 영국 사회의 입장에서는 4400만 명의 구성원들이 희생되고 100만밖에 남지 않는다 하더라도 승리를 해야 한다. 남은 100만 명은 다시 영국 사회를 재건하는 주인으로서 100만이지만 정복당한 4400만은 영국 시민이 아닌 독일 사회의 일부로서 혹은 자원으로서 4400만인 것이다.

전쟁은 개인이 아닌 사회의 생존경쟁을 뚜렷이 부각시켜준다. 개인의 생사와는 별개인 사회의 생사가 있는 것이며, 사회는 개인들의 생명을 소모하며 스스로의 생존을 도모한다. 사회는 개인과는 다른 생존경쟁의 단위인 것이다. 생물학적으로 표현하면 인류 사회는 초유기체超有機體/

superorganism의 성격을 갖고 있다. 초유기체는 영국의 생물학자 윌리엄 휠러가 지어낸 말이다.[4] 휠러는 개미의 군체가 크기, 구조, 행동 등에서 일정하고 독특한 특성을 가질 뿐만 아니라 생식체(여왕개미)와 몸체(일개미)가 따로 있고 하나의 단위로서 번식하기 때문에 개미의 군체는 초유기체라고 주장했다. 개개의 개미는 외형상 하나의 생물체이지만 개미 군체의 차원에서 보면 보통 동물의 세포에 해당된다.

사회생물학자들은 계급이 있고 여러 세대가 공동의 둥지에서 살며 후손을 공동 양육할 때 진사회성眞社會性이 있다고 한다.[5] 진사회성은 초유기체로 진화하기 위한 기초공사이다. 진사회성은 개미뿐만 아니라 진화의 계통수系統樹에서 뻗어 나오는 여러 가지에서 발견되며 흰개미, 꿀벌, 새우 종류, 두더지 종류에서도 발견된다. 사회생물학의 비조인 에드워드 윌슨은 인류도 진사회성 동물이라고 주장한다.[6] 인류 사회는 개미의 군체같이 생식체와 몸체가 따로 있는 것은 아니지만 분업과 협동을 하며 독점적인 공간을 차지하고 살며 적어도 부분적으로 공동 양육을 한다. 만주의 한국인 사회나 퀘벡의 프랑스인 사회는 인류 사회가 군체같이 번식하는 모습으로 볼 수도 있을 것이다.

그러나 인류 사회와 개미 사회는 두 가지 면에서 근본적으로 다르다. 사람은 개별적으로 생식하는 존재이며, 생각하는 존재이다. 개미는 여왕개미만 자식을 낳고 본능에 의해서 구동된다. 개별 생식은 인류가 개미같이 완전히 희생적이고 헌신적일 수 없다는 것을 뜻한다. 생각하는 존재라는 것은 인류의 사회도 개인과 마찬가지로 생각하는 존재라는 것이다. 개미의 군체는 머리 없는 몬스터라고 할 수 있지만 인류 사회는 여러 로봇이 합쳐서 하나의 거대한 로봇을 형성하고 그중 하나가 머리가 되는 합체로봇Transformer을 연상시킨다. 인류의 리더는 생식을 전담하는 것이 아니라 사회의 행동을 결정한다. 인류는 진사회성이 있고 사회를 위해 자신을 희생하는 초유기체적 성질을 갖고 있지만 개미 같은 절대 초유기체obligate superorganism는 아니다. 인류는 조건부 초유기체facultative superorganism인 것이다. 인류는 개인의 생식을 포기하지 않으면서 초유기체적 군체의 이점을 갖도록 진화하였다고 볼 수 있다.

'조건부facultative'라는 말은 환경에 따라 대사代謝/metabolism나 행동을 바꾸어 생존하는 능력을 말하는데 많은 종에서 다양한 형태로 관찰된다.[7] 가령, 술을 빚는 데 사용되는 효모인 이스트는 조건부 혐기성 생물이다. 산소가 넉넉한 환경에서는 사람과 마찬가지로 당분을 이산화탄소로 분해시켜 에너지를 얻지만 산소가 부족하거나 없는 환경에서는 산소를 필요로 하는 대사 과정은 정지시키고 당분을 알코올로 분해시켜 에너지를 얻는다. 침팬지는 주로 열매나 잎을 먹는 채식동물이지만 조건부 포식자이고, 사자는 수시로 남이 사냥한 먹이를 빼앗아먹는 조건부 기생자이며, 도마뱀 가운데는 매우 빠른 속도로 두 발로 뛰는 조건부 두발보행자도 있다. 인류는 사회적 동물이지만 평상시에는 초원의 누 떼나 호수의 청둥오리 떼와 다를 바 없이 각자 먹고사는 데 바쁘며 초유기체로 느껴지지 않는다. 그러나 사냥을 한다든가 위기 같은 특수한 조건이 주어지면 인류의 무리는 초유기체가 되며 개인은 마치 커다란 동물의 팔다리가 된 것같이 자신의 역할을 수행하고 때로는 자신을 희생하며 초유기체임을 드러낸다.

인류 사회의 초유기체성은 사회의 분열에서도 확인된다. 마치 하나의 동물이 팔다리가 잘려 나가는 것을 거부하듯이 초유기체인 사회도 사회의 분열을 거부한다. 미국은 아메리카 식민지의 13개 주가 연합하여 본국인 영국의 부당한 착취에 대항하며 태어났다. 미국의 각 주들은 상당한 자주권을 가지고 마치 협동조합에 가입하듯이 미연방의 일원이 되었다. 나라가 큰 만큼 자연환경 차이도 크다. 북부는 도시와 공업이 발달하였고 남부는 대규모 농장인 플랜테이션을 기반으로 하는 농업지대가 되었다. 그것은 사고방식과 문화의 차이를 가져온다. 북부는 인구 이동이 자유로우며 진보적 사고를 하게 되는 반면 남부는 봉건적 노예제도에 의존하며 보수적인 사회가 되었다. 노예제도는 건국 초기부터 갈등의 씨앗이었다. 흑인을 사람으로 치지 않으면 별문제가 없겠지만 흑인을 가까이서 부리다 보면 흑인이 사람이라는 것은 분명히 알 수 있다. 더욱이 같은 기독교인이 된다면 당혹스러운 일이 아닐 수 없다. 흑인의 정신이 열등하기 때문에 백인의 지배를 받아야 한다고 주장하기도 하지만 그것은 입증된 바가 없는 주장일뿐더러 이내 약육강식의 선언이 되며 인권은 갖다 버려야 하고 도착지는 "만인에 의한 만인의 투쟁"이다. 19세기 중반에 이르자 남북의 대립은 첨예해졌고 마침내는 노예 해방을 이슈로 남부와 북부가 갈라서게 된다.[8] 남부는 별도의 남부연방정부를 세우고 미합중국에서 독립을 선포하였다. 성격과 가치관이 다르면 이혼하는 게 마땅하다. 그러나 미국 사회는 남부의 독립을 용인하지 않았다. 결국 4년에 걸친 전쟁 끝에 남부연방은 강제로 해체되고 다시 미합중국에 편입되었다. 이런 현상은 논리적으로는 이해되지 않는다. 인류 사회를 초유기체라고 볼 때 설명이 된다. 인류 사회는 구름이 합쳤다가 나뉘는 것처럼 이합집산에 무심하지 않으며 둘로 나뉘는 데서 고통을 느끼고 분리를 거부한다.

유럽의 발칸 반도는 유럽과 아시아의 경계에 위치하면서 라틴계와 게르만계와 슬라브계 및 중동계의 여러 민족들이 섞여 있고 로마 가톨릭교와 동방정교 및 이슬람교 등 주요 종교가 공존하는 곳이다. 제1차 세계대전의 패전으로 오스만 제국과 발칸 반도 북쪽의 오스트로헝가리 제국이 붕괴되면서 소련의 입김으로 발칸 반도의 서해안 지역에 유고슬라비아 연방이 수립되었다. 그러나 공산주의의 몰락과 더불어 1990년 유고슬라비아 연방이 해체되며 연방 내의 각 주들은 민족적·종교적 성격에 따라 독립을 선포하였다. 이 지역 중앙에 자리한 보스니아-헤르체고비나는 보스니아인, 크로아티아인, 세르비아인이 섞여 살던 곳이었기 때문에 분리 독립의 시작과 더불어 치열한 분쟁을 겪게 되었다. 어제의 이웃은 갑자기 원수가 되었고 압도적 무력의 세르비아 민족들에 의해서 나치의 유대인 말살을 상기시키는 인종 청소적 대량 살인이 감행되었으며 10만 명 이상의 희생자를 냈다.[9] 보스니아-헤르체고비나 전쟁은 각 사회를 초유기체로 보면 이해하기 쉽다. 모두가 같은 초유기체의 일부분이었을 때는 서로 윤리적이고 평화롭게 공존하지만 분리되면 서로 다른 초유기체가 된다. 새로운 초유기체들은 과거 한 몸이었던 것과 상관없이 치열한 생존경쟁을 벌인다.

머 리 에 의 한 지 배

원시적인 모습의 인류 사회는 혈연이나 혼인으로 맺어진 사람들로 이루어진 몇십 명 내지 몇백 명으로 구성되는 채취수렵의 부락이다. 부락에는 리더인 촌장이 있다.[10] 촌장은 채취와 사냥 등 생존에 필요한 자원 획득을 주도하고 공동의 행동을 선도한다. 촌장의 지휘에 의해서 마을 사람들이 함께 움직이고 협동하기 때문에 부락의 사람들은 때로는 코끼리보다 더 힘을 쓸 수 있고 사자에 못지않게 큰 동물을 사냥할 수 있으며 마치 하나의 거대한 동물 같은 위력을 발휘할 수 있다. 촌장은 채취수렵 사회라는 초유기체의 머리인 셈이다. 사람만이 이런 초유기체를 구현하는 것은 아니다. 침팬지, 하이에나, 들개, 늑대 등은 인류와 비슷한 조건부 초유기체적 사회를 구성한다.[11] 가창오리나 누의 떼는 거대한 군체이지만 비슷한 서식 환경으로 인해서 수동적으로 모여 지내는 사회일 뿐 조직화되어 있지 않기 때문에 아무리 그 수가 많아도 강력한 힘을 발휘하지 못한다. 조건부 초유기체성은 지능이 상당히 진화된 고등 포유류 가운데 포식자들을 위한 해법으로 진화한 것으로 보인다. 사자 같은 큰 몸과 강한 근육, 날카로운 발톱이 하나의 방법이겠지만 상대적으로 작은 몸의 동물일지라도 필요에 따라 초유기체를 구성할 수 있다면 강력한 포식자에 대항하고 생태계의 정점에서 한몫을 차지할 수 있는 것이다.

촌장은 육체적 힘, 성격, 지능, 전투력 등 여러 가지 특성을 바탕으로 선출되며 남자들은 누구나 촌장이 될 수 있다. 채취수렵 사회에서는 모든 구성원들이 먹을 것을 구해야 하고 똑같이 노동을 하기 때문에 촌장이라고 일을 하지 않거나 부자가 되지는 않는다. 촌장은 늑대나 침팬지의 리더같이 복수의 배우자를 갖거나 원하는 배우자를 얻는 데서 특혜를 받았던 것으로 보인다.[12]

채취와 수렵으로 식량을 구하던 시대에는 부락이 커지는 데는 한계가 있다. 사람이 걸어서 식량을 구할 수 있는 범위는 좁고 그 안에서 제공되는 식량은 제한적이다. 채취수렵시대의 인류 사회는 침팬지나 늑대와 별로 다르지 않았다. 인류는 약 1만 년 전 신석기 농업혁명을 거치면서 다른 동물들과 차원이 다른 문명의 세계로 진입하였다.[13] 농업이 처음 시작된 곳은 현재의 시리아와 이라크 영토인 '비옥한 초승달Fertile Crescent' 지역이다.[14] 빙하기가 끝나고 지구가 따뜻해지면서 이 지역의 인류는 처음으로 곡식을 재배하는 데 성공하였고 채취수렵 사회에서 정착성 농업 사회로 첫발을 내디뎠다. 농경 사회는 채취수렵 사회보다 생산성이 훨씬 높고 많은 사람을 먹여살릴 수 있다. 그렇지만 그것은 에덴에서의 추방이고 자전거에 올라타는 것이다. 높은 생산성은 인구 밀도를 높이지만 증가한 인구는 더 많은 생산을 요구한다.[15] 땅을 갈고 열심히 가꾸면 생산이 늘기 때문에 사람들은 채취수렵시대와는 달리 먹을 만큼 구하고 배가 고프지 않은 동안에는 놀 수 있는 한가한 인생을 즐길 수 없게 되었다. 쓰러지지 않고 자전거를 타려면 계속 페달을 밟아야 하듯이 농업의 시작과 더불어 사람은 계속해서 일을 해야 하는 운명에 처한다.

인구의 증가는 부작용을 낳는다. 많은 인구는 낯선 사람을 만들고 공동체 심리는 희석된다. 설득, 양보, 타협은 줄어들고 다툼과 갈등이 증가한다. 캘리포니아대학교의 인류학자 재러드 다이아몬드는 혈연을 넘어 낯선 사람들이 모여 살면서 서로 죽이지 않고 갈등을 해소하기 위해서는 모든 주민들을 통제할 수 있는 권력을 갖는 추장이 필요하였을 것으로 추정한다.[16] 수천 년 전 부족이 처음 형성되던 시기의 추장은 중국 고대 설화의 요순임금같이 백성들과 별다르지 않게 비가 새는 움막에서 지내며 요란한 색깔의 깃털 따위 장신구 외에는 이렇다 할 사치가 없이 살았을 것이다. 그러나 농경 사회의 추장은 점차 전제군주화해간다. 갈등의 조정에 대한 반발을 억누르기 위해서 추장은 위엄이 있어야 한다. 위엄은 덕이나 지혜보다는 물리적인 억제력에서 나온다. 추장은 남다른 무력을 갖추고 서서히 공동체의 구성원과는 다른 지위를 누리며 더 이상 생산에 참여하지 않고 공물을 받는 존재가 된다. 힘든 노동에서 벗어나 백성 위에 군림하면서 통치자가 되는 것이다. 높은 생산성은 인구를 증가시키고 늘어난 인구는 더 강력한 통치자를 만든다. 강력한 통치자는 더 많은 공물을 거두어들이며 마침내 왕이 되고 때로는 살아 있는 신이 된다.

왕의 무력이 강해지고 백성의 통제를 위한 조직이 갖추어지면서 사회는 필연적으로 통치하는 지배계급과 다수이지만 조직되지 못하고 생산에 종사하는 피지배계급으로 나뉘게 된다. 지배계급이 획득한 특권과 부를 자식에게 물려주는 것은 물 흐르듯 자연스러운 일이다. 계급이 세습되는 것이다. 힘의 불균형은 지배계급이 피지배계급을 일방적으로 수탈하게 만들어준다.[17] 사회는 더 이상 모든 구성원을 위한 것이 아니며 지배자들을 위한 것이 된다. 이집트의 피라미드나 바벨탑 같은 고대 문명의 불가사의들은 수탈의 강도를 말해준다. 17~18세기 프랑스의 루이 14세는 "내가 원하기 때문에 법이다"라고 하였고 "짐이 국가다"라고 선언했다. 프랑스는 루이 14세의 재산인 것이다. 왕조 국가에서 지배계급은 결탁하여 문명을 즐겼지만 대부분의 백성들은 노예이며 가축같이 연명한다.[18] 착취의 도가 어느 한도를 넘어 많은 백성들이 사는 것보다 죽는 게 낫다고 생각할 한계에 이르게 되면 조지 오웰이 《동물농장》에서 그리듯 양과 닭들의 반란이 일어나고 국가는 붕괴된다. 그러나 인류 사회에는 통치자가 필요하다. 왕조가 붕괴하면 다른 왕조로 대체될 뿐이다. 인류에게 다른 대안은 쉽게 떠오르지 않았다. 백성들은 오직 이번 임금은 좀 더 자비로운 사람이길 기도할 뿐이다. 새로운 리더는 백성의 힘을 업고 권력을 탈취한 만큼 채취수렵시대에서처럼 사리사욕이 없는 백성의 리더인 척하지만 집중된 권력은 리더의 초심을 이완시킨다. 리더는 점차 지배자가 되고 피지배계급에 대한 수탈은 반복된다.

국가의 의지를 결정하는 것은 통치자이기 때문에 왕조 국가의 행동은 언제나 통치자의 이익을 반영한다. 왕이 백성을 사랑한다는 것은 농부가 가축을 사랑하는 것과 다를 바가 없다. 절대왕조의 군주는 자신의 이익과 취향에 따라 백성을 이용하고 전쟁을 벌이고 그들의 노동과 생명을 활용한다. 그 이름이 왕이든 총통이든 위원장이든 역사는 대부분의 기간에 세상이 소수의 지배자들의 행복을 위해 운영되어왔음을 보여준다. 그러나 긴 호흡으로 보면 왕조 사회는 인류의 진화 과정에서 문명이 등장하면서 몇천 년 동안 일시적으로 발생한 일탈이다. 문명이 가져온 강력한 힘이 대중이 아니라 리더를 위해서 남용되는 시행착오를 겪은 것이다.

인류의 본능과 지능은 이런 시행착오를 수정하였다. 지난 수천 년 동안 무수히 부침을 거듭하던 왕조 사회는 오늘날에 와서는 대체로 소멸하였다. 그 효시는 고대 그리스의 도시국가들에서 볼 수 있고 더 가까이는 영국에서 찾을 수 있다. 영국에서는 비록 귀족계급에 의한 것이었지만 전제군주의 절대권력을 제도적으로 억제하는 데 성공하였다. 귀족들은 1215년에 당시의 임금인 존으로 하여금 왕권을 제한하는 '대헌장'에 서명하게 만들었다. 귀족과 군주의 세력이 팽팽하게 대립하는 가운데 싹튼 의회정치는 근대에 와서는 시민의 대표까지 정치권력을 분점하면서 대중이 중심이 되는 민주주의 정치 체제로 발전하였다. 프랑스의 경우에는 착취적인 왕조 정치 체제를 한순간에 뒤집어버리고 백성들의 대표가 나라를 운영하는 공화정 체제로 바꾸었다. 민주주의는 초유기체의 머리를 사회 구성원이 선발하고 통제하며 사회가 시민을 위하여 존재하는 공동체 사회로 회귀하는 것이다. 조건부 초유기체는 개인의 생존과 번식이 우선이다. 이런 목적을 더 효과적으로 달성하기 위해서 초유기체를 구성하는 것이다. 인류는 조건부 초유기체이기 때문에 민주주의는 인류의 진화 궤적상 필연적인 것이다.

머 리 의 중 요 성

한 사회의 리더는 초유기체의 머리이다. 리더는 사회의 행동을 결정하기 때문에 리더는 사회의 경쟁력과 성쇠에 결정적인 영향을 미칠 수 있다.[19] 리더를 잘 만나면 사회는 대박을 터뜨린다. 칭기즈칸(테무친)은 이런 면을 극적으로 보여준다.[20]

테무친의 아버지는 일찍 죽었고 인근의 친인척들마저 그의 어머니와 가족들을 버렸으니 어린 테무친은 희망이 없는 인생이었다. 그러나 뛰어난 아이인 테무친은 살아남아 마치 복리 이자의 저축같이 자라났다. 테무친은 몇 명의 친구를 얻었고 이들을 발판으로 삼아 이웃 부락을 점령하였고 점령한 부락민들을 포용하며 몽골의 모든 씨족과 부락을 하나씩 복속시켰으며 마침내는 중국을 정복하였고 전 세계로 뻗어나갔다. 몽골의 보잘것없는 유목민 집단이 불과 수십 년 만에 전 세계를 지배하는 지배계급이 된 것이다. 몽골 제국의 성공에는 여러 가지 원인이 있겠지만 핵심은 뛰어난 리더에 있다. 한 사람의 무력이야 극히 미미한 것이지만 뛰어난 리더는 초유기체를 공룡같이 키울 수 있다. 칭기즈칸은 성공적인 M&A를 되풀이하며 세계적인 제국을 세웠다. 리더를 잘 만난 사회는 복이 터진다. 칭기즈칸의 후예들은 척박한 초원에서 양을 키우면서 힘들게 사는 대신 수백 년 동안 광활한 지역을 지배하며 부귀영화를 누렸다. 이들은 생식적으로도 큰 성공을 거두어 오늘날 전 세계 인구의 0.5%(약 1600만 명의 남자)가 칭기즈칸 부계를 상징하는 Y염색체를 가지고 있다.[21] (위대한 리더는 이웃 나라에게 커다란 재앙이기 십상이다!)

도요토미 히데요시는 나라를 전쟁으로 몰아넣고 백성들의 희생을 초래한 리더의 표본이다. 히데요시는 100년 이상 지속된 군소 영주들의 패권 다툼을 제압하고 일본을 통일했다. 끝없는 동족의 살상에 마침표를 찍고 평화와 안정을 가져온 히데요시는 일본인의 영웅이 아닐 수 없다. 그러나 히데요시는 막판에 백성이 아니라 자신을 택했다. 전쟁이 끝나면 군수산업이 문제가 된다. 창과 칼이야 창고에 넣어두면 되겠지만 전쟁의 도구로서 양성되어온 무사들은 폐기할 수가 없다. 무사들의 존속은 아직 정착되지 않은 정권에 언제 터질지 모르는 화산같이 무시무시한 존재가 된다. 히데요시는 중국 정벌이라는 묘수를 생각해냈다.[22] 되풀이되는 승리는 마약이 되고 제어되지 않는 독주는 망상을 키운다. 광대한 중국의 자원은 상상만 해도 환상적이다. 중국 정벌은 잘되면 자신을 제국의 황제로 만들어줄 것이고 칭기즈칸 같은 대제국을 이루어 천년대계를 기약하게 된다. 영주들에게는 충분한 보상을 하게 될 것이고 작은 규모인 일본의 영주들이나 무사들이 거대해진 히데요시의 정부에 반기를 들 여지는 없어진다. 혹시 잘못되면 황제의 호화로운 꿈은 사라지겠지만 영주들은 전쟁으로 기력이 쇠진해 반란을 꿈꾸지 못할 것이고 무사들은 대량으로 처리되어 골칫거리가 없어진다. 히데요시는 돌멩이 하나로 세 마리의 새를 잡고 이겨도 져도 자신은 손해 보지 않는 게임을 벌였으니 가히 꾀주머니라고 할 만하다. 그러나 히데요시도 히틀러처럼 성공의 가도를 달리다 마지막 한 수를 잘못 읽었다. 전쟁은 조선을 넘지 못하고 패하고 말았으며 정권은 도쿠가와에게 넘어가고 말았다. 손무(손자)는 적을 알고 자신을 알면 지지 않는다고 하였지만 심리학은 적은 작아 보이고 자신은 크게 보인다고 한다.[23]

케말 파샤는 오스만튀르크의 몰락 이후 혼란에 빠졌던 터키를 통합하고 유럽식으로 개혁하였다.[24] 케말 파샤는 절대적 권력을 확보하고 보통의 정치 지도자로서는 상상도 하기 어려운 일들을 해냈다. 이란에서 보듯 이슬람교에서는 율법에 따라 무함마드의 후계자인 술탄이 국가를 통치한다. 그러나 케말 파샤는 이슬람 율법을 극복하고 정교분리를 해냈다. 흔히 그렇듯이 이슬람권에도 평민들에게는 성이 없다. 단지, 자신의 이름에 아버지의 이름과 할아버지의 이름 등을 연결해서 성을 대신한다. 케말 파샤는 한순간에 모든 터키인들에게 성을 갖도록 했다. 또, 자신의 성은 아타튀르크로 했다(아타튀르크는 터키의 아버지라는 뜻이다). 케말 아타튀르크의 오만하고 강압적인 개혁은 사리사욕을 위한 것이었다기보다는 터키의 앞날을 위한 개혁이었기 때문에 저항을 극복하고 성공할 수 있었다. 아타튀르크 덕분에 터키는 이웃 이슬람권 나라들이 겪는 종교적 내홍이나 전쟁, 왕조에 의한 압정을 피하고 안정된 현대 국가가 될 수 있었다. 터키 사람들이 그를 기꺼이 국부로 모시는 것은 무리가 아니다.

지난 세기 최고의 투자자인 워런 버핏은 투자 비법의 제1은 뛰어난 리더가 이끄는 기업을 찾는 것이라고 하였다.[25] 버핏 자신이 그 생생한 예이다. 버핏이나 애플의 스티브 잡스, GE의 잭 웰치 같은 리더들은 기업이라는 창구를 통해 리더의 중요성을 단적으로 보여준다. 인류의 어떤 (수준의) 사회든 국가든 기업이든 학교든 가정이든, 리더는 초유기체의 머리이기 때문에 그 영향력은 지대하며 좋은 리더를 만나는 것은 사회 구성원 전체에게 커다란 행운이고, 그 반대도 마찬가지다.

아 사 회

국가는 작은 사회들로 구성된다. 국가 안에는 지방정부도 있고 기업을 비롯하여 다양한 단체가 있으며 가정은 가장 기본적이고 작은 사회이다. 가정에는 머리인 가장이 있고 가족 구성원들이 있다. 가족이 다른 사회와 이해의 충돌을 일으키면 가족은 가장을 머리로 하여 하나의 초유기체가 되어 대항한다. 기업은 사장이 머리인 사회이고 더 작은 아사회亞社會/subsociety들로 구성된다. 각 부에는 부장이 있고 부의 직원들이 있으며 그 아래 조직으로 가면 다시 과장과 과원, 계장과 계원 등으로 리더와 구성원이 있다. 어떤 단위에서든지 공동의 이익이 위협을 받으면 구성원들은 하나의 초유기체로 변신한다. 운동 경기는 이들 아사회의 존재를 뚜렷이 드러내준다. 과 대항 시합에서는 각각의 과원들이 하나가 되어 경쟁을 벌이고 부 대항 시합에서는 부원들이 하나가 된다. 어떤 명목이든지 그룹경쟁이 벌어지면 아사회의 구성원들은 일심동체가 되어 상대를 이기기 위하여 힘을 모은다. 인류 사회는 초유기체적 프랙털이다.[26]

그러나 아사회는 국가와 같은 초유기체는 아니다. 국가는 국민들을 지배하며 심지어는 목숨까지 내놓으라고 할 수 있지만 아사회는 그럴 힘은 없다. 아사회는 좀 더 한정적인 조건부 초유기체이다. 아사회는 개인과 마찬가지로 상위 사회의 구성원이며 상위 사회가 제정한 법의 지배를 받으며 물리적인 싸움을 벌일 수 없다. 아사회의 리더는 아사회 안에서만 영향력을 발휘할 수 있지만 그 안에서는 여전히 아사회의 명운에 작지 않은 영향을 미친다. 때때로 마피아나 종교집단이 국가를 초월하는 초유기체가 되려 하지만 힘의 차이가 막대하기 때문에 대부분 괴멸되고 만다. 간혹 성공하면 혁명이며, 왕조가 바뀌거나 정권의 교체로 이어진다. 인류 사회는 개념적으로 국가 사회보다 상위의 사회이지만 아직은 국가 사회를 통제할 힘이 없기 때문에 상위 사회로서의 기능을 수행하지는 못한다.

초유기체적 사회가 초유기체적 아사회들로 구성된다는 것은 민주적인 사회에는 바람 잘 날이 없다는 것을 예고한다. 개별적으로 생존과 생식을 도모해야 하는 개인들이 모인 초유기체, 그런 초유기체들이 모여 이룬 더 큰 초유기체의 내부에서 모두의 이해가 일치하여 한마음이 되는 일은 예외적이며 오히려 끊임없는 이해의 충돌과 갈등이 빚어지기 마련이다. 그것은 초유기체가 매일 열병을 앓으며 허약한 상태에 놓이기 쉽다는 뜻이다. 민주주의는 인류의 진화 궤적에서 필연적이라고 할 수 있지만 민주주의의 속성 가운데 하나는 지리멸렬이며 항상 사회 분열의 위험성을 안고 있다. 칭기즈칸이나 스티브 잡스가 보여주듯이 최고의 경쟁력은 (전쟁으로 대표되는 외재적 위협과) 뛰어난 리더와 독재의 조합에서 얻어진다. 초유기체의 적합도 제고를 목표로 하는 현명하고 사심 없는 리더를 세울 수 있고 리더가 대중의 번잡한 이해관계로 인한 소음을 억제할 수 있을 때 강력한 경쟁력을 가질 수 있다. 그러나 독재는 통치자의 이익 추구로 흘러가기 쉽다. 초유기체적 사회의 경쟁력은 끓는 물 같은 민주주의와 얼음 같은 독재 체제를 적절히 배합하면서 용의주도하게 사회를 경영하는 데서 얻어질 것이다. (민주주의에 대해서는 15장에서 더 논의한다.)

초유기체의 적합도

신석기 농업혁명으로 사회들이 팽창하기 시작한 이후 많은 사회들은 소멸하였거나 다른 사회에 합병되었다. 현존하는 인류 사회들은 대체로 사라진 사회들보다 적합도適合度/fitness가 높은 초유기체들이라고 할 수 있다. 리더는 초유기체적 사회의 적합도를 높이는 중요한 원인의 하나이지만 전부는 아니다. 현저한 리더가 없을 때도 번영하는 사회가 있고 퇴락하는 사회도 있다. 사회의 적합도를 결정하는 다른 요인들은 무엇인가?

적합도는 적자생존과 궤를 같이하는 개념으로 개체군유전학個體群遺傳學/population genetics에서는 개체나 유전자 수가 증가하는 비율로 표현한다.[27] 개체군의 적합도가 높으면 구성원들의 수가 늘어난다. 인구가 증가하는 사회는 적합도가 높은 사회이다. 그러나 인류 사회를 개체군유전학으로 바로 평가할 수는 없다. 인류의 문명사회는 지난 수천 년 동안 인구가 전반적으로 증가하였고 계속 이합집산이 있었고 하나의 정체성을 가진 사회가 지속적으로 유지되지도 않았다. 칭기즈칸의 예가 보여주듯이 뛰어난 리더의 역할은 쉽게 파악되지만 인류 사회의 적합도에 영향을 주는 다른 원인들은 직관적이지 않다.

초유기체라는 틀에서 보면 한 인류 사회가 다른 인류 사회에 비해 높은 적합도를 가질 수 있는 원인은 세 가지를 생각할 수 있다. 사회 구성원들이 집합적으로 우수한 유전적 배경을 갖는 경우도 생각할 수 있겠고, 운이 좋은 경우도 생각할 수 있을 것이며, 사회의 체제, 관습, 윤리 등 사회적 특성도 한 원인으로 생각할 수 있다. 유전적인 차이는 큰 요인이 되기는 어려워 보인다. 정복이나 합병은 인근 사회 간에 일어나기 마련인데 인근 지역의 인류는 유전적으로 비슷하다. 운은 뛰어난 리더의 출현이라든지 자연환경의 차이 같은 것이다. 몽골제국도 운의 영향을 보여주지만 운의 압권은 유라시아와 아메리카라는 두 대륙의 인류 그룹에게서 볼 수 있다. 미국의 인류학자 재러드 다이아몬드는 신대륙 인류가 거의 소멸된 것은 신대륙의 환경, 즉 운 때문이라는 것을 설득력 있게 설명하였다.[28] 유라시아의 다양한 길들일 수 있는 가축들은 구대륙의 인류에게 여러 차례 질병의 홍역을 치르게 하면서 질병에 대한 내성을 갖게 했고 다양한 곡식들은 인구의 증가와 선진 문명이 가능하게 해주었다. 상대적으로 이런 환경의 혜택을 입지 못한 신대륙의 사회는 발전이 늦었고 구대륙의 사회들과 마주쳤을 때 생존경쟁에서 이기지 못하고 소멸되었다. 신대륙의 인류는 유전적으로 다른 것이 아니라 운이 없었던 것이다. 또 다른 극적인 예는 칭기즈칸의 사망에서 볼 수 있다. 칭기즈칸이 좀 더 오래 살았더라면 유럽까지 파죽지세로 진출한 몽골군이 빈을 목전에 두고 갑자기 퇴각하지 않았을 것이며 13세기 이후 유럽의 운명은 크게 달라졌을 것이다. 운은 예측할 수 없는 자연의 영향이니 매우 흥미로운 일이지만 사회의 적합도와 연관되는 인류의 특성은 아니다.

사회의 적합도에 영향을 주는 요인 가운데 진화생물학적으로 흥미로운 부분은 초생물인 사회 자체의 특성이다. 비록 유전적 특성에 큰 차이가 없다고 하더라도 환경의 차이와 역사적 우연은 사회의 고유한 특성을 낳는다. 이것을 문화적 차이라고 하자. 한 가정만 하더라도 그 가정이 하나의 공동체로서 존속하는 역사적 배경과 생존 과정에서 다른 가정과 구분되는 생각과 습관을 갖는다. 회사도 국가도 마찬가지다. 인류 사회 가운데는 좋은 자연환경이나 운이 아니라 생존경쟁에 유리한 문화 덕택에 높은 적합도를 보이는 사회도 있다. 이런 관점에서 적합도가 높은 사회를 찾아보자면 유대인 사회와 미국이 특별히 관심을 끈다. 유대인 사회는 이천 년 동안 나라가 없이 버텨왔고 미국 사회는 다민족국가면서 지구상의 유일한 초강대국이다. 이들에게는 유전적인 요인이나 자연환경, 혹은 운으로는 설명할 수 없는 문화적 특성이 있다.

유대인 사회는 인류 역사상 유사한 다른 예를 볼 수 없는 독특한 예를 제공하며 무수한 연구의 대상이다. 유대인은 원래 팔레스타인 지역에 뿌리를 내리고 야훼를 유일신으로 숭배하는 민족이다. 유대인의 정체성은 유대교에 있다. 유대교의 핵심 교리는 세상의 창조자는 야훼이고 유대인은 신의 특별한 약속을 받은 민족이라는 것이다. 《구약 성경》에 묘사된 유대인의 사회는 다른 사회와 이렇다 하게 다를 만한 점은 하나도 없다. 자신들이 선택된 민족이고 세계의 중심이라는 신화는 어느 사회에나 있는 것이다. 유대인 사회에서도 다른 사회에서 일어나는 온갖 범죄와 불의가 관찰된다.

유대교가 교리대로 성립하려면 유대인들은 아담과 이브의 혈통을 가진 하나의 민족이어야 한다. 유대계 미국인 유전학자인 해리 오스트러는 이 근본적인 문제에 답을 구하기 위하여 여러 유대인 개체군의 DNA 와 다른 민족들의 DNA 염기서열을 조사 비교하였다.[29] 자식은 부모 두 사람의 유전물질로 구성되기 때문에 DNA는 후대로 내려가면서 자꾸 희석된다. 처음에 나를 구성하던 DNA는 반만 자식에게 전달되고 손자 의 대에 이르면 1/4밖에 남지 않으며 먼 후손에서 나의 DNA를 찾는다 는 것은 짚더미에서 바늘을 찾는 듯한 일이 된다. 그렇지만 현대의 생명 과학은 특정 DNA의 조각을 찾는 기술을 개발해냈다. 그것은 고대의 어 떤 책이 이리저리 편집되고 다른 책의 내용과 마구 섞여 전해진 가운데 원서의 문장을 찾는 것과 비슷하다. 여러 종류의 이런 서적들을 서로 비 교 분석하면 책들이 편집된 지역과 시대의 특징적인 문장들을 어느 정 도 구별할 수 있다. 만일 시대마다 철자법이 조금씩 다르다면 어떤 부분 이 어느 시대에 편집되었는지나 삽입되었는지도 알 수 있다. 오스트러 는 러시아 지역 유대인 개체군 DNA에서는 슬라브계 민족을 상징하는 DNA 조각들을 많이 발견하였고 이베리아 반도의 유대인들에게서는 스 페인계 민족들의 특징적인 DNA 염기서열들을 관찰할 수 있었다. 유대 인들은 오랜 세월 유럽과 아프리카를 떠돌면서 자의로 혹은 강제로 많 은 족외 혼인을 한 기록이 있다. 개체군유전학의 관점에서 보면 구멍 뚫 린 중탕 냄비같이 안팎의 물이 혼합되는 것이며, 디아스포라 이전 유대 인 개체군의 고유한 유전자풀gene pool이 유지되었을 것이라고 기대할 수 는 없다. 오스트러의 조사 결과는 역사적인 사실이나 상식과 부합하며 유전학적 확인이다.

애초에 팔레스타인의 유대인도 주변의 아랍인들과 유전적인 차이가 컸을 이유는 없다. 인류 간 DNA 염기서열 차이의 약 85%는 개인 간, 5%는 한 인종 내의 개체군 간, 나머지 10% 정도는 인종 간의 차이에 기 인한다.[30] 이런 사실은 주의를 기울이면 쉽게 확인할 수 있다. 서울의 지하철을 타면 성인의 경우 대략 1.4m부터 2m 정도 키가 관찰되는 반면 가장 키가 큰 북유럽인의 성인 평균 키와 한국인의 성인 평균 키 차이는 10cm 정도이다.[31] 키는 유전적 영향을 많이 받는 형질인데 한국인 내부의 변이 폭이 인종과 민족을 더한 변이 폭보다 훨씬 큰 것이다. 피부색깔 등 전형적인 인종적 특징이 되는 돌연변이들의 나이는 불과 1~3만 년 정도로 비교적 근래에 생긴 변이들이다.[32] 변이는 항상 발생하는 것이며 민족이나 인종을 특징짓는 변이들은 인류의 공통적인 광범위한 변이 위에 조금씩 추가된 것들이다. 사람은 피부색이나 얼굴의 윤곽, 이목구비의 디테일을 민감하게 지각하기 때문에 키나 피부색 등 몇 가지 형질이 동시에 다르게 나타나면 이방인으로 느끼며 다른 인종이나 다른 민족으로 인식한다. 백인과 흑인을 양쪽의 표준적 이미지를 가지고 비교하면 모든 차이점이 함께 부각되어 뚜렷하게 다르지만 실제 개개인은 각 형질마다 변이의 조합이 다르기 때문에 민족이나 인종을 무 자르듯이 가를 수 없다. 인근 지역의 다른 민족들은 말할 나위도 없다. 한국인과 일본인은 생물학적으로는 거의 구별되지 않는다. 이들을 구분할 수 있다면 그것은 외모와 행동에 투영되는 문화적 차이 때문이다. 이런 원리는 팔레스타인 지역에도 마찬가지로 적용된다. 민족은 유전적으로 독특한 개체군이 아니라 문화와 언어에 의하여 정의되는 집단이다.[33]

유대인은 고유한 언어와 문화, 종교를 가지고 자신들을 보호해줄 국가가 없이 다른 민족의 나라에 들어왔다. 그것은 유대인들이 주류 사회로부터 차별과 박해를 받게 된다는 말이다. 어떤 민족이든 이런 상황에서는 주류 사회에 동화하거나 소멸되기 쉬운 법이지만 유대인 집단은 이런 위기를 극복해냈다. 유대인들은 자신들의 정체성을 인식하도록 어릴 때부터 집중적인 훈련을 받는다. 영국의 사회심리학자 케세비르는 인간 사회가 일반적으로 초유기체적 특성을 두루 지니고 있지만 그러한 특성이 가장 잘 발휘되는 것은 구성원들이 아이덴티티를 분명하게 느낄 때라고 지적한다.[34] 주류 사회가 가하는 차별과 박해는 피압박 사회의 구성원들을 더욱 서로 협력하고 결속하게 만든다. 그것은 윤리 의식의 강화이다. 윤리는 구성원들이 서로 양보하고 협력하며 이기성을 억제하고 집합적 이익을 추구하게 만든다. 유대인 사회는 유대교에 의한 명확한 구심점, 이들의 성서인 토라의 강력한 윤리 규범을 공유하면서 정부라는 통치 기구가 없는 상태에서도, 유전자풀의 변질 속에서도, 정체성을 유지한 것이다.

노벨상 수상자 수가 상징하는 지난 세기 유대인의 부상은 유대인의 뛰어난 유전적 특성 때문이 아니다. 그것은 늘 불리한 조건에서 게임을 하다가 공정한 룰을 적용하는 경기장이 주어진 효과일 것이다.[35] 모래주머니를 차고 뛰던 선수의 다리에서 모래주머니를 제거해주면 날아갈 듯이 뛰게 된다. 어릴 적부터 차별을 겪고 생존의 위협을 받으며 강인하게 자란 아이는 그렇지 않은 아이보다 훨씬 성숙하고 경쟁력이 있기 마련이다. 유대인의 교육에 눈길을 주게 되는 것은 당연한 일이다. 그러나 아무리 유대인의 교육 방법을 알아도 큰 도움을 받기는 어려울 것이다. 유대인의 교육은 유대인이 처한 환경과 다른 문화적 요소들과 함께 작용하여 유대인의 성공을 빚어내지 따로 떨어져서는 대단한 효과를 발휘하기 어려울 것이다.

유대인을 결속시켜주던 강한 외압이 잦아들면서 유대인의 윤리는 약해지고 있는 것 같다. 유대인의 꿈인 유대인의 나라가 건설되었고 이스라엘은 번성하고 있지만 서유럽과 미국의 유대인들은 이스라엘로 오라는 고국의 부름에 시큰둥하다.[36] 거센 외풍에 맞서며 생존해야 하던 조상들의 '헝그리 정신'은 유대인이 상류층인 사회에서는 느슨해지고 있다. 예측건대, 21세기 이후 유대인의 노벨상 수상 비율은 점점 줄어들 것이다.

강력한 구심점과 윤리, 그에 따른 상부상조와 협동은 유대인 사회가 보여주는 적합도의 핵심이지만 이것이 초유기체적 인류 사회의 적합도 향상에 필요한 모든 것은 아니다. 미국은 적합도 향상의 다른 요인을 보여준다. 유대인 사회를 기준으로 본다면 온 세계 사람들이 다 모여 살며 수많은 이민족의 사회가 존재하는 미국 사회는 매우 허약한 사회여야 한다. 다양한 인종과 민족은 미국의 성공 DNA라고 지적되기도 하지만 진화생물학적 관점에서 보면 원인이라기보다는 부수적인 현상이다. 슈퍼파워로서 미국의 경쟁력은, 자연환경이 뒷받침을 해주었지만, 사회의 구성원들에게 동등한 권리와 기회를 주는 민주주의 자본주의 체제라고 생각된다. 개인에게 궁극적으로 중요한 것은 초유기체의 존재 자체가 아니라 개인 자신의 생존과 번식이다. 자신에게 생존과 번식을 도모할 수 있는 기회가 있으며 그것이 스스로의 노력에 비례해서 얻어진다는 믿음을 갖게 된다면 사람은 최선의 노력을 기울이게 된다. 어떤 어려움도 극복하고 위험도 감수하며 잘살아보겠다는 프론티어 정신이 만개하는 것이다. 종교나 민족 등 어떤 아집단亞集團/subpopulation에 속해 있는지는 중요하지 않으며 자신의 생존과 번식을 위하여 아집단을 초월하는 협동도 가능해진다. 모든 구성원들의 잠재력이 남김없이 발휘되는 사회의 경쟁력이 뛰어날 것은 당연한 일이다. 왕조 사회의 압제와 신분 사회의 한계에서 벗어나 자유로이 능력을 펼칠 기회가 주어지면서 사람들이 세계 각지에서 몰려들었고 그 열정을 뒷받침할 수 있는 넉넉한 자연환경을 만나니 초강국이 만들어지는 것이다.

유럽의 여러 나라에는 식민지의 유산으로 많은 아시아와 아프리카계 이주민들이 영주하고 있다. 경제 사정이 어려워지면서 극우파들은 사회적·경제적 불만을 이주민들에게 돌리며 배척을 노골화한다. 그러나 이미 이들 선진국에 살고 있는 이주민의 수는 더 이상 쫓아낼 수 있는 숫자가 아니다. 독일에는 400만이 넘는 터키 사람이 아사회를 형성하고 있다.[37] 일본에도 식민지 지배의 결과로 50만 명의 조선인이 살고 있다. 근래에는 극우 일본인들이 조선인들은 한국으로 돌아가라며 외치기도 하고 심지어는 주류 언론이 외국인 근로자는 주거격리를 시켜야 한다고 주장하기도 한다.[38] 자신들을 전형적 독일인이나 일본인으로 인식하는 개인들은 최근의 이주민들에 대해서 본능적인 거부감을 느끼며 배척한다. 마치 장기 이식을 하면 이식된 장기를 제 몸이 아닌 것으로 인식하고 거부반응을 일으키듯이 토박이들은 이주민들을 배척하기 쉽다. 그러나 초유기체의 입장은 다르다. 초유기체가 살기 위해서는 이식된 간이 필요하고 장기臟器 간의 균열 없는 협업은 초유기체의 건강에 필수적이다. 토착민 개인에게 초유기체는 자신의 연장으로 느껴지고 초유기체의 이미지는 고정된 것이지만, 초유기체는 특정한 유형이어야만 자신의 구성 세포라고 간주하지 않는다. 영국의 역사가 예시하듯이 초유기체의 구성원은 고정된 것이 아니고 계속 변해간다. 초유기체에게 현재의 토착민은 과거 이주민과 이전 토착민의 혼합체이고 미래의 토착민은 현재의 토착민과 새로운 이주민의 혼합체이다. 개인은 죽지만 사회는 죽지 않으며 사회는 생존하기 위하여 스스로 적응하며 변모해간다.[39] 아집단에 대한 차별과 탄압은 아집단을 선명하게 만들며 내홍을 키워 사회의 적합도를 낮춘다. 현대의 모든 국가 사회는 궁극적으로 미국과 같은 개방된 사회로 갈 수밖에 없으며 사회 구성원들이 모두 민주주의 자본주의의 틀에 용해될 때 사회의 적합도가 극대화될 수 있다.

유대인 사회와 미국 사회는 초유기체적 사회의 적합도 향상에 기여하는 두 가지 핵심적인 요소를 보여준다. 유대인 사회는 협동의 중요성을 알려주고 미국 사회는 자유가 필수적임을 보여준다. 자유는 경쟁을 의미하며 협동과 상충적이다. 이 두 가지는 물과 기름같이 서로 섞이기 어렵지만 또한 상생적인 요소이다. 인간은 태생적으로 모순적인 존재이다. 사람은 한편으로는 자유를 최고의 가치로 여기고 개인적인 생존과 번식을 도모하면서 다른 한편으로는 윤리를 최고의 가치로 내세우고 협동하며 초유기체의 건강을 도모한다.

초유기체가 높은 적합도를 얻기 위해서는 지혜롭고 사심 없는 리더를 가져야 하는 것은 물론 구성원들의 자유와 협동이 잘 조화되어야 한다. 2장부터는 조건부 초유기체라는 패러다임을 놓고 이 세 가지 면과 관련된 인간과 인간 사회의 여러 가지 특성들을 살펴볼 것이다. 초유기체의 머리로서 리더에 대해서는 앞에서 논했다. 9장에서 더 논의하겠지만 자유는 모든 동물들의 이기성과 맞물려 있는 것이며 진화적 차원에서 이해하기 어려울 것은 없다. 그러나 협동은 생존경쟁으로 상징되는 자연선택에 의한 진화론과는 얼핏 맞아떨어지지 않는다. 다음 장에서는 협동의 진화에 대해서 먼저 살펴보겠다.

2장

그룹선택

~~~~~~

GROUP
SELECTION

생존경쟁

　다윈은 탐험선 비글호에 승선하여 5년 동안 지구의 남반부를 가로지르는 여행을 했다. 다윈은 에콰도르에서 900km 정도 떨어져 있는 태평양의 화산도 갈라파고스 제도에서 매우 흥미로운 현상을 발견했다.[1] 갈라파고스의 숲에도 남아메리카의 다른 지역들과 마찬가지로 다양한 새들이 서식하고 있었는데 특이하게도 모든 새들이 참새와 비슷하게 생긴 되새 종류였다. 일반적으로 크게 다른 생태적 니치niche는 전혀 다른 종이 차지한다.[2] 가령 남아메리카 본토의 밀림이라면 벌레를 잡아먹는 것은 휘파람새 종류, 나무를 쪼아대는 것은 딱따구리, 열매를 먹는 것은 되새 등으로 크게 다르기 마련인데 갈라파고스에서는 모두 되새 종류였던 것이다. 갈라파고스 제도의 여러 섬들은 많게는 200km씩 떨어져 있는데 모든 섬마다 되새들이 번성하고 있었다.

　갈라파고스 제도는 지구 역사의 스케일에서 보면 비교적 새로운 육지로, 약 9000만 년 전에 솟아오른 화산도이다. 섬이 생길 당시에는 생물이 있었을 리가 없다. 이 섬의 새들은 모두 지구의 어디에선가 출발하여 이곳에 도착한 것이다. 갈라파고스에 되새밖에 없는 것은 대륙에서의 거리가 설명해준다. 바람에 실려 900km를 건너오는 것은 결코 쉬운 일일 수 없다. 어쩌다 바람에 실려온 몇 마리 되새들의 후손이 새로운 환경에 적응하면서 오늘날과 같은 다양한 모습으로 진화해간 것이라고 추정하게 된다. 그러나 다윈은 되새의 후손들이 왜 변화하는지 설명할 수는 없었다. 가축이 육종에 의해서 변하는 것을 보면 종의 특성이 변할 수 있다는 점은 인식하게 되었지만 그것이 어떤 원인에 의한 것인지 자연 상태에서는 누가 육종을 하는 것인지 다윈은 설명할 수 없었다.

　다윈의 고민에 커다란 돌파구를 마련해준 것은 영국의 경제학자인 토머스 맬서스이다. 다윈보다 한 세대 전 사람인 맬서스는 《인구론》을 저술하였다. 그는 식량은 $1 \rightarrow 2 \rightarrow 3 \rightarrow 4 \cdots$ 와 같이 산술급수적으로 증가하는 데 비하여 인구는 $2 \rightarrow 4 \rightarrow 8 \rightarrow 16 \cdots$ 과 같이 기하급수적으로 늘어나기 때문에 갈수록 생존경쟁이 치열해진다고 주장하였다.[3] 다윈은 맬서스를 읽고 한정된 환경에 과다한 자손이 생산되어 일어나는 생존경쟁이 인간 사회를 넘어 자연의 현상임을 인지하게 되었다. 그것은 다윈이 풀지 못하던 질문에 힌트를 주었고 마침내 《자연선택에 의한 종의 기원》으로 응결되었다. 다윈의 자연선택설은 세 과정으로 요약할 수 있다.[4]

첫째, 환경이 허락한다면 어떤 개체군에서나 개체 수는 기하급수적으로 증가한다(태어나는 자손의 수가 부모의 수보다 매우 많다).

둘째, 태어나는 각 개체들은 조금씩 형질이 다르며 유리한 형질을 가진 개체들이 살아남을 가능성이 커진다(선택이 된다).

셋째, 선택된 개체들이 자손을 많이 남기므로 결과적으로 개체군의 평균적 성질이 조금씩 변해간다(새로운 종으로 변해간다).

다윈의 자연선택설은 뉴턴의 만유인력 법칙같이 간단하고, 일상의 경험을 쉽게 설명해준다. 다윈이 장시간 고민하며 방대한 자료를 천착한 끝에 얻은 결론으로는 싱거운 느낌이 들 정도다. 다윈의 열렬한 지지자였던 토머스 헉슬리는 자연선택 이론을 처음 접했을 때 "멍청이! 어떻게 이 생각을 하지 못했지?" 하며 무릎을 쳤다고 한다.[5] 다윈의 자연선택 이론은 표본적 '오컴의 면도날'이다.[6] 잘 모르거나 거짓이면 장황하면서 난삽해지기 십상이고 진실은 흔히 단순하고 쉽게 이해된다.

진화는 다윈의 자연선택설 이전에 이미 18~19세기 식자들의 화젯거리 가운데 하나였고, 종이 변화한다는 것은 화석이나 육종, 동식물의 분포 등 여러 가지 증거로 뒷받침되고 있었다. 그러나 진화론은 기독교의 교리를 부정하고 인간의 존엄성을 훼손하는 도발적인 이론이다. 자연선택설로 무장한 진화론이 제시되자 종교계의 사람들은 "네 조상이 원숭이란 말이냐?" 하고 웃었고, 시계를 보면 시계공이 있다는 것을 알 수 있는데 어떻게 인체같이 정교한 구조물이 저절로 만들어질 수 있느냐고 반박했다.[7]

인문사회학 분야에서는 다윈의 자연선택설을 흔히 다윈주의Darwinism라고 부른다. 다윈주의라는 말은 다윈의 자연선택에 의한 진화론이 여러 가지 이론 가운데 하나이고 논쟁의 여지가 있는 듯한 뉘앙스를 준다. 19세기에 《종의 기원》이 출간되었을 때는 그럴 수 있었지만 다윈주의는 더 이상 마르크스의 《자본론》이나 롤스의 《정의론》같이 넉넉한 논쟁의 여지가 있는 이론이 아니다. 물리학과는 다른 생명의 복잡성과 종교와의 상충으로 인해서 충분한 대중적 공감을 획득하지는 못하였지만 자연선택에 의한 진화는 무수히 증명이 되었고 모든 생명 현상이 수렴되는 중심 원리로 자리를 잡았다. 독일의 철학자 쇼펜하우어는 새로운 진실이 제시되면 세 단계를 거친다고 했다―처음에는 무시되고, 다음 단계에서는 거센 반대에 부딪히며, 좀 더 지나면 자명한 것으로 여겨진다.[8] 다윈주의는 과학자들 사이에서는 세 번째 단계에 공고히 자리를 잡았지만 대중적으로는 여전히 두 번째 단계에서 멈칫거리고 있다.

오늘날 다윈주의에 대한 거의 유일한 학술적 혹은 체계적 반론은 기독교 성서에 근거를 두는 창조과학Creation Science이다. 창조과학은 과학적 사실을 신화에 기반을 두고 설명하려는 시도로 주로 미국 남부의 근본주의적 기독교 단체들에 의해서 적극적으로 주장되고 있다. 창조과학의 논리는 비약과 편견으로 채워져 있고 증거가 빈약하기 때문에 과학계에서 일고의 가치도 있다고 보지 않는다.[9] 그러나 많은 사람이 신앙을 갖고 영적인 세계를 믿는 데서 예상할 수 있듯이 창조과학도 대중에게는 어느 정도 설득력이 있다. 누구나 자신의 신념을 가질 자유가 있으니 창조과학을 믿든 다윈주의를 믿든 그것은 개인적으로 얼마든지 허용될 수 있는 일이다. 창조과학으로 인한 갈등은 창조과학이 다윈주의적 진화론과 대등한 위치에서 자연을 설명하려 들며 현실의 과학 교육에 참여하려는 데 있다. 엉터리 과학을 가르친다는 것은 사회의 적합도를 저하시키는 일이며 치열한 경쟁에 노출되어 있는 현대의 사회들이 감내하기 어려운 일이다. 창조과학이 보편적으로 가르쳐질 가능성은 별로 없겠지만 상황에 따라서는 국제 사회에서 북한같이 성가신 존재가 될 수 있다.

혈 연 선 택

생존경쟁을 동력으로 하는 다윈주의적 진화론은 전쟁터에 자원하는 애국적 병사나 낯선 사람에 대한 친절, 헌신적 개미나 꿀벌의 행동 등을 설명하기 어렵다. 병정개미는 흔히 커다란 주둥이를 가지고 침입자를 물어뜯고 방어를 하는데 어떤 종의 병정개미는 배의 근육을 급격히 압축시켜 배 속의 점액이 터져나오게 한다. 자신의 잔해와 침입자가 엉겨붙게 하여 침입자를 무력화하는 것이다.[10] 개미 자살폭탄이다. 어떤 종의 일벌은 꽁무니에 구부러진 바늘을 가지고 있다. 이런 일벌은 모기같이 치고 빠지기를 할 수 없다. 구부러진 바늘은 침입자의 피부에 갈고리같이 달라붙어 떨어지지 않는다. 벌의 공격은 내장이 쏟아져 나오는 처참함을 동반하지만 벌의 독액은 침입자의 몸에 남김없이 주입이 된다.[11] 꿀벌 가미카제인 셈이다.

이들의 이타성은 다윈이 자연선택설이 보편적인 원리임을 입증하기 위하여 넘어야 할 도전이었다. 다윈은 꿀벌이나 개미의 경우에는 자연선택이 개개의 꿀벌이나 개미에 작용하기보다는 군체의 수준에 작용할 것이라고 추론하였다.[12] 서로 돕는 개체들의 군체가 그렇지 않은 군체보다 생존경쟁에서 승리할 가능성이 높기 때문에 그러한 이타적인 행위가 자연선택될 것이라는 추론이었다. 다윈의 추론이 입증되는 데는 《종의 기원》 발간 이후 100년이 필요했다. 영국의 생물학자 윌리엄 해밀턴은 자연선택이 꼭 직계 자손을 늘리는 것만 쳐주는 것이 아니라 친인척의 수를 늘리는 것도 쳐준다는 것을 증명했다. 학술적으로 표현하면 자연선택이 자식에 의한 직접적 적합도와 혈연에 의한 간접적 적합도를 모두 합친 '포괄적 적합도'를 높이는 방향으로 작용한다는 것이다. 이타적 행위로 인해서 자신이 직접 자식을 낳지 못하거나 자신의 자식들이 손해를 보더라도 이타적 행위는 형제나 조카의 적합도를 높일 수 있다. 자식은 유전적으로 자신의 1/2이다. 조카는 1/4이다.[13] 만약 어떤 사람이 한 명의 자식을 구하든지 세 명의 조카를 구해야 하는 선택을 해야 한다고 생각해보자. 유전자의 차원에서 보면 전자의 적합도는 $1/2 \times 1 = 1/2$이지만 후자의 간접적 적합도는 $1/4 \times 3 = 3/4$이다. 이런 경우에는 한 명의 자식을 구하는 것을 포기하고 세 명의 조카를 구하는 행위가 자연선택의 차원에서 성립될 수 있다. 이타적 행위가 가능한 것이다. 이것을 '해밀턴의 법칙'이라고 한다.[14]

해밀턴은 꿀벌과 개미의 극단적인 이타성이 포괄적 적합도로 명쾌하게 설명된다는 것을 알았다.[15] 대부분의 고등동물들은 성염색체의 조성에 따라 성이 달라진다. 사람의 경우에는 X염색체가 2개이면 여자가 되고 X염색체 1개와 Y염색체 1개를 가지면 남자가 된다. 그러나 개미와 꿀벌의 경우에는 사람과는 달리 반수체半數體-이배체二倍體라는 특이한 성 결정 방식을 갖고 있다.[16] 개미나 꿀벌의 알이 수정되어 이배체가 되면 암컷이 되고 일개미나 일벌이 되는 반면 수정이 되지 않으면 반수체(=일배체)로 남은 채 수개미나 수벌이 된다. 포유동물의 부모와 자식이 유전자를 1/2밖에 공유하지 않고 여왕개미와 일개미 사이에서도 그러하지만, 일개미들끼리는 평균적으로 유전자의 3/4을 공유한다.[17] 개미의 사회에서는 모자간보다 자매간이 유전적으로 훨씬 더 가깝다. 개미와 꿀벌의 성 결정 방식과 이들의 극단적인 이타성은 해밀턴의 포괄적 적합도에 대한 강력한 증명이 된다. 영국의 생물학자 존 메이너드 스미스도 비슷한 생각에 도달하였고 포괄적 적합도를 높이는 현상을 '혈연선택'이라고 하였다.[18]

일개미가 자매 일개미를 위해 죽는 것은 한 개체가 다른 개체를 위해 살신성인을 이룩하는 것으로 보이지만 포괄적 적합도의 관점에서는 한 개체에 있는 유전자가 다른 개체에 있는 자신을 돕는 것이다. 미국의 생물학자 조지 윌리엄스는 자연선택이 작용하는 실체가 종이나 그룹이 아니라 유전자라고 주장하였다.[19] 해밀턴의 포괄적 적합도는 자식에 대한 부모의 헌신적 희생을 포함하여 혈연 간의 이타적 행위를 유전자의 이기적 행위로 환원한다. 이타는 유전자의 차원에서는 스스로의 생존과 번식을 도모하는 것이며 여전히 적자생존의 다윈주의 안에 있는 것이다. 영국의 생물학자 리처드 도킨스는 《이기적 유전자》에서 생물계의 주체가 유전자임을 외치며 사람은 유전자를 저장하고 운반하는 도구라고 주장하였다.[20] 자신이 유전자의 일시적인 도구라는 얘기는 대부분의 사람이 도저히 삼키기 어려운 쓴 약이다. 다윈주의는 쇼펜하우어의 두 번째 단계를 통과하기 위하여 한 걸음 더 나아갔지만 세 번째 단계에 도달하기는 쉽지 않아 보인다. 그러나 다윈주의를 직시하지 않고는 사람은 자신을 이해할 수 없다.

그룹 선택

혈연선택은 체험적으로 와 닿으며 이타의 원리로서 설득력이 있다. 부모는 헌신적이고 형제를 돕는 것은 자연스럽고 형제는 사촌보다 가깝다. 그 핵심에는 피로 상징되는 유전자가 있다. 그러나 혈연선택 이론에 문제점이 없는 것은 아니다. 우선 극단적 이타성이 개미나 꿀벌에게서만 발견되는 것이 아니다.[21] 해밀턴이 포괄적 적응을 발표할 당시에는 진사회성 동물이 개미와 꿀벌, 그리고 흰개미밖에는 없었지만 이후 새우와 두더지쥐 등에서도 발견되었다. 흰개미, 새우, 두더지쥐 등은 사람과 비슷한 성 결정 메커니즘을 가지고 있다. 개미나 꿀벌의 반수체-이배체 타입의 특이한 성 결정 구조가 아니라도 극단적 이타성이 가능한 것이다. 이런 경우에는 혈연선택을 가능하게 만드는 이타적 유전자를 생각해볼 수 있지만 이타성을 하나의 유전자에 의한 형질로 대응시키는 멘델 유전학적 이타적 유전자는 논리적으로 존속이 불가능하다. 모두가 이타적인 개체군에서는 모든 개체들이 생식을 다른 개체를 위해 양보하고, 양육하는 수고는 자신이 할 것이라고 예상할 수 있다. 모두가 그렇게 행동한다면 그 개체군은 존속할 수 없다. 구명보트에 서로 타려고 해도 모두 죽고 말겠지만, 모두 다 양보해도 전멸한다. 만일 이런 사회에 이기적인 개체가 나타나게 된다면 이기적인 개체는 쉽게 이타적인 개체들을 이용하여 생식을 독차지하게 된다. 그것은 태어나는 자손이 모두 이기적인 개체의 자식들이 된다는 말이다. 개체군은 머지않아 이기적인 개체들로 가득 찰 것이며 본래의 이타적인 개체군은 이기적인 개체들의 집단으로 변질되고 만다.

적자생존이 반드시 개체의 수준에 작용해야 할 이유는 없다. 유전자든 개체든 군락이든 모두 동일하지 않다면 적자생존의 도태압^{淘汰壓/selec-}

tion pressure을 받을 것을 예상할 수 있다. 시카고대학교의 진화생물학자인 시월 라이트는 그룹선택 이론을 주장하였다.[22] 이타성을 촉진하는 유전적 소질이 강한 개체군은 그렇지 못한 개체군보다 적응력이 더 좋기 때문에 이타성이 진화할 수 있다는 것이다. 앞서 말했듯이 다윈도 자연선택이 단지 개체에 작용하는 것이 아니라 개미에서 예상되듯 여러 수준에서 작용할 것이라고 생각하였다.

　그룹선택 이론의 강력한 증명은 양계장에서 발견된다. 양계장에서는 관리의 편의상 흔히 여러 마리를 같은 장에서 키운다. 좁은 닭장은 닭이 살기에는 열악한 장소이기 때문에 싸움이 심하며 닭장 속 닭의 치사율은 68%에 이른다.[23] 살아남는 닭들로 양계를 계속하는 것은 공격성이 큰 개체들을 선발하는 것과 비슷한 효과를 낳는다. 미국 퍼듀대학교의 동물학자 뮤어는 살아남은 닭들이 낳은 알을 수집하여 다음 대를 잇게 하는 대신 전체적으로 산란율이 좋은 닭장의 알들을 한 그룹으로 삼아 함께 부화시켜 다음 세대로 삼는 실험을 하였다. 생존력이 좋은 닭이 아니라 같이 잘 지내면서 전체적으로 알 생산량이 좋은 닭장 개체군을 선택한 것이다. 그 결과는 눈부신 것이었다. 불과 6세대 만에 연간 산란양은 한 마리당 91개에서 237개로 160%나 증가하였다. 닭장 속 닭의 치사율은 혼자 있는 닭에 비해 몇 배나 높지만 뮤어에 의해서 선발된 닭장 속 닭의 연간 치사율은 몇 세대 후에는 독방 닭과 거의 비슷하게 8.8%였다. 온순한 닭 그룹을 거듭 선발한 결과 닭의 사망률도 낮아지고 달걀 생산도 월등하게 변모해간 것이다. 뮤어의 실험은 인위적인 환경이지만 그룹선택이 존재하며 매우 강력한 것임을 보여준다.

　혈연선택에 대한 또 다른 비판은 자연에 비혈연 간의 이타적 행위가 흔히 존재한다는 관찰에서 나온다. 멀리 볼 필요 없이 인간 사회에서도 비혈연 간의 헌신과 희생을 얼마든지 볼 수 있다. 윤리학자들은 타인에 대한 친절을 예로 들며 윤리를 다원주의로 설명할 수 없다고 반박하지만(13장 참조) 선입견을 버리고 바라보면 이런 인간의 이타성은 그룹선택에 대한 훌륭한 증거이다. 어떤 사람은 낯선 사람을 보면 의혹을 품고 적개심을 갖지만 어떤 사람은 낯이 설어도 같은 인간이라고 여기며 친절을 베푼다. 이런 행위들은 완전히 반대되는 행동이지만 달리 보면 그룹선택으로 인한 본능 때문이라는 것을 이해할 수 있다. 어떤 사람은 낯이 설면 같은 그룹이 아니라고 느끼는 것이고 어떤 사람은 사람이라는 특성을 인지하고 같은 그룹이라고 느끼는 차이이다.

사회생물학자 윌슨은 정밀한 수학적 모형과 다양한 관찰 데이터를 통해서 그룹선택이 이타적 행동의 핵심 원인이라고 주장하며 한 걸음 더 나아가서 혈연선택은 그룹선택의 특별한 경우에 불과하다고 주장한다.[24] 이 경우에는 해밀턴과 반대로 개미들의 이타성을 그룹선택으로 설명해야 한다. 윌슨은 개미나 꿀벌의 반수체-이배체 성 결정 메커니즘은 개미 이타성 진화의 원인이라기보다는 결과라고 주장한다.[25] 개미와 벌이 모두 진사회성 종은 아니다. 개미와 벌의 많은 종에 대한 근접 비교 연구는 이들의 조상은 원래 개별적으로 생식하였으나 둥지를 공동으로 사용하고 같이 새끼들을 키우게 되면서 점차 진사회성 종으로 진화해갔음을 보여준다. 이 과정의 어느 단계에서인가 반수체-이배체의 성 결정 메커니즘이 진화하면서 군체 단위의 극단적 협동을 공고히 한 것이라고 볼 수 있다.

흔히 그렇듯이 어쩌면 양쪽의 주장이 모두 사실일 수 있다. 조건에 따라 혈연선택은 그룹선택의 한 양상일 수도 있고 그룹선택과는 별도의 원리일 수도 있으며 두 원리가 복합적으로 작용하는 경우도 있을 수 있다. 여기서는 진화생물학자들이 첨예하게 대립하는 혈연선택과 그룹선택의 구분에 구속될 필요는 없다. 윌슨적인 그룹선택의 개념이 더 넓고,

조건부 초유기체는 혈연이 아니라도 얼마든지 가능하기 때문에 이 책에서는 이타와 윤리의 진화적 원인을 그룹선택이라고 간주하였다.

그룹선택은 그룹의 구성원인 동물 개체들이 자신의 이익을 유보하고 협동함으로써 적합도가 높아진 그룹이 선택되는 현상이다. 사람이나 늑대 같은 포식자 종에서 그룹선택은 구성원들 간에는 윤리를 촉진하며 협동을 조장하고 다른 그룹에 대해서는 초유기체가 되어 공격하도록 만든다. 그룹선택은 사람의 많은 모순적 행동을 이해할 수 있게 해준다. 윤리에 대한 전형적인 혼란이나 딜레마는 그룹선택과 그로 인한 인간의 본능이 고려되지 않은 채 인간 사회를 보는 데서 온다고 생각된다. 다음 장에서는 먼저 윤리의 기초인 선악의 관념이 그룹선택 이론과 부합하는 것을 확인할 것이다. 4장에서는 인간의 모순적 행동과 윤리적 딜레마를 그룹선택의 관점에서 해명한다.

3장

선

GOOD

도덕적 기준

프린스턴대학교의 윤리학자인 피터 싱어는 "2500여 년 동안 도덕철학에 대한 탐구가 진행되어왔음에도 불구하고, 물리적 세계에 대한 탐구와는 달리 윤리의 근본적인 특징에 대한 보편적인 합의는 아직까지도 이루어지지 않고 있다"고 토로한다.[1] 윤리학은 가장 오래된 학문 가운데 하나이고 윤리는 일상적인 것이지만 무엇이 옳고 그른지는 여전히 명백하지 않다.

하버드대학교의 철학자 마이클 샌델은 그의 베스트셀러 저서 《정의란 무엇인가?》의 서두를 플로리다의 어느 얼음장수 얘기로 시작한다.[2] 플로리다에 들이닥친 허리케인으로 전력 부족을 겪게 되자 냉장고나 에어컨을 쓰지 못하는 사람들이 많아졌고 얼음의 수요가 폭증하였다. 누군가의 재난은 다른 누군가의 기회가 된다. 수요가 늘자 얼음장수는 평소 2달러 받던 얼음 가격을 10달러로 올렸다. 주민들은 분통을 터뜨렸고 매스컴은 '약탈자'라고 비난했다. 그러나 정부나 경제학자는 냉담했고 윤리학자들은 침묵했다. 직관적으로 옳지 않게 느껴지는 이런 사례에 대해서 왜 의견이 엇갈리고 윤리 전문가들은 침묵할까?

플로리다의 얼음장수는 윤리의 수수께끼를 상징적으로 보여준다. 샌델은 《정의란 무엇인가?》의 목적이 "독자들이 정의에 관한 자신의 견해를 비판적으로 고찰하면서, 자신의 생각을 확인하고, 왜 그렇게 생각하는지 고민하게 만드는" 것이라고 하였다.[3] 윤리학 책은 옳고 그름이 어떤 것이라고 말해주는 법이 없다. 샌델의 책을 다 읽어도, 혹은 아예 윤리학을 전공해도 플로리다의 얼음 가게 주인의 행동에 대해서 모두가 납득할 도덕적 판단이나 해법을 내놓지는 못한다. 착함과 악함, 좋음과 나쁨, 옳음과 그름, 윤리, 진리, 덕, 가치…… 이런 말들을 흔히 사용하지만 그것이 무엇인지 따지고 들면 우리는 늘 당혹스러워진다.

호주의 윤리학자 존 매키는 객관적 가치가 존재하는 것으로 착각하는 것이 윤리적 사유가 흔히 갖는 문제이며 딜레마를 불러온다고 주장한다.[4] 매키의 주장은 절대적으로 옳고 그른 것은 없다는 것이다. 이리 보면 이런 이유가 있고 저리 보면 저런 이유가 있으니 임기응변적으로 대충 사는 게 방법이다. 그러나 매키 같은 상대주의적 입장이 윤리학의 근본 원리일 수는 없다. 단지 궁여지책으로 나온 이론이다. 플로리다 얼음장수의 폭리를 보며 나쁘다고 느끼는 감정과 판단은 누구나 똑같이 느끼는 객관적인 것이다. 어린아이들도 옳고 그른 것을 안다. 아이들이 다투면 어떤 어른이든지 "양보해라", "나누어 써라", "참아라" 등 몇 가지 형태의 똑같은 소리를 한다. 서로 돕고 나누는 것은 옳은 것이고 객관성이 있는 선이다. 세상에는 재론의 여지가 없는 선행들이 많이 있다. 테레사 수녀는 평생 인도의 빈민들을 위해서 헌신하였고 이수현은 일본을 여행하던 중에 위험을 무릅쓰고 철길에 쓰러진 취객을 구하다 희생되었다. 빌 게이츠는 저개발국의 고통받는 사람들을 돕기 위하여 막대한 재산을 내놓았다. 우리는 이런 행동들에 대해서 감동하며 주저 없이 선행임을 인식한다. 모든 사람의 도덕 감정과 부합하며 암묵적인 선행의 개념과 딱 들어맞는 행동들이 있는 것이다. 누구나 동의할 수 있는 명백한 선행의 예가 허다하게 있다는 것은 윤리적인 수수께끼는 선이 불분명한 것이 아니라 다른 원인이 있다는 말이다.

일단 누구나 공감할 수 있는 선행을 분석해보자. 모두가 인정하는 선행이 다양한 모습으로 존재하고 여러 가지 행동들이 모두 선행으로 인식될 수 있다면 그런 행동 중에는 어떤 공통점이 있을 것이다. 전형적인 선행들을 모아놓고 이런 행동들의 구성 요소를 추려보면 무엇이 선행을 구성하는지 파악할 수 있다. 어떤 행동을 선행으로 느끼는지 이목구비를 분명히 볼 수 있다면 플로리다의 얼음장수가 보여주는 윤리적 상대성이나 딜레마를 더 명백히 이해할 수 있을 것이다.

테레사 수녀, 이수현, 빌 게이츠 등을 전범으로 선행의 공통적인 요소를 보면 먼저, 선행은 사람의 일이다. 개미나 청소놀래기에서 선행을 보는 것은 그런 행위들을 사람에 빗대어 생각하기 때문이다. 인간의 윤리가 인간의 범위를 벗어나 적용되어야 한다는 주장이 있지만 근거는 없다. 육식을 하면서 다른 동물에게 윤리를 운운하는 것은 위선이다. 다른 동물에 연장되는 윤리는 보편적인 생명의 존엄성을 의식하는 데서 나온다. 생명의 존엄성에 대해서는 11장에서 자세히 논하겠다.

둘째, 선행은 사람과 사람 사이의 일이다.

셋째, 선행은 행위이지 생각이 아니다. 도덕과 연관된 행위는 다른 사람에게 영향을 주는 것이다. 마음속에 머물러 자신 외에는 아무도 알 수 없는 생각은 다른 사람에 의한 판단의 대상이 될 수 없다. 말이나 표정은 다른 사람의 마음에 영향을 줄 수 있기 때문에 행위이다.

넷째, 시혜자의 의지는 선행의 핵심적인 요소이다. 의지가 없이 이루어지는 행위는 사고이거나 행운이다. 세금이 두려워 내놓는 기부금이나 국민의 눈길을 의식해 하는 봉사는 별로 선행이라고 느껴지지 않는다.

다섯째, 선행은 다른 사람에게 무엇인가를 준다. 그것은 돈이나 어떤 물건일 수도 있고 시혜자의 노동일 수도 있고 위로의 메시지일 수도 있다. 그 형태는 여러 가지이지만 궁극적으로 수혜자에게 행복을 주는 행위가 선행이다.

여섯째, 시혜자는 손실을 본다. 시혜자가 베푸는 물질은 물질적 손실이고 노동은 에너지 소모를 뜻한다. 메시지는 무형이지만 생각의 노동을 필요로 하며 에너지 소모이고 손실이다. 시혜자는 손실을 보거나 손실에 의한 고통을 감내한다. 그러나 시혜자는 더 큰 만족을 얻는다. 시혜자가 고통만 받는다면 선행은 일어나지 않는다. 여기에 대해서는 아래에 더 논의한다.

일곱째, 수혜자의 의지도 중요하다. 수혜자가 시혜자의 도움을 거절한다면 선행으로 인식되지 않는다. 본인이 싫다는데 억지로 선물 공세를 펴는 사람은 스토커이거나 딴생각이 있는 것이다. 부모가 자식의 의지에 거슬러 자식의 이익을 위하여 강요하는 행위는 이해는 되지만 흠결 없는 선행이라고 느끼기에는 '2%가 부족'하다.

여덟째, 선행의 대상은 어려움을 겪는 사람들이다. 병든 노인이나 재해로 피해를 입은 나라는 선행의 대상이 된다. 어려움이 없는 사람을 대상으로는 선행이 이루어질 수 없다. 그렇다고 돈이 있고 권력이 있으면 선행의 대상이 될 수 없는 것은 아니다. 평상시에는 부러울 것이 없는 권력자도 병에 걸려 고통을 겪을 수 있고, 고가의 자동차도 가다가 불이 나서 부자를 곤경에 빠뜨릴 수 있다. 누구든 어려움에 처할 수 있으며 그 어려움으로 인한 고통을 덜어주려는 도움은 선행이 된다.

아홉째, 선행에는 대가의 요구가 없다. 시혜자는 물리적 손실을 겪지만 그 대가로 기대하는 것은 없다. 무엇인가 기대한다면 그것은 선행이라고 여겨지지 않는다. 정치인들이 카메라와 함께 고아원을 찾고 농사일을 돕는 것을 보고 착한 정치인이라고 생각하는 사람은 없다.

누구도 이의를 달지 않을 선행 혹은 직관적으로 느껴지는 선행이 어떤 것인지 구성 요인을 따져보니 9가지를 추출해낼 수 있었다. 이 9가지가 갖추어져 있으면 누구에게나 선행으로 느껴진다는 말이다. 이 요소들을 종합하면 다음과 같은 선행의 정의를 얻을 수 있다.

> 선행은 행위자가 고통(손실)을 무릅쓰고 의도적으로, 대가 없이, 도움을 바라는 다른 사람에게 행복(이익)을 주는 행위이다.

위의 9가지 요건 중 '어려운 처지'는 도움을 바란다는 말 속에 포함되어 있다.

손실을 본다는 것은 소유하고 있는 물질의 감소나 에너지의 소모를 말하는 것이며 결국 고통으로 수렴된다. 여기서 자연주의적 오류를 지적할 수 있을 것이다. 자연주의적 오류는 사실을 나열하다가 정신적 현상 혹은 가치로 비약하는 것을 말한다(12장의 "사실과 가치"에서 자세히 다룬다). 선행의 정의에서 (물질적) 손실과 (정신적) 고통을 동일시하는 것이 비약이라고 지적할 수 있다는 말이다. 여기서는 대부분의 사람이 물질적 손실이 있으면 고통을 느끼는 것으로 간주하였다.

시혜자는 한편으로는 손실로 인한 고통을 겪지만 선행으로 그보다 더 큰 행복을 얻는다(뒤의 "공리의 원리" 참조). 비슷하게 수혜자는 물질적으로 이익을 얻기도 하고 혹은 메시지로 직접 고통을 덜기도 하겠는데, 한마디로 행복이 증가한다고 얘기할 수 있겠다.

이 정의는 우리가 보편적으로 선행이라고 판단하는 행동을 구성하는 요건들을 요약한 것이니 차후의 인용을 위해서 '선행의 구성 요소에 의한 정의'라고 하자.

악행에 대해서도 비슷한 방법으로 구성 요소를 파악할 수 있다. 전형적인 악행은 굳이 신문 사회면을 일일이 들출 필요 없이 종교의 계율에서 알 수 있다. 기독교에서 야훼를 믿으라는 것 외에 10계명의 주된 계율은 다음과 같다.[5]

부모에게 불경하지 말라.
살인하지 말라.
간음하지 말라.
거짓말하지 말라.

도둑질하지 말라.

불교에는 다섯 가지 계율이 있다.[6]

죽이지 말 것.
훔치지 말 것.
음탕하지 말 것.
헛된 말을 하지 말 것.
술을 마시지 말 것.

불교와 기독교의 계율이 열거하는 악행들은 불교가 음주를 명시적으로 금하고 있다는 것 외에는 대체로 같은 내용이다. 구성 요소들은 다음과 같다.

악행도 사람의 일이다. 사람의 일이 아닌 경우에도 흔히 좋다 나쁘다는 감정이 들기는 한다. 뻐꾸기가 멧새의 둥지에 몰래 알을 낳고 도망가고, 태어난 새끼 뻐꾸기가 숙주의 알들을 둥지 밖으로 밀어내는 것을 보면 역겨움과 분노를 느끼게 된다. 뻐꾸기를 미워하게 되는 것이야 인지상정이지만 그렇다고 뻐꾸기를 나쁜 새라고 말할 수는 없다. 기생벌은 나방의 애벌레를 독침으로 마비시킨 후 알을 낳는다. 그 알은 애벌레의 살아 있는 몸속에서 영양을 흡수하며 자라서 종국에는 애벌레의 표피를 뚫고 나온다. 기생벌의 생존 방식은 잔인하고 끔찍하지만 나쁘다고 할 수 없다. 식물이 아닌 다음에야 대부분의 동물들은 다른 생물을 잡아먹거나 기생해야 생존할 수 있다. 이런 생물들이 나쁘다고 한다면 생명의 존재 양식이 잘못되었다는 것이 된다. 모든 생물이 나쁘다면 '나쁨'은 전혀 다른 의미를 갖게 된다. 악행에 대한 고찰은 선행이 사람의 일에 국한된다는 앞서의 주장을 뒷받침한다. 사람이 아닌 다른 생물이나 대상에 대한 선악의 판단은 의인화의 결과이다.

둘째, 악행도 사람과 사람 사이의 행위이다. 다른 사람에게 영향을 주지 않는다면 무슨 짓을 하든 윤리적인 판단의 대상이 되지 않는다. 자기 집 안에서 벌거벗고 살아도 되고 집 안을 쓰레기통같이 만들어도 아무 상관이 없다. 다른 사람에게 영향을 주지 않는다면 그것은 소설이나 역사 속의 얘기와 다를 것이 없고 빛이 천 년을 달려야 닿을 수 있는 쌍둥이 지구에 사는 사람들의 얘기와 다를 것이 없다. 자해나 자살이 윤리적인 판단의 대상이 되는 것은 행위자가 사회의 한 사람이기 때문에 혼자 하는 행위일지라도 결국은 직간접으로 다른 사람들에게 영향을 미치기 때문이다. 왈가왈부하는 자체가 혼자의 일이 아니라는 증거이다.

셋째, 계율들이 금지하는 사항들은 행위이지 생각이 아니다.

넷째, 행위자의 의지는 악행의 핵심적인 요소이다. 의지가 없이 초래되는 나쁜 결과는 사고인데, 사고를 악행이라고 하지는 않는다. 의지는 악행의 책임 소재를 정한다. 누군가 최면에 걸려 살인을 하였다면 살인을 교사한 사람에게 책임을 묻지 최면에 걸려 움직인 사람에 대하여 책임을 물을 수는 없다. 운전자에게 책임이 있지 자동차에게 책임을 물을 수 없는 것이다.

다섯째, 악행은 다른 사람에게 손실과 고통을 준다. 살인의 경우에는 피해자의 목숨이고 강도나 사기일 경우에는 재산이며 강간의 경우에는 육체적·정신적 고통이다. 욕설은 물리적으로 다른 사람을 침해하는 것은 아니지만 메시지로 고통을 준다.

여섯째, 악행으로 행위자는 이익이나 행복을 얻는다. 그 행복은 물질적인 이익에 의한 것일 수도 있고 육체적인 쾌락일 수도 있으며 정신적인 만족일 수도 있다. 행위자가 행복을 얻지 않는다면 악행으로 느껴지지 않는다.

일곱째, 피해자의 의지도 중요한 한 요소가 된다. 희생자가 기꺼이 손실을 보려 했다면 악행이 성립되기 어렵다. 다른 사람에게 돈을 주었을 때 상대편이 두려워서 주었다면 강탈당한 것이지만 걸인이 불쌍해서 자발적으로 돈을 주었다면 악행이 아니다.

계율이 금하는 행위들이 갖고 있는 공통점을 추려내니 7가지 요소가 인지되었다. 악행은 선행과 대칭일 것으로 생각되지만 구성 요소의 수가 똑같지는 않다. 악행의 특성들을 종합하면 다음과 같은 정의가 된다.

악행은 행위자가 행복(이익)을 얻기 위해서 의도적으로 다른 사람의 의지에 역행하여 고통(손실)을 주는 행위이다.

선행과 악행을 판단하는 데는 궁극적으로 당사자들의 행복이나 고통이 관건이지만 당사자들이 어떻게 느끼는지 마음을 분명히 알기는 어렵다. 그럼에도 불구하고 선행이나 악행의 판단이 가능한 것은 외형적으로 관찰되는 물질적인 이익이나 손실의 향배와 경험적으로 이해하는 정황 등 다른 요소들로부터 당사자의 마음을 짐작할 수 있기 때문이다. 반대로, 당사자의 마음속을 정확히 볼 수 없다는 사실은 선행과 악행의 판단 기준은 객관적이지만 판단 자체는 주관적이기 쉬움을 말해준다.

선행과 악행의 요소들을 비교해보자. 표 3-1은 선행과 악행의 구성 요소들을 나란히 정리해놓은 것이다. 선행과 악행은 처음 4가지 요소—사람에 대한 판단이며, 사람 사이에 일어나는 행동이며, 행동으로 나타나야 하고, 행위자의 의지가 있어야 한다—에서 동일하다. 피행위자는 선행으로 행복해지고 물질적으로는 이익을 얻고 악행으로는 고통을 받고 손실을 본다. 행위자는 선행을 함으로써 외견상 손실을 보지만 정신적으로는 행복을 얻는다. 선행은 행위자와 피행위자가 모두 행복하다는 특징이 있다. 행위자는 악행으로 이익을 보거나 적어도 쾌락을 얻는다. 선행의 경우에 피행위자는 행위자의 도움을 수용하려는 의지가 있어야 하고 악행의 경우에는 행위를 거부하려는 의지가 있어야 한다. 표 3-1의 8번과 9번은 악행의 구성 요소에는 없다. 악행의 판단에는 피행위자가 곤경에 처해 있거나 말거나 영향을 주지 않으며 대가성 역시 해당 사항이 아니다. 그러나 선행에서는 피해자가 곤경에 처해 고통을 겪고 있는 상태라야 성립한다.[7] 행위자가 나중에 선행의 대가를 받을 수는 있지만 행위 전에 대가를 기대하고 있으면 선행이 되지 않는다.

사람의 모든 행위들이 표 3-1의 선행이나 악행의 구조를 갖지는 않는다. 표 3-1은 선행도 악행도 아닌 행위들이 존재한다는 것을 예고한다. 가령, 상거래는 행위자가 이익(대가)을 기대하는 행위이면서 피행위자도 이익을 보는 행위이다. 복수는 피행위자에 손실을 일으키지만 행위자도 힘을 들이고 물질적 손실을 감수한다. (선행도 악행도 아닌 행위에 대해서는

번호	요소	악행	선행
1	사람의 일	+	+
2	사람 간의 일	+	+
3	(마음이 아닌) 행동	+	+
4	행위자의 의지	+	+
5	피행위자의 행복/고통	고통(손실)	행복(이익)
6	행위자의 행복/고통	행복(이익)	행복(손실)
7	피행위자의 의지	거부	수용
8	피행위자의 곤경		+
9	대가		−

표 3-1 선행과 악행의 구성 요소

6장에서 다룬다.)

우리는 주변에서 일어나는 수많은 행위들에 대해서 무의식적으로 이런 요건들을 충족시키는지 맞추어보고 직관적으로 선행 혹은 악행으로 판단한다. 비록 선행과 악행의 정의를 구성하는 요소들이 여러 가지이고 복잡하지만 우리의 머리는 이런 판단을 즉각적으로 쉽게 할 수 있도록 준비되어 있는 것임에 틀림없다. 매키는 선악을 판단하는 도덕적 기준의 실체moral fact란 존재하지 않는다고 하였지만 누구나 공감하는 선행과 악행을 정의할 수 있다는 말은 도덕적 실체가 있다는 말이다. 선악을 분명하게 가를 수 없는 일이 허다한 것은 도덕적 기준의 실체가 없기 때문이 아니라 도덕적 기준이 모든 상황에서 똑같이 적용되지 않는다는 사실을 달리 해명하지 못하는 데 있다. 여기에 대해서 자세히 논의하기 전에 선행과 악행의 정의가 품고 있는 의미를 좀 더 분석해보자.

진화생물학적 해석

선행의 구성 요소에 의한 정의는 선행 판단의 중심에 쾌락과 고통이 있음을 말해주며 행위자가 아니라 피행위자의 행복이 판단의 관건임을 보여준다. 행위자가 행복을 얻었느냐는 중요하지 않으며 고통을 당하던 사람이 행복해졌는가가 핵심이다. (사람은 언제나 자신이 행복해지는 방향으로 행동한다. 뒤의 "공리의 원리" 및 4장의 "자기보전율" 참조.) 자연선택을 염두에 두고 보면 선행은 행위자가 자신의 적합도를 희생하며 다른 사람의 적합도를 높여주는 행위라고 할 수 있겠다. 그렇다면 선은 무엇일까?

선행 속에는 선의 개념이 포함되어 있다. 앞의 정의에서 보면 선은 행복이다. 아닌 게 아니라 아리스토텔레스는 행복이 선이라고 했다.[8] 그러나 행복과 선이 동일한 것은 아니다. 행복은 악행에도 등장한다. 강간범의 행복이 선일 수 없으니 행복이 선이 되기 위해서는 무엇인가 더 필요하다.

선행의 구성 요소에 의한 정의에서 피행위자는 특정한 사람이 아니라 고통을 겪는 사람이며 도움을 필요로 하는 임의의 사람이다. 한 사람일 필요도 없고 여러 사람일 수 있으며 더 나아가 모든 사람일 수도 있다. 누구를 도와주든 또 몇 사람을 도와주든 돕는 행위는 선행으로 느껴진다. 선행의 핵심은 '타인들의 행복'인 것이다. 이것은 윤리학이나 심리학에서 윤리의 기초로 인지하고 탐구하는 이타^{利他/altruism}의 개념이다.[9] 윤리학은 이타가 진정으로 남을 위하는 것인지 추궁하고 심리학은 이타의 정신적 기제^{機制/mechanism}를 탐색한다. 여기서는 이런 질문에 대한 답을 구하기보다는 이타와 선의 관계를 생각해보자. 이타든 타인의 행복이든 여전히 선과 일치하지는 않는다. 선은 훨씬 넓은 의미를 갖고 있다. 선에는 진리, 아름다움, 위대함, 도전, 질서, 예술, 문화 등 다양한 대상이 포함된다. 선행의 정의는 선이 타인의 행복임을 시사하고 있는데 막상 선의 레퍼토리에는 타인의 행복이 커버하지 못하는 부분이 있는 것이다.

이 갭을 메우는 열쇠는 '타인'이라는 말 속에 숨어 있다. 흔히 그렇듯이 복잡한 현상은 단순화할 때 본질이 뚜렷해진다. 선악의 개념은 원시 시대부터 있었을 것이다. 수십 내지는 수백 명의 사람들이 하나의 부락을 형성하고 살던 채취수렵 사회에서 타인은 바로 부락 공동체의 사람들이다. 불특정 다수인 타인은 공동체 구성원들이고 타인의 행복은 그들의 행복이면서 궁극적으로는 공동체의 행복이다. 인류의 마음속에 본능같이 자리 잡고 있는 선이라는 개념은 의식하지 못하는 가운데 공동체의 행복을 표현하고 있는 것이다. 채취수렵인에게 부락의 신, 상징, 문화, 관습 등은 모두 공동체의 속성이며 선하게 여겨진다. 이것이 문명사회로 연장되어 국가, 지식, 덕, 종교, 예술, 문화재 등 다양하고 이질적인 대상이 모두 선하게 느껴지는 것이다.

문명사회는 채취수렵에서 벗어나 농경을 하며 많은 사람으로 구성되고 통치조직이 있는 사회를 말한다. 문명사회는 공동체라고 하기에는 너무 크고 이해관계가 복잡하다. 선의 개념은 채취수렵 사회의 공동체에 뿌리를 가지고 있겠지만 문명사회에서는 좀 더 추상적이고 유연해지며 폭이 넓어진다(4장에서 더 논한다). 문명사회 사람들에게 선은 '사회의 행복' 정도가 될 것이다. 현대인은, 때때로 '사회'가 불분명하게 느껴지겠지만, 자기가 속한 사회에 행복을 주는 대상에서 선을 느낀다. 악은 자연히 사회의 불행이 된다. 사회를 위협하는 테러나 폭력, 사람들에게 혐오감을 주는 행위, 사람의 생존을 위협하는 환경의 훼손 등은 모두 악으로 느껴진다. 그러나 사회는 단일하거나 고정된 것이 아니며 복합적이다. 사람에 따라 상황에 따라 같은 대상이라도 선으로 느껴질 수도 있고 그렇지 않을 수도 있는 것이다.

공 리 의 원 리

선이 타인의 행복이고 타인이 공동체의 동료들이라면 행복은 무엇인가? 왜 우리는 고통을 원하지 않고 행복을 원할까?

20세기 초 미국의 심리학자 B. F. 스키너는 동물에게 벌을 주거나 먹을 것으로 보상함에 따라 사람이 원하는 행동을 하게 할 수 있음을 보여주었다.[10] 쥐의 사육상자에 놓인 페달은 쥐에게 아무 의미가 없는 물건이다. 쥐는 페달이 누르라고 있는 것인지도 모르지만 상자 안에서 돌아다니다 보면 우연히 페달을 밟게 된다. 쥐가 페달을 밟으면 먹을 것이 떨어진다. 우연이 반복되면서 쥐는 페달을 누르면 먹을 것이 생긴다는 인과를 깨닫게 된다. 일단 페달과 먹이의 인과관계를 인식하게 되면 쥐는 페달만 보면 누르고 본다. 스키너는 이런 식으로 보상과 행동을 연결시켜 마법을 쓴 것같이 동물을 움직였다. 스키너의 쥐는 줄을 당겨 사다리를 세우고 이층으로 올라갔고 비둘기는 주둥이로 쪼아대는 대신 날개로 레버를 두드렸다. 스키너의 실험은 먹이로 보상함으로써 쥐나 비둘기에게 자연스럽지 못한 행동을 얼마든지 하게 만들 수 있다는 것을 보여주었다. 그것은 동물들이 먹기 위해서 무슨 행동이든지 할 수 있다는 말이며 거꾸로 행동을 지배하는 것은, 모두는 아닐지라도, 먹는 것임을 시사한다. 자연 상태에서 먹을 것은 귀하고 동종 간에, 또 이종 간에 치열한 생존경쟁으로 얻는 것이기 때문에 먹는 일은 쾌락이며 생존의 약속과 같다. 쥐를 비롯하여 모든 동물은 구체적으로는 먹을 것을, 심리적으로는 쾌락을 추구하느라 혼신의 힘을 다하게 마련인 것이다.

스키너는 사람도 얼마든지 쥐같이 보상을 주며 훈련시켜 원하는 행동을 하게 만들 수 있다고 장담했다. 스키너는 사람으로 실험을 하지는 못했지만 매스컴은 돈이 사람들로 하여금 어떤 행동이든지 하게 만든다는 것을 매일같이 여실히 보여준다. 스키너의 이론이 절대적이지 않을지는 몰라도 사람에게도 적용될 수 있는 상당한 보편성을 가지고 있다는 것을 부인하기 어렵다.

스키너의 이론은 다음 세대로 넘어가며 더욱 분명해졌다. 캐나다 맥길대학교의 심리학자인 제임스 올즈와 피터 밀너는 보상이나 혐오 반응을 지시하는 뇌의 신경회로를 탐색하였다.[11] 그들은 단도직입적인 시스템을 구성하였다. 쥐의 사육상자에 놓인 커다란 페달에는 전선이 연결되었는데 전선의 다른 쪽 끝은 쥐의 시상하부視床下部 근처 쾌락중추(보상중추)의 신경핵에 연결되었다. 쥐가 페달을 누르면 이번에는 먹을 것이 떨어지는 대신 전류의 펄스가 쥐의 신경핵의 뉴런neuron(신경세포)들을 자극하게 된다. 우연히 페달을 밟으면 쥐는 순간 아마도 짜릿한 쾌감을 느낄 것이다. 우연이 여러 차례 반복되면서 쥐는 페달을 밟으면 쾌감이 생긴다는 것을 알게 되었고 페달을 누르는 빈도는 점점 잦아졌다. 올즈와 밀너의 쥐는 마침내는 먹고 마시는 것도 거부하며 한 시간 동안 무려 7000번이나 페달을 누르는 광적인 행동을 보였다. 실험자들이 쥐를 구출하지 않고 그대로 놓아두면 쾌락을 탐닉하던 쥐는 기진맥진하여 죽고 말았다.

올즈와 밀러의 실험은 쾌락이 쥐의 모든 행동을 압도함을 보여준다. 전류가 쥐의 쾌락중추에 흘러 만들어주는 직접적인 쾌감은 너무 강력해서 다른 어떤 대안적 쾌락도 대체하지 못했다. 쾌락중추의 직접적 자극은 적어도 쥐에 관한 한 모든 정상적인 생리적 욕구나 이성적인 판단을 압도하는 것으로 보인다. 사람에게 이런 실험을 할 수는 없지만 마약중독자들은 약물에 의한 쾌락 중추의 직접적 자극이 사람에게도 저항하기 어려운 구속력을 발휘하는 것을 증명한다.

이런 과학적 실험과 증명 이전에, 18세기 말 영국의 철학자 제러미 벤담은 사람을 지배하는 것은 쾌락과 고통이라고 주장했다.

자연은 인류를 고통과 쾌락이라는 두 사람의 주권자의 지배하에 두어왔다. 우리들이 무엇을 하지 않으면 안 되는가를 지시하고 또 우리들이 무엇을 할 것인가를 결정하는 것은 다만 고통과 쾌락일 뿐이다. 한편으로는 선악의 기준이, 다른 한편으로는 원인과 결과의 연쇄가 이 두 개의 옥좌에 묶여 있다.[12]

사람은 쾌락과 고통을 저울질하며 쾌락이 증가하는 쪽으로 행동한다.

사람의 행동은 무척이나 다양하고 어떤 행동들은 전혀 쾌락과 연관을 짓기 어려워 보이지만 그 배후를 들여다보면 모두 쾌락을 추구하는 것임을 알 수 있다. 먹고 마시는 것은 물론이고 지적인 탐구도 쾌락을 느끼기 때문에 이루어진다. 당장에 고통스러운 일을 하는 것도 결국은 행복으로 보상받는다고 믿기 때문에 가능하다. 벤담은 이것을 공리功利의 원칙이라고 하였다. 공리는 "이해 당사자에게 이익, 이득, 쾌락, 좋음, 행복을 산출하거나 해악, 고통, 악, 불행의 발생을 막는 경향을 가진 어떤 대상의 속성"이다.[13] 공리의 원칙은 "이해 당사자의 행복을 증가시키거나 감소시키는 것처럼 보이는, 달리 말하면 그의 행복을 증진하거나 방해하는 것처럼 보이는 경향에 따라서 각각의 행동을 승인하거나 불승인하는 원칙"이다.[14] 스키너의 실험이나 올즈와 밀너의 실험은 공리의 원칙에 대한 과학적 증명인 셈이다.

이것은 사회에도 그대로 적용된다. 벤담은 "만약 이해 당사자가 공동체 전체라면 [공리는] 그 공동체의 행복을 의미하고 만약 이해 당사자가 특정 개인이라면, 그 개인의 행복을 의미한다"라고 하였다.[15] 벤담은 사회 자체도 공리의 원칙을 벗어날 수 없다는 것을 지적하였다. 2002월드컵의 국민적 응원과 그로 인한 행복이나 2014년 세월호 사고로 인한 경제적 침체와 우울한 분위기는 사회가 개인과 다름없이 쾌락과 고통을 느끼는 것을 극적으로 보여준다.

쾌락과 고통의 진화적인 의미는 어렵지 않게 이해가 된다. 진화적 관점에서 생물에 부과된 절대적인 명령은 잘 생존하고 번식하는 것이다. 모든 동물의 행동은 생존과 번식을 위하여 자연선택에 의해서 조성된 것이다. 동물들에게 생존과 번식의 이념을 교육할 수는 없으니 자연선택은 대신 정신에 쾌락과 고통의 회로를 설치해놓았다.[16] 적합도를 높이는 데 도움이 되는 것은 쾌락의 회로에 작용하고 그렇지 않은 것은 고통의 회로를 가동시킨다. 에너지 함량이 높은 꿀과 초콜릿은 달콤한 쾌락을 느끼게 해주고 독성이 있는 알칼로이드들은 쓴맛의 고통을 준다. 섭식이나 섹스는 쾌락중추를 자극하고 배고픔이나 성적 억압은 고통의 중추를 자극한다. 조건부 초유기체인 인간은 초유기체인 사회의 적합도에 대해서도 마찬가지로 반응한다. 사회의 적합도가 높아질 때는 행복하고 그렇지 않을 때는 불행을 느낀다.

유감스럽게도 개인적 적합도와 사회의 적합도는 항상 일치하며 같이 가는 것은 아니다. 때때로 두 차원의 적합도가 서로 충돌하면 우리는 한편으로는 즐거우면서 다른 한편으로는 괴로움을 느끼게 되고 윤리적 갈등을 겪게 된다. 다음 장은 이런 혼란을 진화적 관점에서 해명한다.

4장

갈등

CONFLICT

도덕적 상대성

다른 사람을 자신과 같이 대하라는 도덕적 황금률과 '눈에는 눈!'이라는 함무라비 법전의 정의는 사회생활을 하는 데 거의 필요충분조건으로 생각된다. 윤리나 정의는 거창하고 복잡한 것이 아닐 수 있다. 풀검 목사의 베스트셀러《내가 정말 알아야 할 모든 것은 유치원에서 배웠다》는 유치원에서 배우는 윤리와 정의 정도라면 인생을 사는 데 부족함이 없다는 것을 말해준다.[1]

그러나 현실에서 윤리적 판단은 그리 간단하지 않고 정의는 종종 헷갈린다. 플로리다 얼음장수의 바가지요금은 옳지 않아 보이지만 뭐라 할 수 없다. 소크라테스는 아테네 사람들의 비윤리적 처신에 대해서 공격하고 논파하지만 정작 보편적이고 절대적인 선이나 선행에 대해서 분명한 정의를 하는 법은 없다.[2] 그리고 자신의 무지함을 얘기한다. 그것은 겸손이기도 하지만 윤리적 상대성이나 딜레마를 해결할 방법을 알지 못하였기 때문일 것이다.

우리는 흔히 같은 사건에서 상충하는 두 방향의 관점을 느끼면서 하나는 무시하며 산다. 가령, 일본 기술을 몰래 알아 오는 것은 좋은 일이지만 한국 기술을 중국에 팔아먹는 것은 매국이다. 안중근은 민족의 영웅이지만 일본은 그를 테러리스트라고 한다. 민간 항공기를 납치하여 뉴욕의 무역센터 빌딩으로 돌진한 9·11사건은 용납할 수 없는 테러지만 알카에다는 순교라고 주장한다. 옳고 그름은 보는 방향에 따라 달라지는 것 같다. 한쪽에서는 선이지만 반대편에서 보면 악이니 도덕은 비현실적인 공허한 염불일뿐더러 과연 윤리라는 게 의미가 있는 것인지 의심하지 않을 수 없다. 서울대학교의 윤리학자 김태길은《윤리학》의 말미에 윤리에 대한 정론이 없음을 고백한다.

2000년 이상의 오랜 세월을 두고 갖가지 윤리설이 속출했으나, '어떻게 사는 것이 가장 바람직한 삶의 길이냐?' 하는 문제에 대해서 아직도 반론의 여지가 없는 정론을 얻지 못했다는 것을 우리는 솔직하게 인정해야 할 형편이다.[3]

도덕에 객관성이 없다면 회의를 낳는다. 도덕의 상대주의는 주관주의로, 더 나아가서 무도덕적 허무주의로 뻗어나간다.[4] 도덕적 판단은 전적으로 개인적인 문제라는 얘기가 된다. 그러나 스위스의 윤리학자 안네마리 피퍼는 그것은 오해에서 비롯된 것이라고 주장한다.

오늘날 행위자나 도덕철학자들에 의해서 제기된 윤리학에 대한 일련의 비판적 반론과 비난, 즉 윤리학은 효과가 없고 무익하며 실천적으로 아무런 결과도 가져오지 못하기 때문에 결국 완전히 아무런 소용이 없다는 반론과 비난은 모두 [도덕적] 자유 개념에 대한 오해 및 이에 따른 윤리학의 과제에 대한 오해에서 기인한다.[5]

피퍼는 윤리학은 "실천에 관한 이론이지 실천이 아니다"라고 선언하고 "윤리학은 전체 인류에게 구속력 있는 행위 규칙을 내용으로 포함하는 어떠한 실질적인 규범 목록도 제시하지 않는다"라고 한계를 설정하며 "행위자들이 스스로 도덕적 능력을 획득하고 행사하도록 지도"하는 역할을 해야 한다고 주장한다.[6] 피퍼의 주장은 앞서 샌델과 마찬가지로 윤리학이 옳고 그름을 분명히 얘기해줄 수 없다는 한계를 분명히 하고 감당하기 어려운 보편적 규범 제시의 짐을 털어버린다. 미국의 사회학자 윌리엄 섬너도 옳으니 그르니 하는 것은 전적으로 해당 사회나 개인의 믿음, 배경, 습관 등에 달린 것이라고 주장한다.[7] 옳고 그름에 대한 객관적인 기준이 없다고 부인하는 것은 도덕적 상대성이나 딜레마를 벗어나기 위한 정면 돌파의 방법이지만, 이런 상대론의 약점은 명백하다. 사회마다 기준이 달라 보여도 모든 사회에 공통적인 도덕 기준도 눈에 띄고 어떤 반론도 허락지 않는 선행인 헌신과 희생도 있다. 풀검의《내가 정말 알아야 할 모든 것은 유치원에서 배웠다》가 세계적인 베스트셀러라는 것은 윤리의 원리가 문화와 사회를 초월하여 보편적인 것임을 시사한다. 섬너나 매키의 주장은 빛의 입자성이 증명되었기 때문에 빛을 파동이라고 보는 가설을 폐기해야 한다는 주장과 비슷하다. 예외가 있고 설명하지 못하는 부분이 있다는 것이 반드시 기존의 법칙이 틀렸다는 것을 뜻하지는 않는다. 두 가지 성질이 모두 확실하다면 두 가지를 배반적으로 느끼는 인간의 지식과 논리가 한계일 수 있다.

내 집 단 법 칙

도덕의 객관성에 대한 회의는 싸우는 양쪽이 자기 쪽은 선하고 상대편은 악하다고 주장하는 데서 극명하게 느껴진다. 제3자는 흔히 싸우지 말라며 양쪽을 모두 나무란다. 이런 혼란의 중심에는 '쪽'이 있다. 나의 쪽은 '우리'이고 상대 쪽은 '남'이거나 '적'이다. '우리'는 이해를 같이하는 사람들이며 공동체이고 공동의 적이 있을 때 '우리'는 힘을 합쳐 대항한다. 꼭 적이 있지 않더라도 사람들은 무의식중에 잠재적인 '우리'를 인식한다. 서울에 거주하는 전라도나 경상도 사람들은 서로 같은 지역 사람이라고 인식하고 동료의식을 가지며, 같은 군郡 출신 사람들은 향우회를 만들기도 한다. 같은 학교 출신들은 어김없이 동창회를 갖고 있다. 해외에 나가면 한국인들은 한인협회를 구성한다. 사회학에서는 이같이 공통점을 찾아 형성하는 그룹을 내집단內集團/in-group이라고 부른다.[8] 내집단을 만드는 요인들 가운데 강력하고 흔한 것은 혈연, 종교, 학연, 지연, 언어, 취미 같은 것이다. 내집단은 흔히 여러 가지 요소들이 복합되어 구성된다. 한 지역 사회의 주민들로 구성된 내집단은 비슷한 문화를 가지며 혈연으로 얽혀 있기 쉽다. 같은 학연의 사람은 고향이 같기 쉽고 추억을 공유하고 문화적인 면에서 추가의 공통점을 갖기도 한다. 공통점이 많으면 많을수록 강한 내집단이 된다. 강한 내집단의 구성원들은 잘 협동하며 응집력이 강하다.[9] 내집단의 존재는 필연적으로 외집단을 만든다. 자신과 뚜렷하게 다른 점이 있는 사람은 외집단으로 인식되고 거리를 두게 되며 배척되기 쉽다.

내집단과 외집단을 인식하고 바라보면 헌신, 희생, 이타, 협동 등 모든 도덕적 특성들이 내집단 안에서만 적용되는 것이며 외집단에는 잘 적용되지 않는다는 것을 깨닫게 된다. 왕따가 가혹하게 다루어질 수 있는 것은 청소년의 사회에서 외집단으로 낙인이 찍혔기 때문이다. 바가지를 씌울 수 있는 것은 이웃인 '우리'가 아니고 외지 사람이기 때문이다. 남의 팔을 비틀고 무법으로 돈을 버는 조직폭력배들도 그들끼리는 의리가 있고 도의가 있다. 세상의 모든 크고 작은 전쟁들에서 상대편에게 잔혹하고 사람을 무감각하게 살해할 수 있는 것은 그들이 내집단이 아니고 적인 외집단이기 때문이다. 사회면을 장식하는 갖가지 악이 자행될 수 있는 것은 대상이 범죄자의 내집단이 아니고 외집단이기 때문이다.

내집단/외집단 현상은 채취수렵 사회를 생각하면 쉽게 이해가 된다. 채취수렵시대의 사람들은 주로 혈연으로 엮인 수십 명 내지 수백 명 정도의 사람들이 공동체로서 생존한다. 같이 사냥하고 먹을 것을 나누고 공동으로 방어하며 침팬지나 늑대의 무리같이 일정한 지역을 차지하고 산다. 이들에게 이웃 마을은 유전학적으로는 같은 종에 속하며 심지어는 가까운 혈연이지만 심리적으로는 '우리'가 아니고 '남'이며 심하면 사냥감이다. 아마존의 문두르크족은 이웃 부락의 사람들을 설명할 때 사람에게 해당하는 말을 쓰지 않고 사냥감처럼 표현한다.[10] 우리 부락 사람이 아이를 낳으면 '아이를 낳은' 것이지만 이웃 부락에서 아이를 낳으면 '새끼를 낳은' 것이다. 이것은 공연한 욕이 아니라 인지 상태를 나타내는 것이다. 그룹선택의 이론은 채취수렵시대의 이웃 부락이 교역할 수 있는 사람들이기도 하지만 잠재적 경쟁자라고 알려준다. 생태학의 가우스의 법칙은 니치가 비슷한 종이 가장 치열한 경쟁자라고 한다.[11] 인근에 자리 잡고 있는 인류는 잠재적으로 가장 치열하게 경쟁해야 하는 적인 것이다. 채취수렵시대의 사람이 내집단과 외집단을 구분하고 내집단의 동료들에게는 윤리적으로 행동하고 외집단의 사람은 사람이 아닌 것으로 취급하는 것은 생존을 위한 필수적인 본능이라고 할 수 있다. 무의식중에 내집단과 외집단을 가르고 그에 합당하게 행동하는 것은 문명사회의 인류에 채취수렵시대 인류의 본능이 그대로 남아 있기 때문이다. 내집단과 외집단의 인식은 인류의 행동을 이해하는 데 아주 핵심적인 단서이다. 그룹선택은 내집단과 외집단을 구별하는 본능을 인간의 뇌에 새겨놓았고 그로 인하여 외계인이 보면 이해할 수 없는 인간의 복잡하고 모순적인 행동이 생긴다. 이 본능의 골자는 "윤리는 내집단 안에서만 작용한다"이다. 이것을 윤리의 '내집단 법칙'이라고 하자.

채취수렵시대에는 태어나면서부터 모든 것을 공유하는 내집단이 분명하게 고정적으로 주어졌지만 현대인에게는 그렇지 못하다. 가족을 제외한 나머지 사람들은 지나치게 숫자가 많을뿐더러 변하며, 늘 같이 생활하는 것도 아니다. 그렇다고 가족 외에는 모두 배척하고 싸워야 하는 외집단인 것도 아니다. 채취수렵시대의 내집단 본능은 문명사회에서는 헷갈릴 수밖에 없다. 태어나 처음 만난 움직이는 물체를 어미라고 믿고 따라다니는 새끼 오리같이 문명사회의 인류도 비슷한 특징을 가진 사람들을 만나면 본능적으로 호감을 느끼고 내집단을 형성한다. 반대로 다른 점이 느껴지면 외집단이 되며 공격성이 발동한다. 문명사회의 문제는 이 관계가 항구적이지 않다는 것이다. 복잡해진 사회생활은 친한 사이에도 이해의 충돌을 일으키게 만들고, 내집단과 외집단을 가를 비슷한 특징과 이질적인 특징은 흔히 공존한다. 채취수렵 사회에서도 이런 복잡성이 전혀 없었다고 할 수는 없겠지만 소규모 공동체라는 특성은 작은 갈등을 쉽게 잠재웠을 것이다. 문명은 사람의 본능이 형성될 때와는 달리 (진화적 스케일에서 보면) 짧은 시간에 너무 많은 사람들로 구성되는 큰 사회를 만들어버렸다. 문명사회에서는 휘어진 거울을 들여다보는 것처럼 내집단이 불규칙적으로 어지럽게 변화한다. 문명사회의 내집단은 얼핏 보아도 다음과 같은 현저한 특징들을 가지고 있다.

- 한 사람은 한 내집단에 항구적으로 속하지 않을 수도 있다.
- 한 사람이 속한 내집단은 하나가 아니다.
- 한 사람이 속한 내집단들끼리 이해의 충돌을 일으키며 적이 될 수 있다.
- 이해에 따라 외집단이 내집단이 되고 그 반대가 되기도 한다.
- 내집단은 이해관계에 따라서 새로 만들어지기도 하고 사라지기도 한다.
- 다른 사람은 나와 같은 내집단에 속할 수도 있고 외집단에 속할 수도 있고 양쪽에 걸칠 수도 있다.

영화 〈태극기 휘날리며〉(2004)는 이런 문명사회의 윤리적 딜레마를 하나의 비극적 스토리로 보여준다. 공동체이던 한 민족이 둘로 나뉘어

서로 외집단이 되어 전쟁을 벌인다. 징집된 동생을 찾아 입대한 형(진태)은 남한의 군인이었다가 동생이 남한군에 의해 살해되었다고 오해를 하게 되어 북한의 군인이 된다. 두 형제가 적으로 만난다. 내집단이 외집단이 되고 외집단이 내집단이 되며 내집단 속에 외집단이 있고 외집단 속에 내집단이 있는 것이다. 피퍼나 샌델이 윤리학은 생각을 명료하게 도와주는 것이지 규범을 제시하는 것이 아니라고 선을 긋는 것은 충분히 이해가 되는 일이다. 〈태극기 휘날리며〉가 보여주는 윤리적 딜레마에 전통적인 윤리학이 해줄 말은 없다. 딜레마에 대한 해법은 딜레마 안에서 아무리 찾아보아야 발견할 수 없다. 딜레마가 암묵적으로 담고 있는 전제와 환경을 버려야 비로소 벗어날 수 있다. 윤리적 딜레마의 경우에는 어디엔가 모든 것을 관통하는 옳음이 있을 것이라는 윤리학의 암묵적 전제를 포기하는 것이다. 그것은 이내 상대주의로 인도하지만 진화생물학은 대안이 있음을 알려준다. 윤리적 딜레마는 옳고 그름의 문제로 보아서는 안 되며 실체는 생존경쟁이라는 것이다. 생존경쟁은 나와 나의 내집단이 생존해야 한다는 결과가 목표이다.

〈태극기 휘날리며〉는 국가라는 초유기체의 생존경쟁이 배경이고 개인과 가족이라는 작은 초유기체의 생존경쟁이 그 위에 중첩되어 있다. 여러 내집단과 외집단이 착종된 상태이기 때문에 관중은 선악의 판단도 할 수 없고 내집단 법칙도 적용할 수가 없다. 그러나 주인공 진태의 내집단 법칙은 흔들림 없이 가족에게 우선적으로 적용된다. 진태에게는 가족 내집단의 적합도를 높이는 것이 목표인 것이다. 영화 속의 상황은 '무엇이 옳은가' 하는 질문을 떠올리지만 현실이라면 문제는 '누가 살아남는가'이다. 당사자들은 윤리적 혼란에 처하지만 선택을 한다. 영화에서는 대답을 주지 못하고 주인공이 죽고 말지만 현실에서는 자신이나 자신과 더 이해가 밀접한 내집단의 적합도를 높이는 선택을 하기 마련이다. (13장의 "딜레마 게임"에서 윤리적 딜레마에 대해서 더 논의한다.)

자 기 보 전 율

전쟁터의 윤리적 딜레마들은 판단을 혼란스럽게 만들기에 충분하지만 그것이 문제의 전부는 아니다. 윤리의 보다 근본적인 문제는 일상적인 것이다. 보편적 윤리의 기준인 황금률은 가장 높은 가치를 가진 것으로 치부되지만 실은 쉽게 무시된다.[12] 칸트는 황금률을 "너의 준칙이 보편적인 법칙이 되도록 네가 동시에 의욕할 수 있도록 하는 그러한 준칙에 따라서만 행위하라"라고 표현했다.[13] 비칸트적으로 표현하면 "남의 사탕을 빼앗지 말라" 혹은 "네가 하기 싫은 일을 남에게 시키지 말라"가 될 것이다. 황금률은 이해하기 쉽고 누구나 옳다고 느끼지만 쉽게 지켜지지 않는다. 쉽게 무시되다 보니 습관이 되어서 도덕률을 무시한다는 사실조차 제대로 의식되지 않기도 한다.

황금률이 무시되는 것은 우리의 마음속에 황금률보다 상위의 기준이 있기 때문이다. 그것은 나의 이익이고 나의 행복이다. 황금률이 내 이익이나 행복과 갈등을 빚을 때 우리는 쉽게 황금률을 저버리게 된다. '나의 이익(행복)은 다른 사람의 이익(행복)보다 중요하다'는 생존과 번식을 명령받은 모든 생물의 대강령이다. 이것을 '자기보전율'이라고 하자.

물론 이런 이기적 명제에 반하는 행동도 있다. 부모의 희생에서부터 테레사 수녀의 헌신과 봉사, 사육신의 충성에 이르기까지 이기심을 초극하는 행위는 얼마든지 예를 들 수 있다. 그러나 이렇듯 순수하게 이타적인 행동의 예는 허다하지만 빈도는 낮다. 청룡봉사상이라든지 선행을 기리는 갖가지 표창의 존재는 역설적으로 순수한 이타적 행위가 매우 드물다는 것을 말해준다. (선행에 대해서는 5장에서 더 논한다.)

자기보전율이 언제나 황금률을 압도하는 것은 아니고 거의 대부분 그렇다. 일상적인 대부분의 행위는 설사 그것이 이타적인 모양새를 갖추고 있을 때도 희생이라기보다는 협동이며 궁극적으로 자신의 이익을 위한 것이다. 월급을 받기 위해서 회사에서 일을 하는 것이고 칭찬을 받으니까 봉사를 한다. 대부분의 정치가는, 봉사가 아니라 자신의 영달을 위해서 정치에 뛰어든다. 자신이 자기보전율을 따르고 있다는 생각은 흔히 자기기만적으로 감추어지며 의식하지 않는다. 누구나 자기 마음을 냉정하게 보면 자기보전율의 그림자를 찾을 수 있다. 때때로 자기보전율과 황금률이 충돌을 일으켜 명백히 자기보전율을 따를지라도 적절한 변명을 만들어내며 황금률과 충돌하는 것을 무마한다. 윤리성을 부인하는 것은 사회의 가상적 배척을 인정하는 것이며 심리적으로 사회생활을 포기하는 것과 다름없기 때문이다. 사람이 사회생활을 포기한다는 것은 곧 죽음이니 죽음을 각오하는 것이 아닌 다음에야 자신의 비윤리적 행동을 어떻게든 부인해야 한다.

자 아 중 심 률

세상을 살면서 경험하는 온갖 갈등에서 우리는 흔히 자신이 겪는 고통의 원인을 다른 사람에게서 찾고 다른 사람을 탓한다. 나를 포함하여 일어나는 일이기 때문에 어떤 경우에도 나의 기여분이 있기 마련이지만 반성보다는 다른 사람을 탓한다. 그리하여 바람피운 남편은 아내의 바가지를 탓하고 성적이 나쁜 학생은 선생의 강의를 탓하며 취업이 안 되면 세상을 원망한다. 이것은 윤리적 판단을 어지럽게 하는 또 다른 요소이다. 이 교란의 핵심은 '나(의 의지)는 언제나 옳다'로 요약할 수 있다. 이것을 '자아중심률'이라고 하자.

자아중심률은 자신이 피행위자인 경우에는 더욱 현저하게 나타난다. 약속 시간에 늦어서 마음이 급한데 길에 자동차가 가득 차서 정체되면 급한 운전자는 발을 동동 구르며 다른 운전자들을 원망하게 된다. "길도 좁은데 쓸데없이 차들을 끌고 나와서 이 모양을 만든다 말이야", "기름도 안 나는 나라에서 여럿이 같이 타고 다녀야지 말이야…… 전부 나홀로 차야". 심지어는 "돈 있다고 모두 차를 사게 하면 안 돼" 같은 주장도 내놓는다. 그렇게 말할 수 있는 것은 나의 행복을 침해하며 고통을 주는 것은 그것이 무엇이든 나쁘게 느껴지기 때문이다. 마음에 들지 않는 배우의 연기는 나쁜 것이고 지하철 옆자리에 앉은 승객의 대화가 재미있으면 문제가 안 되지만 듣기 싫으면 나쁜 것이다. 연예인의 발언, 길거리에서 마주친 아이들의 행동, 길 가는 자동차의 스타일 등, 나를 의식하지 않고 나에게 영향을 미치려는 의지가 없는 행동들도 내게 주는 느낌에 따라 좋게도 느껴지고 나쁘게도 느껴진다. 자아중심률은 자기도 모르게 자신의 호오와 선악을 일치시키며 윤리적 혼란을 가중시킨다. 자기보전율은 비윤리적인 행동을 감행하게 만들고 자아중심률은 윤리적 편견을 초래한다.

자아중심률은 사람들의 무의식적이고 일반적인 이중잣대를 설명한다. 내가 바람을 피우면 로맨스이고 다른 사람이 바람을 피우면 불륜이다. 내가 떠들면 자유분방한 것이고 다른 사람이 떠들면 공중도덕을 모르는 것이다. 내가 시험에 떨어지면 세상이 완벽하지 못한 것이고 다른 사람이 떨어지면 실력이다. 내가 다른 당으로 가면 개혁을 위한 것이고 다른 사람이 당을 바꾸면 권력과 이익을 좇는 철새이기 때문이다. 나의 행동은 무의적으로 자아중심률에 의해서 해명이 되고 이해가 되지만 다른 사람의 행동은 '선행의 구성 요소에 의한 정의'라는 객관적 잣대로 판단하는 것이다.

자아중심률은 진화적인 관점에서 본다면 필연적인 것이다. 동물의 모든 행동은 생존과 번식을 위한 것이다. 먹이사슬로 엮어진 생물계는 잡아먹으려는 자와 먹히지 않으려는 자의 무한의 각축장이며 적합도 향상에 기여하지 않는 행동이란 허용되지 않는 사치이다. 오판과 실수는 있기 마련이지만 모든 동물의 행동은 생존과 번식을 위한, 당시로서는, 최선의 것이다. 사람은 누구나 자신의 행동이 좋은 것이며 옳은 것이라고 생각하기 때문에 행동으로 옮긴다. 때로는 후회하며 자신을 질책하는 경우도 있지만 그것은 결과에 대한 사후의 평가다. 그것도 자신이 손해나 입어야 후회를 하지 이익을 보거나 남이 손해를 입는 경우라면 이내 그럴듯한 변명이 만들어진다. 양심에 찔리면 세상이 불완전하기 때문에, 다른 사람들도 다 그렇게 행동하기 때문에, 안타깝지만 어쩔 수 없는 일이라고 치부하고, 양심에 찔리지 않으면 무시하고 이내 잊어버린다.

그리스의 철학자 프로타고라스는 보편적인 선은 없다고 주장하였다.[14] 그러나 세상의 허다한 희생과 선행에 모두가 감동하는 데서 알 수 있듯이 누구나 공감하는 선행은 있고 보편적인 선도 존재한다. 윤리적 딜레마는 윤리의 내집단 법칙을 인식하지 못하기 때문에 생기는 일이고 사람마다 상황마다 내집단의 범위가 다르다는 것을 간과하기 때문에 생기는 일이다. 윤리적 상대성이나 딜레마에 처해서 "어떤 것이 옳은(윤리적) 행동인가?" 하고 물어서는 답을 얻을 수 없다. 옳은 질문은 "이 행동으로 누가 이익을 보고 누가 손해를 보는가?"이다. 행위자는 이익을 얻거나 손해를 볼 대상을 선택해야 한다. 어느 쪽도 선택할 수 없다고 하더라도 선택할 수밖에 없고 그로 인한 고통은 감수해야 한다. 가장 바람직한 것은 그런 상황이 오지 않도록 만드는 것이다.

사람이 남들이 보지 않는 곳에서 비윤리적으로 행동한다고 인간성을 혐오할 일도, 탄식할 일도 아니다. 개인적으로 번식해야 하는 인류에게 자기보전율은 황금률보다 상위의 본능이다. 사람은 자신의 적합도를 높이기 위해서 사회생활을 하는 것이지 그 반대가 아니다. 그러나 자기보전율이나 자아중심률의 일방적인 추구는 다른 사람들의 이익과 충돌하기 때문에 다른 사람들에 의해서 견제를 받고 심하면 처벌을 받는다. 자기보전율과 황금률의 충돌을 피하고 완화하면서 윈-윈의 방향으로 조화롭게 끌고 나가는 데 조건부 초유기체인 인간의 고민과 묘미가 있다. 다음의 두 장에서는 진화생물학적 관점에서 황금률의 내용인 선행과 협동을 구체적으로 살펴보고 7장에서는 생존경쟁의 차원에서 선과 악을 종합 정리해보겠다.

5장

선행

BENEVOLENCE

선행의 분류

조선일보와 경찰청이 주최하는 청룡봉사상은 매년 봉사와 희생정신을 발휘한 사람들을 찾아내 충忠, 신信, 용勇, 인仁, 의義의 5개 부문에서 시상한다. 청룡봉사상 수상자들의 이야기는 우리 사회가 어떤 행동을 선행으로 인식하며 높이 평가하는지 알려준다. 2014년 48회 청룡봉사상의 수상자는 10명이다.[1] 신상을 받은 김신 경사는 순찰하던 중 빈민가 화재 소식을 듣고 현장으로 달려갔고 화염 속을 세 차례나 드나들며 아이 둘과 엄마를 구해냈다. 인상의 황규열은 농부인데 넉넉지 않은 살림에도 불구하고 수십 년간 끊임없는 기부를 해왔다. 용상의 주인공은 세 명 모두 경찰관으로 조직폭력배 등 사회적 약자를 등쳐먹는 악당들을 집요하게 추적하여 정의를 구현한 사람들이다. 의상을 수상한 두 사람 가운데 한 사람은 한겨울 물에 떠내려가는 소년을 보고 뛰어들어 구해냈고, 다른 한 사람은 2014년 2월 경주 마우나 리조트 붕괴 사고 때 붕괴 현장에서 살아나왔으나 후배들을 구하기 위하여 다시 뛰어들어갔다가 희생되었다.

충, 신, 용, 인, 의의 5분야는 선행의 상황을 반영하여 구분하는 것으로 전통적 윤리의 덕성과 연관이 있다. 이들 여러 가지 상황의 선행들은 모두 3장의 "구성 요소에 의한 정의"의 선행에 부합한다. 더 나아가서 사회의 적합도를 높이는 행위들이라는 것도 인지할 수 있다. 그러나 윤리를 진화와 연관시키며 바라보면 전통 윤리와는 전혀 다른 선행의 유형을 인지하게 된다. 하나는 위기 상황에서 벌어지는 것이고 다른 하나는 평상시의 선행이다. 화재라든지 물에 휩쓸려 떠내려가는 사람은 위기를 말한다. 매년 상당수의 사람들이 위기에 처한 가족이나 친구, 심지어는 전혀 모르는 남을 구하려다 희생이 되곤 한다. 위기 상황의 살신성인적 선행은 군인들에게서 많은 예가 나온다. 전쟁터를 배경으로 한 영화에서는 흔히 전우를 구하기 위하여 자신의 목숨을 버리는 숭고한 희생이 등장한다.

3장에서 유도된 정의에 의하면 선행은 본질적으로 행위자가 자신의 적합도를 희생하면서 다른 사람의 적합도를 높이는 행위다. 적합도에 방점을 찍고 선행을 바라보면 평상시의 선행도 그 안에서 다시 세 가지 다른 종류를 인지할 수 있다. 첫 번째 분류는 테레사 수녀를 떠올리게 되는 선행이다. 테레사 수녀는 일생 동안 인도의 빈민들을 돌보는 데 헌신하였다. 이런 선행의 특징은 어렵고 고통받는 사람들을 대상으로 평상시에 이루어지며 행위자가 보통사람들같이 안락과 영달을 추구하지 않고 직접 많은 노고를 감수한다는 것이다. 선행자들은 자신의 적합도를 희생한다. 두 번째 분류는 자선이다. PC의 조류를 타고 세계 제1의 부자가 된 빌 게이츠는 거대한 부의 대부분을 세상의 고통을 구제하는 일에 내놓았다. 자선의 핵심은 돈을 기부하는 것이다. 큰 부자의 자선은 엄청난 힘을 발휘할 수 있지만 심리적 차원에서 보면 선행자가 체감하는 노고는 크지 않으며 선행자의 적합도는 훼손되지 않는다. 세 번째 분류는 친절이다. 이것은 작은 도움을 주는 행동이며 대체로 관습적인 선행들이다. 노약자에게 자리를 양보한다든지 길을 잃은 사람에게 길을 안내해주는 등의 행동들이다. 행위자의 적합도 손실은 없다.

이 4가지 유형의 선행을 정리하면 표 5-1과 같다. 표 5-1은 행위의 양상이나 결과에 근거한 것이 아니라 심리적 기제와 행위자의 적합도에 초점을 둔 분류이다. 다음에서는 이런 선행들이 어떻게 가능하게 되는지 여러 방면의 연구 결과들을 모아 좀 더 자세히 검토해보겠다.

신경회로	선행의 유형	피행위자	선행의 방법	심리적 원인
핫라인	살신성인	위기에 처한 사람	노동	강박
콜드라인	헌신	고통받는 사람 (구체적, 한정적)	노동	모성애
	자선	고통받는 사람 (추상적, 불특정)	재산	모성애
	친절 · 예의	보통 사람	노동	관습적

표 5-1 선행의 유형

핫 라 인 의 선 행

살신성인의 선행은 위기 상황에서 일어난다. 동물에게 위기적인 상황은 다른 모든 상황과는 차별된 특별한 의미를 갖는다. 위기는 생명을 잃든가 혹은 중상으로 연결될 가능성이 있는 상황이다. 자연 상태에서 중상은 곧 죽음이라고 할 수 있기 때문에, 위기 상황이란 언제나 생존이 걸려 있는 상황이다. 동물의 신경계는 위기를 감지하면 모든 행동을 멈추고 전력을 다하여 위기 상황에 대처하도록 진화되어 있을 것이라고 예상할 수 있다. 공포 반응은 이런 추정을 뒷받침한다. 공포에 대해서 연구하는 뉴욕대학교의 신경과학자 조지프 르두에 의하면 공포에 대한 반응은 모든 포유동물에게서 거의 일정하게 나타나며 선천적이고 자동적이다. 고양이 앞의 쥐는 전형적인 공포 반응을 보인다. 고양이를 인식하는 순간 쥐는 얼어붙은 듯이 행동을 멈추며 심장 박동이 빨라지고 혈압이 높아지며 혈중 스트레스 호르몬의 농도가 올라간다. 르두는 쥐를 이용하여 공포 반응의 신경회로를 탐색했다. 그는 매번 쥐를 고양이 앞에 세우는 대신 쥐에게 고통스러운 전기 자극을 주었다. 쥐가 전기 자극이 올 것을 예상하게 되면 고양이를 만난 것과 똑같은 공포 반응이 나타난다. 전기 자극도 번거롭기 때문에 르두는 파블로프의 조건반사를 이용했다. 전기 자극을 줄 때마다 벨을 울리면 쥐는 나중에는 벨소리만 들으면 다가올 전기충격을 예상하고 공포에 떨게 된다.[2] 르두는 단계적으로 쥐의 뇌를 한 부위씩 고장을 내면서 공포 반응의 경로를 추적해 들어갔다. 전기 회로의 중간중간을 끊어가면서 전구의 불이 꺼지는 것을 보면 전류가 어디서 어디로 흐르는지 감을 잡을 수 있듯이 뇌의 중간중간을 고장 내면서 신경 신호의 전달 경로를 찾아가는 것이다.

르두는 벨소리에 의한 신호가 소리를 해석하는 부위인 대뇌의 측두엽을 거쳐서 여러 부분으로 전달되어 공포 반응을 일으킬 것으로 예상했지만 뜻밖의 발견을 하였다. 벨소리로 인한 신경 신호가 측두엽을 통하지 않고 뇌간腦幹/brain stem에서 바로 편도체로 전달되는 것이 관찰된 것이다. 요약하자면 르두가 예상한 것은 청각신경 → 뇌간 → 측두엽 → (미지의) 공포 관장 회로 → 공포 반응이었는데 청각신경 → 뇌간 → 편도체 → 공포 반응의 경로를 발견한 것이다. 대뇌의 안쪽 깊숙이 자리 잡고 있는 아몬드 모양의 편도체는 오래전부터 이미 정서에 관여하며 심장 박동이라든가 동작 정지에도 관여한다는 것이 알려져 있었다.[3] 뇌간에서 편도체로 직행하는 경로는 대뇌의 측두엽을 거치지 않는 것이며 지름길의 존재를 드러내는 것이다. 뇌간에는 망막에서 출발한 시신경이 합류하는 시상視床 근처에 뉴런이 밀집되어 있는 신경핵들이 있다. 르두는 이 신경핵들이 측두엽의 청각영역같이 정밀하게 소리 정보를 분석해내지는 않지만 위기의 기미는 즉각적으로 발견하고 대응 조치를 취한다고 생각한다. 깜깜한 밤중에 뒤에서 누군가가 다가오는 듯한 소리가 들리면 시상의 신경핵이 위험을 감지하고 즉각 위기의 신호를 편도체로 전달한다는 말이다. 휴전선의 초소에서 적군의 그림자를 발견하자 상부의 보고나 회의를 건너뛰어 소대장이 바로 대응 사격을 명령하는 것과 같다. 르두는 측두엽을 거치는 정규 경로를 하이로드High Road라고 하고 편도체로 바로 가는 지름길을 로로드Low Road라고 명명했다.⁴ 청각에서 편도체까지 지름길은 12msec(12/1000초) 정도 걸리는 것으로 측정되었다. 하이로드도 1초도 걸리지 않지만 위기 상황에서는 100분의 1초로도 생사가 갈릴 수 있으니 지름길은 충분히 의미가 있다. 르두의 로로드는 위기 상황에서의 핫라인hotline인 것이다.

사람에게도 로로드가 있는지 직접 입증되지는 않았다. 그러나 그것은 간접적으로 혹은 체험적으로 확인된다. 사람도 끔찍한 상사와 복도에서 마주치거나 갑작스러운 위기 상황을 맞으면 얼어붙으며 또한 즉각적으로 자동적으로 대응한다. 쾅! 하는 폭발음을 들으면 몸은 지체 없이 낮아지고 목을 앞으로 빼고 입을 벌리게 된다. 불쑥 튀어나오는 자동차는 즉시 걷는 것을 멈추게 만든다. 사람에게도 위기를 감지하면 쥐와 마찬가지로 복잡하고 느린 사고 과정을 건너뛰어 즉시 대처하게 만드는 핫라인이 존재하는 것이다.

르두의 쥐는 로로드의 존재를 보여주었지만 공포에 대한 우리의 체험은 로로드의 기능과 효과에 대해 더 깊은 통찰을 준다. 비명이나 굉음 같은 소리는 공포를 일으키며 동작만 정지시키는 것이 아니라 하던 생각을 정지시키고 모든 주의를 소리의 진원지에 집중시킨다. 당연한 일이지만, 위기 상황에 맞닥뜨리면 위험에 대처하는 일종의 강박 상태가 만들어지는 것이다.

핫라인의 정신적 강박은 흥미롭게도 살신성인의 행위를 설명한다. 살신성인이 발생하는 위기 상황에서는 위기를 맞는 것이 행위자 자신이 아니고 다른 사람이다. 1965년 발생한 강재구 대위의 예를 보자. 수류탄을 던지는 실전연습을 하느라고 장병들이 빙 둘러서 있다. 한 훈련병이 수류탄을 던진다는 것이 그만 실수로 수류탄이 던져지지 않고 서 있는 곳에 떨어지자 모두 순간 얼어붙는다. 전기충격을 예상하는 실험실의 쥐가 얼어붙듯이 위기 상황은 훈련병들의 행동 정지를 명한다. 남은 시간은 불과 몇 초! 수류탄의 폭발과 죽음이 예고되지만 몸은 굳어서 움직이지 않는다. 훈련병들은 어린아이같이 공포에 질려서 몸도 정신도 얼어붙었지만 숙련된 교관인 강재구 대위(순직 후 소령으로 추서됨)의 머리에는 수류탄을 무엇인가로 덮어서 파편의 비산을 막아야 한다는 생각이 떠오른다. 그리고 그것은 몸 외에는 없다는 결론에 이른다. 영화 속의 악당같이 옆의 부하를 밀쳐서 수류탄 위에 던져버릴 수도 있지만 강 대위는 스스로 몸을 날려 수류탄을 덮고 훈련병들을 살린다.

사람에게는 다른 사람이 위기에 처해 있을 때도 여전히 핫라인의 특성인 강박이 작용하는 것으로 보인다. 청룡봉사상을 수상한 김신 경사는 "구해야 한다는 생각 말고는 다른 것은 잘 기억나지 않네요"라고 했다. 위기 상황을 인지한 순간 김신 경사의 정신은 오직 위기에 처한 사람들의 탈출에 집중되어 있었다는 말이다. 물에 빠진 아이를 구한 정나미는 임신한 여성이었다. "뱃속의 아이가 떠올라 순간적으로 망설였지만 위급한 상황이라 더 생각할 겨를이 없었다"고 했다. 위기 상황을 인지한 순간 정나미의 정신에서 뱃속의 아기에 대한 배려까지 억압이 된 것이다. 김신 경사는 보호장비가 없다는 것을 알고 있었으며 정나미는 임신 중이라는 생각과, 체력 또한 평상시 같지도 않으리라는 것도 생각하였지만 위기 상황에서 그런 경고는 먹혀들어가지 않았다. 화재 현장을 들락거리며 사람을 구하는 행위나 물에 빠진 사람을 구하는 데 12msec의 로로드의 빠른 통신이 핵심은 아니다. 김신 경사나 정나미가 자신들의 안전을 우선하는 이성적 대안을 뿌리친 것은 핫라인의 특성인 강박 상태에 있었기 때문이다. 핫라인은 콜드라인coldline인 하이로드에서 나오는 이성적 대안을 압도한다. 사람의 경우에는, 특이하게도, 자신에게 닥친 위기 상황이 아닌 다른 사람의 위기 상황에서도 핫라인의 강박이 그대로 작용하는 것이다.

물론 모든 사람이 다 똑같이 반응하는 것은 아니다. 청룡봉사상이라는 특별한 상이 제정되어 선행자를 기리는 데서 알 수 있듯이 살신성인적 선행은 매우 제한적으로 일어난다. 대부분의 사람들은 타인의 위기를 보고 영화를 보는 듯이 손에 땀을 쥐며 안타깝게 느끼고 발을 동동 구를 수는 있지만 자신이 위험에 처한 사람을 구하기 위해서 생명의 위험을 무릅쓰는 일은 하지 않는다. 이성은 위험을 경고하며 자기보전율은 그런 선행을 하지 못할 핑계를 마련해준다. 보호장비가 없다든가 임신 중이라는 사실은 충분한 핑계가 된다. 핫라인의 작동이 모든 사람에게서 똑같은 강도로 발동되는 것은 아니며 핫라인의 강박이 이성적 대안들의 판단을 언제나 압도하지는 못한다.

살신성인적 선행을 가능하게 하는 것은 행위자의 교육, 환경, 직업 등 후천적인 요인과 더불어 선천적인 요인 즉 유전적인 요인이 크게 작용할 것으로 생각된다. 같은 상황이 닥쳤을 때 어떤 사람은 쉽게 살신성인의 선행을 할 수 있고 어떤 사람은 전혀 그렇지 못할 것이며 대부분의 사람들은 중간의 단계에 있을 것이다. 만일 여기에 맞는 성격 검사가 가능하다면 IQ 분포같이 종bell 모양의 분포를 그릴 것으로 예상된다. 후천적인 요인은 뭉뚱그려서 두 가지를 생각할 수 있겠다. 평소에 위기 상황에서 서로 돕도록 훈련되고 교육된 사람이 그렇지 않은 사람보다 더 선행 가능성이 크리라는 것은 예상할 수 있는 일이다. 위험에 처한 사람과의 관계도 큰 영향을 줄 것이다. 전쟁터에서 생사고락을 같이한 전우의 위험과 우연히 지나가다 본 사고의 현장은 자극의 강도가 다르기 쉽다.

위기 상황과 이에 따른 강박은 종종 발생하는 집단폭력 사태를 설명한다. 시위를 하는 사람들이나 불법시위를 막기 위해서 대기하고 있는 경찰들은 서로 충돌하기 전에는 모두 이성적이다. 그러나 서로 밀고 밀리다 누군가 다친다든지 혹은 넘어지든지 하여 위험에 노출되면 사람들은 위기 상황을 느끼게 된다. 동료를 위험에 빠뜨린 것이 상대편이기 때문에 동료를 구하는 핫라인의 행위는 반격이 되며 공격 행위가 된다. 공격과 반격은 선순환을 일으키며 증폭되고 결과는 집단폭력 사태가 된다. 사태를 격렬하게 끌고 가고 싶어 하는 시위의 리더들은 몸을 던져 위기 상황을 연출해낸다. 유럽 여러 나라의 축구 경기장에서 심심치 않게 발생하는 관중들 간의 폭력도 아마 비슷한 신경생리적 원인에 의해서일 것이다. 이미 패가 나뉘어 있는 관중 틈에 끼어들어 있다가 일부의 사람들이 상대편의 팬들과 접촉을 하고 물리적인 충돌로 위급한 상황을 맞게 되면 내집단 의식을 가지고 있던 관중들의 머릿속에 위기의식이 발동하게 된다. 그래서 동료를 구하기 위해 상대편을 공격하게 되고 이성을 잃은 대규모 홀리건의 난동이 벌어지는 것이다. 아이러니하게도 전쟁도, 극렬한 파업투쟁도 부분적으로는 살신성인과 동일한 정신적 기제에 의해서 설명이 된다.

살신성인적 선행은 초유기체적 사회의 진화라는 관점에서 보면 필수적인 메커니즘이다. 타인의 위기 상황에 핫라인이 가동되는 것은 행위자를 불필요한 위험으로 몰고 가며 희생시키기 쉽지만 행위자가 반드시 희생되는 것은 아니다. 위기 상황이란 한 사람만이 겪는 것이 아니고 살다 보면 모두가 다 겪게 마련이다. 혼자서 위험에 대처하는 것보다 여러 사람이 힘을 합치면 위기를 극복할 가능성은 훨씬 높아진다. 채취수렵 시대의 원시인이 맹수와 마주친 경우를 생각해보자. 사람이 맹수의 상대가 될 수 없으니 맹수와 정면으로 마주친 사람은 죽은 목숨이다. 만일 맹수를 보고 놀라서 정면에 선 사람을 남겨놓고 모두 도망간다면 그 사람은 맹수의 밥이 될 것이고 다음 날에는 다른 사람이 또 밥이 될 것이며 사람은 맹수의 냄새만 맡아도 사슴같이 도망가야 한다. 그러나 사람들의 살신성인적 기제가 작동하여 동료를 위험에서 구하기 위해서 자신의 위험을 도외시한다면 사람들은 거대한 초유기체가 되어 사자와도 맞설 수 있다. 살신성인의 정신적 기제는 사람 속의 초유기체를 구동시키는 장치이며 사람이 떼를 지어 강력한 포식자들에 대항하며 살아남는 핵심적 원인일 수 있다. 하이에나, 늑대, 들개, 침팬지 등 사람과 비슷한 조건부 초유기체적 사회를 형성하는 포유류들은 개별적으로는 상대가 되지 않는 훨씬 강력한 포식자에게 떼로서 대항하는 것이 종종 관찰된다. 이들의 머릿속을 들여다보면 아마 살신성인이 벌어질 때와 별로 다르지 않은 핫라인 신경회로의 활성을 관찰할 수 있을 것이다.

콜드라인의 선행

콜드라인의 선행은 하이로드를 거치며 평상시에 일어나는 선행들이다. 핫라인의 선행은 위기 상황이라는 특별한 상황에서 일어나며 본능적 성격이 강하지만 콜드라인의 선행들은 이성적이며 경험, 지식, 문화 등이 크게 영향을 준다.

헌신—테레사 수녀나 이태석 신부의 선행은 행위자가 고통받는 사람들을 직접 지속적으로 도와서 고통을 덜어주는데 이 과정에서 자신의 적합도를 거의 희생한다는 점에서 콜드라인의 다른 선행들과 구분된다. 선행이 자신에게 힘든 일상을 부과하지만 이들은 고통받는 사람들이 도움을 받고 느끼는 행복에서 자신도 행복을 느낀다. 헌신은 이성의 많은 저항을 받을 수 있다. 선행을 위한 노동은 몸의 피로를 가져올 것이며 편안하고 싶은 마음의 유혹이 있기 마련이다. 이들의 선행은 피행위자들에 의해서 오용, 남용되기 쉽고 심지어는 은혜를 악으로 갚는 경우도 생긴다. 이런 공정하지 못한 경우에는 배신감을 느끼고 억울하게 생각되며 공격성이 작동하게 된다. 그럼에도 불구하고 헌신적 봉사를 계속할 수 있는 것은 이들 선행자들이 보통 사람들과는 다른 성격을 가지고 있기 때문이다. 그것은 타고난 강한 모성애에 종교적 의지, 신념 등이 더해진 것이다.

자선—자선도 고통받거나 어려움을 겪는 사람을 돕는 행위이지만 헌신과는 성격이 다르다. 헌신은 구체적이지만 자선은 대체로 집합적이고 추상적인 대상을 돕는 행동이다. 테레사 수녀나 이태석 신부의 헌신은 특정한 지역의 한정된 사람들을 늘 마주 보면서 돕는 행동들이지만 자선은 저개발 국가, 미혼모, 장애인 등 개인이 아닌 특정 성질을 공유하는 인류 집합을 대상으로 한다. 아프리카의 난민이라든가 청소년 가장, 가출 청소년, 소아암 환자 등이 전형적인 예이다. 연탄 나르기나 위문공연 같은 구체적일지라도 단발적인 선행이나 봉사는 헌신이라기보다는 자선에 포함된다. 자선과 헌신을 구분하는 근본적인 차이는 자선행위가 자선가의 적합도를 훼손하지 않는다는 것이다. 기부하는 것이 선행자의 일상생활에 영향을 주지 않는 자산이고, 자선에 투입되는 시간과 노력이 선행자의 적합도에 영향을 주지 않는다면 자선이다.

헌신은 모성애 같은 일방적인 이타적 본성에 근거할 것으로 예상되지만 자선에는 이기적 본성도 상당 부분 작용할 것으로 보인다. 가지지 못하고 어려움을 겪는 사람을 도와줌으로써 자신이 힘을 가지고 있다는 것을 확인하면서 자긍심을 가질 수 있고 자만심이나 과시욕을 만족시킬 수 있으며, 사람들에게 좋은 인상을 심어주어 훗날 간접적인 보상을 기대할 수 있다. 자선 기관은 자선을 베풀 수 있는 여유 있고 관대한 상류층의 사교 모임이 되기도 한다. 종교 단체는 자선을 매개로 세를 불릴 수도 있다. 많은 경우 개인적인 목적으로 돈을 소비하는 것보다 자선에 쓰는 것이 더 큰 행복을 준다. 캐나다의 심리학자 엘리자베스 둔은 여윳돈을 자신을 위해 소비한 사람과 자선에 쓴 사람들의 행복도를 설문조사하고 통계학적으로 분석했다.[5] 먹고사는 것이 충족된 사람들에게 늘어난 수입은 큰 기쁨이 되지는 못하는 반면 자선과 행복의 상관성은 크게 나타났다. 연봉이 1억 원인 사람에게 1000만 원이 더 생긴다면 조금 기쁘겠지만 그 사람이 1000만 원을 기부하면 상당한 기쁨을 느낀다는 말이다. 자선을 베풀수록 또 더 많은 금액을 기부할수록 행복이 커지는 것은 구호가 아니라 진실인 것이다. 다만 그것은 보통 사람이 에베레스트 등반자를 이해할 수 없는 것같이 자선 행위를 해보지 않은 사람은 알 수 없는 것일 수 있다.

헌신이나 자선은 모성애나 인류애 같은 말로 설명할 수 있지만 이런 어휘는 공격성이나 이타성 같은 말과 마찬가지로 엄밀하지 못하다. 구체성이 없고 과학적인 접근이 어렵다. 심리학자들은 헌신이나 자선 같은 이타적 행위에 공감이 핵심적 역할을 한다고 본다.[6] 공감은 다른 사람의 감정을 같이 느낄 수 있는 능력이다. 공감은 신경과학적으로는 거울뉴런mirror neuron의 작용으로 추정된다. 거울뉴런은 1990년대 후반 이탈리아 파르마대학교의 리졸라티에 의해서 발견된 신경의 작은 회로들을 말한다.[7] 리졸라티는 마카크원숭이를 실험동물로 대뇌 전전두엽前前頭葉/prefrontal cortex의 F5 지역을 조사하고 있었다. 그는 수백 개의 미세한 탐침을 꽂고 어떤 자극이 어느 뉴런을 흥분시키는지 관찰하였다. 어떤 뉴런들은 원숭이가 손으로 무엇인가를 잡을 때 발화發火/excitation하고 어떤 뉴런들은 손가락이 움직일 때, 어떤 뉴런들은 무엇을 먹을 때만 발화한다. 뉴런들의 네트워크와 구성하는 각 뉴런의 특이적 반응을 파악하는 것은 뇌의 작동을 탐색하는 정공법이라고 할 수 있다. 한 우물을 열심히 파다 보면 횡재를 하는 수가 있다. 리졸라티는 원숭이가 먹을 것을 쥘 때 흥분하는 뉴런이 다른 원숭이가 같은 행동을 할 때도 흥분한다는 뜻밖의 발견을 하였다. 몸이 움직이면서 뉴런이 흥분하거나 혹은 뉴런이 흥분하여 몸이 움직이는 것은 상식적인 일이지만 남의 행동을 보고 자신이 행동할 때와 같은 뉴런이 흥분한다는 것은 예상 밖의 일이며 초능력으로 보이기까지 한다. 먹을 것을 쥐는 동작은 먹겠다는 의지의 발현이기 때문에 남이 먹는 행동을 보는 것만으로 같은 뉴런이 흥분한다는 것은 한 원숭이가 다른 원숭이의 행동을 이해할 수 있다는 말이며 더 나아가서 다른 원숭이의 의지를 이해한다는 심리적 현상의 신경과학적 근거가 된다. 리졸라티는 여러 가지 대조군 실험을 통해서 이것이 사실임을 거듭 확인하고 이런 뉴런을 거울뉴런이라고 명명했다.

리졸라티의 발견 이후 여러 거울뉴런들이 발견되었다.[8] 캐나다 토론토대학교의 연구자들은 신체의 물리적 통증에 흥분하는 것으로 알려진 부위에 탐침을 꽂은 채 뇌수술을 진행하고 있었는데 환자가 다른 사람이 바늘에 찔리는 영상을 보자 이 뉴런이 발화하였다. 심지어는 손을 잃고 '도깨비 손phantom limb' 현상을 보이는 환자도 비슷한 반응을 보인다. 도깨비 손은 지체가 절단되어 실제로는 없음에도 불구하고 본인은 지체가 여전히 있는 듯이 감각을 느끼는 것이다. 손이 절단된 사람들의 손에 대한 감각은 흔히 몸의 다른 부분으로 전이한다. 손가락이 잘려서 없는 사람인데도 뺨의 어떤 부분이 긁히면 마치 없어진 손가락이 긁히는 듯한 감각을 느끼는 것이다. 미국의 신경과학자이며 의사인 라마찬드란은 도깨비 손을 가진 어떤 사람들은 손가락이 바늘로 찔리는 영상을 보면 자신의 뺨에서(환자 자신의 감각 차원에서는 손가락이다) 통증을 느낀다고 한다. 더 나아가서 다른 사람의 뺨에 찔린 부위를 마사지하는 영상을 보면 환자 자신의 (없는) 손가락 통증이 완화되는 것도 느낀다고 한다. 비슷한 현상은 우리의 일상적 경험에서도 쉽게 발견할 수 있다. 집중해서 영화를 보면 주인공의 손을 따라 나의 손이 움직이고 주인공이 추위에 떨고 있으면 자신도 춥게 느끼고 포르노를 보면 내 혈압도 높아진다.

영국 런던대학교의 타냐 싱어는 16쌍의 연인을 대상으로 '잔인한' 실험을 하였다.[9] 남자들은 전기충격을 받았고 여자들은 애인의 고통을 지켜보아야 했다. 신경과학자인 싱어는 fMRI로 여인들의 마음속을 들여다보았다. MRI는 방사선이 아닌 자기장을 이용해서 인체의 내부 단면을 보는 의공학적 기술인데 fMRI는 특히 혈류 차이를 뇌의 영상에 포개서 뇌의 활성화된 부위를 알게 해준다. 어떤 자극을 주거나 생각을 하게 되면 해당 기능을 담당하는 뇌의 영역에 혈액이 많이 공급되는데 fMRI가 그것을 이미지로 보여주는 것이다. 싱어가 남자들에게 전기충격을 가하고 남자들이 고통으로 신음을 내고 찡그리자(사실은 쇼였다) 여성들은 뚜렷한 반응을 일으켰다. 그러나 꼬집혔을 때 반응하는 감각신경 반응 부위가 활성화된 것은 아니었고 정신적 고통에 반응하는 정서적 부위가 활성화되었다. 애인의 전기적 충격에 대한 반응이 여성들에게도 전기적 충격으로 느껴지는 것은 아니지만 괴로워하는 모습은 여성들의 뇌에서도 정서적인 고통을 일으키는 것이다. 싱어의 실험 결과는 깜짝 놀랄 예상 밖의 내용은 아니지만 정서적인 공감에 대한 신경생리학적 증명이 된다. 애인들의 아픔을 같이 느낄 수 있다는 것은 즐거움도 같이 느낄 수 있다는 것이며 벤담의 '우리의 지배자'인 고통과 쾌락을 공유할 수 있다는 말이 된다. 2014년 세월호 침몰 사건으로 인한 국가적 침체

분위기는 이런 현상으로 설명된다. 한 사람이 고통을 받는 것이 일파만파로 순식간에 사회 전체로 퍼져나가 구성원 전체가 같이 정서적 통증을 느끼는 것이다. 공감은 사회 구성원들이 정서를 공유하여 한마음이 되게 만든다. 이것은 사회의 모든 구성원들을 한 가지 목표를 가지게 하거나 행동을 하게 만들 수 있음을 말한다. 거울뉴런과 공감은 초유기체적 공동체로 살도록 진화한 동물에게 또 다른 요긴한 장치로 보인다.

거울뉴런의 존재와 fMRI 실험 결과는 정서적인 공감을 신경회로의 작용으로 끌어내리며 헌신이나 자선 같은 선행의 직접적인 원인이 행위자 자신의 정신적 고통을 덜기 위한 것이라는 결론으로 이끈다. 숭고한 행위들을 한낱 신경회로의 탓으로 혹은 자신의 쾌락을 위한 것으로 환원시키는 것은 인간이 유전자들의 운반도구라는 도킨스의 주장같이 입맛을 떨어뜨리는 얘기다. 그러나 아이들이 자라면서 아버지가 가장 훌륭한 사람이 아니라는 것을 깨닫듯이 과학이 자라면서 인류는 인간이 우주의 중심이 아니라는 것을 깨닫고 성인^{聖人}의 행동 뒤에는 자연선택이 있음을 깨닫는다. 우리가 느끼는 가치 있는 것들은 생존경쟁 밖에서는 근거를 찾기 어렵다. 가치라는 말도 따지고 들면 적합도가 높아지는 것을 뜻하는 것이다(가치는 12장 참조).

그룹선택은 통증의 감각 시스템에 자기 몸의 신호뿐만 아니라 타인의 신호까지 수용하여 타인의 고통에도 똑같이 반응하도록 만들어놓은 것으로 보인다. 다만, 그것은 지나치면 행위자 자신의 적합도를 낮추기 때문에 적절한 타협을 보아야 한다. 늑대가 양의 고통을 느껴서는 안 되는 것이다. 내집단의 인식은 이런 한계의 설정에 해당된다. 우리 편의 사람에게는 윤리적일 수 있듯이 '우리'에게는 쉽게 공감하고 '우리'가 아닌 사람에게는 공감도 둔해지는 것이다.

타고난 성격이나 성장기의 교육도 큰 영향을 미칠 것이다. 사람들 가운데 지능이 뛰어난 사람도 있고 모자란 사람도 있듯이 공감의 정규분포에서 한쪽 극단에는 모성애가 넘치는 사람들이 있고 다른 극단에는 동정심이 종지만 한 잔인한 사람들도 있다. 이런 관점에서 보면 성인도, 잔혹한 연쇄살인범들이나 약자를 착취하는 사기꾼들도 전적으로 개인에게 책임을 물을 문제는 아니다. 유전적 영향이나 성장기의 환경, 범죄의 상황은 모두 사회의 영향을 뜻한다. 사회에 상당한 책임이 있는 것이다. 도킨스가 지적하였듯이 인간은 유전자의 운반도구이다. 결과가 만족스럽지 않다면 도구를 팽개치기 전에 도구를 만들고 사용한 자에게 책임을 묻는 것이 마땅하다. 현실이 그렇지 못한 것은 유전자풀인 사회가 이기적이기 때문이고 생존경쟁에 쫓기고 있을 때는 유용하지 않은 도구에는 신경을 쓰기 않기 때문이다.

친절─뒤에 오는 사람을 위하여 닫히는 문을 잡아준다든지, 길을 묻는 여행자에게 길을 가르쳐주는 등의 친절은 헌신이나 자선과는 다른 가벼운 선행들이다. 친절은 다른 사람의 작은 고통을 덜어주지만 행위자의 적합도 손실에는 거의 영향을 주지 않으면서 협동의 선순환을 일으키는 행동이다.

친절은 미미하더라도 개인적 고통이나 손실을 수반하기 때문에 친절한 행동은 쉽게 나오지 않는다. 친절은 기본적으로 같은 내집단에 속하는 사람을 돕고 협력하려는 본능이 있기 때문에 가능하겠지만(6장과 8장에서 심리적 기제에 대해 논의한다) 그보다는 교육과 관습이 중요해 보인다. 어린아이들은 자라면서 다른 사람에게 친절하게 행동해야 자신도 그렇게 대접을 받을 수 있다는 것을 배우고 경험한다. 교육은 친절을 훈련시키고 예의를 가르친다. 예의는 사회 구성원들이 마주쳤을 때 권장되는 처신과 행동의 규약이다. 친절과 예의의 관계는 윤리와 법의 관계와 비숫하다. 예의는 다른 사람에 대한 존중이나 기본적인 친절한 행위를 규범화함으로써 친절을 의무화하고 자동화한다.

미국의 심리학자 리다 코스미데스와 존 투비는 다시 볼 일이 전혀 없는 낯선 사람에게 친절을 베푸는 인간의 비합리적인 행동에 대해서 의문을 품었다. 이타는 직관적으로 적합도를 높이지 않는데 이방인에 대한 이타는 말할 나위도 없다. 낯선 사람에 대한 친절이 광범위하게 관찰된다는 것은 단지 문화나 관습의 결과라기보다는 더 근본적인 어떤 원인이 있어 보인다. 코스미데스와 투비는 이 근본적인 원인을 찾지는 못했지만 컴퓨터 시뮬레이션으로, 사회적으로 성공적인 인간은 설사 두 번 볼 일이 전혀 없다는 것이 명백한 상황에서도 친절을 베풀고 협력하는 자세를 갖는다는 것을 보였다.[10]

사람에 따라 차이가 있지만 누구나 친밀한 같은 그룹의 사람들에게는 친절하기 쉽다. 친밀한 사람들은 자주 보고 접촉하는 사람이며 공동체의 구성원들이다. 이들에게 친절하지 않으면 인생이 힘들어진다. 채취수렵시대 사람들에게 친밀한 사람들은 같은 부락의 사람들이고 낯선 사람들은 다른 부락의 사람이다. 친밀한 사람들은 내집단이고 낯선 사람들은 외집단인 것이다. 친밀한 사람들에게 친절하고 낯선 사람들에게 경계심을 갖고 배타성이 발휘되는 것은 자연스러운 일이다. '낯선 사람에 대한 친절'은 비정상적으로 보이지만 별로 큰 미스터리는 아니다. 사람의 성격은 다양하며 살면서 축적되는 경험도 다양하다. 어떤 사람은 조금만 낯이 설어도 외집단으로 간주하고 경계심을 갖고 불친절하게 대하지만 어떤 사람은 낯이 설어도 같은 인간이라고 인식하고 내집단으로 여기며 친절할 수 있다. 코스미데스와 투비의 시뮬레이션 속의 '낯선 사람'은 현대 사회같이 많은 사람들로 구성된 사회 속의 한 사람이다. 현대인은 허다한 낯선 사람들을 접하게 된다. 현대 사회에서 내집단과 외집단은 언제 바뀔지도 모르는 것이며 언제 새로 생길지도 모른다. 낯선 사람을 배척하지 않고 누구에게나 친절할 수 있는 사람이 현대 사회에서 적합도가 높은 것은 당연하다.

개별적으로 생존과 번식을 도모해야 하는 인간이 초유기체적 사회를 만들기 위해서는 이기성을 극복하고 이타적으로 행동하는 것이 필요하다. 살신성인, 헌신, 자선, 친절 등 4가지 커다란 분류의 선행들은 초유기체인 사회가 그룹경쟁을 효과적으로 헤쳐나가는 데 필수적이고 효과적인 장치들로 보인다. 살신성인의 선행은 위기 상황에 빠진 동료를 도와주는 행위이며 결과적으로 그룹 전체가 강력한 초유기체로서 위기에 대응하게 만든다. 헌신은 일부 구성원들이 자신의 적합도를 희생시켜가며 사회의 약자를 지속적으로 돌보는 행위이다. 이것은 초유기체의 상처나 약한 부분을 치유하며 적합도를 높이는 긴요한 처방이다. 그렇다고 모든 사람이 헌신한다면 초유기체의 적합도가 떨어질 게 뻔하므로 헌신하는 사람이 많을 수는 없다. 능력이 넘치는 사회 구성원들은 넘치는 능력을 약자를 돕는 데 배분하는 것이 마땅하다. 자신의 적합도를 굳이 손상시키지 않으면서 잉여의 힘으로 약자를 돕는 행위는 자원의 적절한 배분을 도모하여 초유기체의 혈액순환을 돕는 것이 된다. 친절과 예의는 사회 구성원들의 작은 불편과 고통을 쉽게 덜어주는 장치이며 협동의 기반을 조성하고 유지한다. 초유기체의 패러다임은 다양한 유형의 선행들이 생존경쟁을 위한 장치로서 진화되어왔음을 알려준다.

선행의 분류와 분석은 윤리의 의미를 더욱 분명하게 만들어준다. 앞의 4가지 분류의 선행은 초유기체 윤리의 전범이라고 할 수 있는 것들이지만 선행이 윤리의 전부는 아니다. 약자를 돕는 것은 현저한 선행이지만 약자가 아닌 동료와도 협동하고 위기 상황이 아닐 때의 협동도 초유기체의 생존에 필요하다. 오히려 협동이 사회적으로 더 비중이 크고 중요한 의미를 갖는다. 선행은 특수한 상황에 대처하는 특별한 협동이라고 할 수 있다. 다음 장에서는 일상적인 협동이 어떤 기제에 의해서 이루어질 수 있는지 살펴보겠다.

6장

협동

COOPERATION

맞대응

절도 용의자 2명이 구속되었다.[1] 이들은 거듭 범죄를 저지르다 꼬리가 길어 잡혔다. 용의자들은 다른 범죄는 함구하고 1년 복역이 예상되는 절도죄만 인정하자고 밀약을 하였다. 수사관은 이들에게 여죄가 있을 것으로 짐작하지만 고발할 충분한 증거가 없는 상태다. 수사관은 이들이 입을 맞추기로 하였을 것으로 짐작하고 한 사람씩 심문하며 다음과 같이 설득한다(표 6-1).

- 너는 여죄를 자백하고 공범은 입을 다물 경우, 너는 풀려나고 공범은 5년형을 산다.
- 공범이 자백하고 너는 입을 다물 경우, 공범은 풀려나고 너는 5년형을 산다.
- 둘 다 자백할 경우, 저지른 죗값이 있으니 3년형을 살게 된다.

		용의자 B	
		협동	배반
용의자 A	협동	1년	5년
	배반	0년	3년

표 6-1 죄수의 딜레마(용의자 A의 상황)

각 용의자 입장에서, 나도 자백하지 않고 공범도 자백하지 않으면 절도죄만 인정되어 1년의 징역을 살게 되며 최선의 결과를 얻는다. 공범이 자백하지 않기로 한 약속을 지킬 것이라고 믿을 수 있다면 나도 자백하지 않아야 한다. 그렇지만 공범이 자백을 한다면 공범은 풀려나고 나는 혼자 5년형을 살게 된다. 내가 약속을 저버리고 자백하면 공범이 어떤 선택을 하든지 간에 공범보다 나쁠 것은 없다. 나로서는 배반하는 것이 공범에 비해 손해 보지 않는 길이다. 그것은 공범의 입장에서도 마찬가지다. 결국 두 용의자는 동업자보다 손해 보지 않기 위해서는 밀약을 파기하고 범죄를 자백해야 한다. 그러나 그것은 두 용의자 모두 3년형을 사는 것이며 피하고 싶은 결과이다.

죄수의 딜레마 게임은 죄수만이 아니라 누구나 일상적으로 마주치는 딜레마이다. 어부들이 남획을 자제하면 모두에게 더 풍성한 수확이 돌아오지만 다른 어부가 남획을 자제할지 확신이 서지 않으면 일단 깡그리 잡아 당장에 수입을 올리는 게 최선이다. 교차로에서 꼬리물기를 하지 않으면 소통이 원활해져 누구나 이익을 보게 되지만 다른 사람들이 그렇지 않을 가능성이 크기 때문에 일단 건너가고 보자 해서 교차로를 가로막고 교통 체증을 일으킨다. 담합을 하고 비밀을 유지하면 모두가 이익이지만 정부는 자진신고자는 구제해준다고 유혹해서 배반자를 만들어낸다. 죄수의 딜레마는 협동이 바람직하지만 결국 배반을 선택하게 된다는 결론을 내놓아 사람들을 당혹스럽게 한다.

그러나 우리는 죄수의 딜레마를 극복하는 경험도 풍부하게 갖고 있다. 남편이 바람피우는 데 분개해서 아내가 남편을 쫓아내고 파탄으로 가는 경우도 있지만 많은 경우에 아내는 용서하고 남편은 반성한다. 종업원은 파업하고 경영자는 사업장을 폐쇄해버리며 같이 망하는 경우도 있지만 많은 경우에 경영자는 노동조건을 향상시키고 종업원은 생산성을 높여 승-승의 길을 간다.

죄수의 딜레마 게임은 단편극일 때는 배반이 지배하지만 게임이 되풀이될 경우에는 배반이 아니라 협동이 충분히 선택 가능한 전략이라는 것이 곧 드러났다. 미국의 정치학자 액설로드와 생물학자 해밀턴은 죄수의 딜레마를 극복할 수 있는 컴퓨터 게임 대회를 열었다.[2] 여러 학자들은 죄수의 딜레마 시나리오에 입각해서 나름대로 최선의 결과를 얻을 전략을 컴퓨터 프로그램에 구현하고 주최자는 제출한 프로그램들을 서로 짝을 바꾸어가며 죄수의 딜레마 게임을 되풀이하였다. 가장 승률이 높았던 것은 캐나다의 게임 이론가인 애너톨 래퍼포트가 제출한 맞대응 Tit-for-Tat이었다. 래퍼포트의 프로그램은 불과 4줄의 코드로 된 간단한 것인데 이를테면 '치면 맞받아치는' 전략을 구사한다. 액설로드와 해밀턴은 맞대응에서 3가지 우승의 요인을 찾을 수 있었다고 설명한다. 첫째는 먼저 배반하지 않는다. 둘째는 배반자에게는 즉각 배반으로 대응한다. 상대방이 배반하면 처음엔 당하지만 두 번 당하지는 않는다는 것이다. 셋째는 배반자가 협동으로 돌아오면 과거는 잊고 협동한다. 게임이 되풀이되면 협동자들만 남게 되며 모두의 이익을 극대화할 수 있게 된다. '맞대응'의 성공은 사회생활에서 대인관계의 기본적 전략을 말해주는 듯하다. 즉, 도움을 받기 위해서는 다른 구성원에게 도움을 주며 살아야 한다. 배반에는 배반 혹은 처벌로 대응하는 것이 최선이다. 반성하면 용서한다.

맞대응은 게임의 전략이지만 조금 생각해보면 2장에서 다룬 해밀턴의 혈연선택과 연관성이 있어 보인다. 맞대응의 핵심은 침해에는 침해로, 협동에는 협동으로 대한다는 것이다. 그것은 이타의 유전자를 가진 사람들끼리 협동이 가능하다는 말로 확장 해석될 수 있다. 즉 맞대응은 혈연선택인 것이다. '맞대응'의 승리는 게임 이론의 차원에서 혈연선택의 정당성을 뒷받침한 셈이다. 수학과 윤리와 유전학을 연결한 덕에 해밀턴은 영국의 과학자들의 로망인 왕립학회교수가 되었다.[3]

그러나 맞대응을 일종의 혈연선택으로 보는 것은 비약이다. 맞대응이 하나의 유전자에 의해 결정되는 멘델적인 유전형질일 수는 없다. 맞대응을 혈연선택으로 보는 견해는 맞대응에 포함되어 있는 심리를 지나치게 단순히 생각하고 있다. 5장에서 보았듯이 이타적 행위는 한 가지 유형일 수도 없고 단순한 것이 아니다. 사람의 이타적 성향은 있고 없고의 구분이 아니라 키의 분포나 IQ의 분포같이 많은 유전자의 영향을 받을 것이며 극단적인 이기성에서부터 극단적인 이타성까지 연속적인 스펙트럼을 그릴 것으로 생각된다. 더군다나 친절과 예의, 자선 등 콜드라인의 이타적 행위는 비유전적이고 교육과 문화적인 영향이 크기 마련이다. 협동은 굳이 혈연이 아닌 경우에도, 이방인과도 얼마든지 가능하다. 맞대응은 사회생활에서 협동을 가능하게 만드는 사회학적 원리를 압축적으로 보여주지만 그 자체가 유전적으로 구현되는 것은 아니다.

사람의 행동은 복잡하고 다양해 보이지만 한 사람이 다른 사람에게 할 수 있는 행동은 이해의 차원에서 보면 이익을 주거나 손해를 입히거나 아무런 영향을 주지 않거나 셋 중 하나다. 피행위자의 대응도 마찬가지로 세 가지다. 행위자의 세 가지 행동에 대해서 피행위자의 대응이 세 가지가 가능하니 이론적으로 모두 아홉 가지 유형의 주고받는 행위가 가능하다. 영향을 주지 않는 행위는 고려할 필요가 없으니 사회생활의 차원에서 사람들 간의 의미 있는 상호 행동은 네 가지에 불과하다(표 6-2).

		피행위자의 대응	
		이익 제공	손해 제공
행위자의 시동	이익 제공	협동	배반
	손해 제공	희생	복수

표 6-2 두 사람의 가능한 상호작용

한 사람이 다른 사람에게 이익을 주는 행동을 하면 대개 이에 상응하는 보답이 있으며 최소한 감사의 말이라도 듣는다. 이것은 서로 돕는 결과를 낳으며 협동이다. 행위자가 이익을 주었는데 손해로 갚는 일도 생긴다. 그것은 실수로 비롯될 수도 있고 의도적인(이기심 혹은 오해에 의한) 배반일 수도 있겠다. 반대로 행위자가 손해를 끼쳤는데 이익으로 갚는 경우는 역시 실수나 착오일 수 있고 의도적일 수도 있겠다. 의도적인 경우라면 관대함이고 희생이며, 왼쪽 뺨을 때리면 오른쪽 뺨을 갖다 대는 특수한 경우이고 부모와 자식의 관계가 아니라면 거의 발생하지 않는다. 마지막으로 손해를 주는 행위에 대해서 손해를 주는 행위로 대응하는 것은 통상적이며, 싸움이나 복수이다.

두 사람이 만나서 사회생활을 하면 표 6-2의 네 가지 유형의 주고받음이 생길 수 있지만 사회생활에 필요한 것은 단지 협동이다. 우발적이든 의도적이든 침해는 사회생활을 무너뜨리는 것이며 불필요하고 억제해야 한다. 표 6-2는 사람들 간의 상호작용의 본질, 그리고 윤리와 정의의 의미를 함축적으로 보여준다. 5장의 선행은 표 6-2의 관점에서 보면 협동의 첫 단계이며 보상이 0인 경우이다. 현실에서는 완전히 보상이 0인 경우는 드물 것이다. 선행의 수혜자는 감사함을 느끼며 하다못해 고맙다는 말이라도 하게 된다. 결과적으로 협동을 이루는 것이다. 선행은 넓은 의미로 협동의 한 부분이며 윤리는 협동을 위한 장치라는 것이 논리적으로 확인된다.

표 6-2의 협동은 일상적인 의미의 협동과는 다르다. 에드워드 윌슨은 이타성에 무의식적이고 일방적인 이타와 보상을 기대하는 이기적 이타가 있다고 주장하며 각각 강성 이타성hardcore altruism과 연성 이타성soft altruism이라고 하였다.[4] 5장의 선행들은 대체로 윌슨의 강성 이타성에 해당되고 일상적인 의미의 협동은 연성 이타성에 해당된다. 표 6-2의 협

동은 선행과 협의의 (일상적) 협동을 포함하는 광의의 협동이고 포괄적인 이타가 되겠다.

윤리에 침해의 개념은 들어 있지 않다. 표 6-2는 정의가 침해에 대응하기 위한 장치임을 알려준다. 우연한 침해든 의도적인 침해든 침해는 싸움이 되고 그것이 지속되면 사회는 붕괴되고 만다. 어떤 선에서 침해에 대한 응분의 대가를 치르게 하고 다시 협동으로 돌아갈 수 있도록 하기 위한 장치가 필요한데, 정의가 그에 해당되는 개념이다. 침해에는 강탈이나 사기 같은 적극적인 침해도 있고 기여한 것보다 작은 몫을 할당하는 소극적인 침해도 있다. 적극적인 침해는 법을 위반하는 것이고 소극적인 침해는 분배의 문제이다. 법질서의 유지와 공정한 분배라는 두 가지는 얼핏 전혀 상이한 주제로 보이지만 표 6-2를 보면 침해 혹은 경쟁이라는 공통분모를 가지며 사회의 적합도를 높이거나 협동을 겨냥하는 내용이라는 것을 알 수 있다. ("정의"는 15장과 16장에서 다룬다.) 그림 6-1은 협동과 침해(경쟁)라는 관점에서 윤리와 정의의 의미를 정리한 것이다.

래퍼포트가 제출한 '맞대응'의 성공은 협동에는 협동으로, 침해에는 침해로 대응하며 또 과거에 연연하지 않고 협동을 도모하는 것이 적합

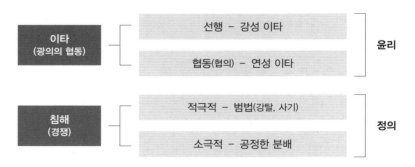

그림 6-1 윤리와 정의의 진화생물학적 함의

도 높은 사회를 만들어나가는 효율적인 방법임을 시사한다. 다시 말해서, 윤리의 고양과 정의의 구현이 적합도 높은 초유기체적 사회를 만드는 핵심적 요건인 것이다.

당근과 채찍

윤리학이나 심리학은 선행과 협동을 직접 윤리적 행위의 탐구를 위한 진입로로 삼기보다는 이타성에 초점을 두어왔다. 이타는 윤리의 핵심이라고 생각되니 이타를 아는 것은 윤리를 이해하는 기초가 된다. 철학은 이타적 행위에 순수한 이타적 행위가 있고 이기성이 포함되어 있는 경우도 있다고 구분하기도 하고 스스로의 만족을 위하여 이타적 행위를 하기도 하고 공평하기 위하여 이타적 행위를 하는 경우도 있음을 지적한다.[5] 진화심리학자들은 상호호혜적 이타, 간접호혜적 이타, 강성호혜성에 의한 이타 등 적어도 3가지의 성질이 다른 이타적 행위가 있다고 한다.[6] 이런 분류들은 일상적으로 관찰되는 여러 가지 이타적 행위의 공통점과 차이점을 분별하여 이타가 단순한 것이 아님을 말해준다.

진화생물학적 관점에서 이타는 협동이며, 어떤 형태의 이타가 있는지보다는 어떻게 협동이 가능한지 이해하는 것이 초점이다. 5장에서는 자신의 적합도를 희생하며 다른 사람의 적합도를 높여주는 행위를 선행으로 보고 선행의 심리적 기제로 강박적 행위를 가능하게 만드는 위기 상황의 신경회로나 공감, 모성애 등의 심리적 원인을 추정하였다. 이 장에서는 협의의 협동과 침해에 대한 정의를 구현하려는 심리적 배경을 살펴보자.

미국의 진화생물학자 로버트 트리버스는 생물학적 관찰과 컴퓨터 시뮬레이션 실험을 바탕으로 협동의 기초는 상호호혜적 이타성에 있으며 자연선택에 의해서 진화될 수 있는 성질임을 논구하였다.[7] 트리버스는 유전적 기반을 완전히 도외시할 수는 없지만 협동을 멘델적 유전의 결과라기보다는 여러 가지 심리적 기제에 의한 결과라고 주장했다. 우리에게 상호호혜적 이타성의 유전자가 있는 것이 아니라 동료의식, 혐오, 도덕적 공격성, 감사, 동정, 신뢰, 의심, 양심의 가책 등 여러 가지 심리적인 요소가 작용하여 상호호혜적 이타 행위를 낳는다는 말이다. 그러나 트리버스의 지적은 상호호혜적 이타 행위의 근본 원인이라기보다는 그런 행동이 나타나는 여러 가지 맥락으로 보인다. 상호호혜라는 말에는 주고받는다는 의미가 포함되어 있다. 자기보전율이 황금률보다 상위인 개인이 상호호혜적인 행동을 할 때는 적어도 준 만큼 받는다는 것이 중요하다. 어떤 상황에서든지 상호호혜적 행동에는 형평을 추구하는 욕망이 깔려 있다고 생각된다. 8장에서 자세히 논의하겠지만 모든 행동의 배경에 일정한 욕망이 있다는 '욕망 중심 모형'의 관점에서 보면 상호호혜적 이타 행위는 형평욕이 기초적 원인이다.

이타성이나 협동을 뒷받침하는 심리적 기제에 대한 심리학적 연구 결과는 많이 있다. 미국 에모리대학교의 그레고리 번즈는 사람들이 협동할 때 쾌락을 느끼는 것을 발견했다.[8] 그는 19명의 여성이 다른 사람 혹은 컴퓨터와 죄수의 딜레마 게임을 하도록 만들고 참가자들의 뇌를 fMRI로 모니터링하였다. 활성화되는 참가자들의 뇌의 부위는 사람과 게임을 할 때 컴퓨터와 게임을 할 때와 전혀 달랐다. 번즈는 다음 단계의 실험에서는 이 부위를 좀 더 자세히 짚어보았다. 상대편이 컴퓨터가 아니고 사람인 경우에는 우선 배반하는 경우보다 협동하는 경우가 많았으며 협동을 선택한 사람들의 뇌에서는 맛있는 디저트나 귀여운 얼굴을

볼 때와 같은 뇌의 부위들이 활성화되는 것이 관찰되었다(fMRI의 해상도
는 그다지 높지 않다). 이 부위들은 보상과 관련되는 부분이며 쾌락을 뜻하
는 것이다. 즉 협동하는 사람은 쾌락을 얻으며, 쾌락을 얻기 때문에 협동
한다는 해석이 가능하다. 벤담의 공리의 원칙은 이런 결과에 대해서 이
미 예고를 하고 있다. 사람의 모든 행동이 쾌락과 고통에 의해서 지배를
받는다면 협동을 조장하기 위해서는 협동에서 쾌락을 느끼게 진화되어
야 한다.

협동이 효과적으로 일어나도록 하려면 배반이 없어야 한다(표 6-2).
배반은 협동에 대한 거부일 수도 있고 사기일 수도 있다. 또, 분명하게
보이는 행동일 수도 있고 분명하게 보이지 않는 행동일 수도 있다. 명백
하게 협동을 거부하는 행동은 행위자와 내집단이 되기를 거부하는 것
이다. 비협조적인 사람은 외집단으로 배척되면서 도덕성에 의한 보호
막 밖으로 노출된다. 이것은 마피아 같은 범죄조직에서 이탈하는 경우
에 극명하게 나타난다. 조직에서 이탈하고 조직의 사업에 더 이상 협조
하지 않는 자는 범죄조직의 외집단이 되며 그 조직의 도덕에 의해서 보
호받지 못하고 쉽게 테러의 대상이 된다. 국가의 경우에도 마찬가지다.
국가는 교육이나 설득, 협박을 동원하여 구성원이 외집단이 되는 것을
막고 정녕코 비협조적인 사람은 과실의 분배에서 제외하고 더 나아가서
처벌한다. 탈세자나 병역 기피자에 대한 처벌이 전형적인 예다. 명백한
비협조는 다루기가 쉽다. 문제는 보이지 않게 비협조적인 경우다. 이런
사람은 내집단으로 남아 처벌을 피하고 이익을 얻으면서 정작 협동에는
참여하지 않는 사기성 무임승차자가 된다. 생물의 차원에서 보면 일종
의 기생이다. 무임승차자의 발굴이 효과적일수록 숙주인 사회의 적합도
가 높아질 것은 당연하다. 사람에게는 무임승차자를 색출해내는 능력이
잘 발달되어 있는 것으로 보인다. 그림 6-2는 미국의 심리학자 피터 웨

이슨이 고안한 웨이슨 테스트이다.[9] 실험자는 4장의 카드를 피험자 앞에 놓는다. 이 카드들의 앞면에는 알파벳 글자가 쓰여 있고 뒷면에는 숫자가 쓰여 있다. 이 테스트는 선언된 규칙이 맞는지 확인하는 일종의 게임이다. 가령, D가 보이는 카드 뒷면은 3이라는 규칙이 있다고 하자. 그림 6-2에서 이 규칙이 지켜지고 있는지 확인하려면 어떤 카드(들)를 뒤집어 이면을 확인해야 할까?

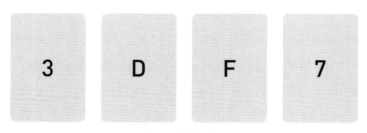

그림 6-2 웨이슨 테스트

답은 D와 7이다. D를 뒤집어 3이 나오면 이 법칙이 성립하는 양성적인positive 증거가 된다. 7의 경우에는 뒷면에 D가 나오면 이 법칙이 사실이 아니라는 것을 증명하게 된다. F 카드는 뒤집을 이유가 없다. 규칙은 F에 대해서는 아무런 규정을 두지 않고 있기 때문이다. 3 카드 역시 3의 뒷면에는 D가 있어야 한다는 규칙은 없기 때문에 3을 뒤집어 어떤 결과가 나와도 규칙이 맞거나 틀린다고 말할 수 없다.

이 테스트는 'if P then Q'라는 조건부 추론을 정확히 할 수 있는지 시험하는 것이다. 이 명제가 성립하는지 확인하는 방법을 보편화하면, 'P이면 Q이어야 한다'와 'P이면 non-Q가 아니다'를 증명해야 한다. 이 예제에서는 P는 D이고 3은 Q의 역할을 한다. 그림 6-2에 제시된 4장의 카드는 각각 Q, P, non-P, non-Q에 해당된다. P인 D가 노출되어 있으니 'P이면 Q이어야 한다'를 확인하기 위해서는 D 카드를 뒤집어야 한다. 'P이면 Q이어야 한다'는 'Q이면 P이어야 한다'와 다르기 때문에 3 카드는 뒤집을 필요가 없다. 나머지 두 카드 중에서 F는 필요 없고 7은 non-Q이므로 'P이면 non-Q가 아니다'를 증명하는 데 쓰일 수 있다.

웨이슨 테스트에 합격하는 사람의 비율은, 대학생을 포함해서, 5~30% 정도이다. 상당히 어려운 문제인 것이다. 그러나 미국의 진화심리학자 코스미디스와 투비는 이 테스트의 내용을 조금 바꾸면 결과가 크게 달라진다는 것을 발견했다. 그림 6-3은 같은 논리적 구조를 갖지만 숫자와 글자 대신 일상적인 얘기로 대체한 것이다.

그림 6-3 사회적 맥락의 웨이슨 테스트

그림의 카드들은 바에 앉아 무엇인가 마시고 있는 4명의 사람을 나타낸다. 술을 마시려면 20세가 넘어야 한다고 치자. 음주 제한이 잘 지켜지고 있는지 확인하려면 어떤 사람(들)을 조사해야 할까?

20세짜리는 조사할 필요가 없다. 무엇을 마시든 법에 저촉될 일은 없다. 한편 물을 마시고 있는 사람도 대상이 아니다. 그러나 술을 마시고 있는 사람은 18세가 넘었는지 신분증을 내놓으라고 해야 하며 18세 청소년도 마시고 있는 것이 과연 술인지 아닌지 확인해야 한다. 답은 '술'과 '18' 카드다.

웨이슨 테스트의 내용을 이런 식으로 바꾸어놓으면 정답을 내놓는 사람들의 비중은 65~80% 정도로 높아졌다. 코스미디스와 투비는 세계 여러 나라의 다양한 사람들에 대해서 비슷한 실험을 하여 이런 현상이 인종이나 문화, 학력을 떠나 인류의 보편적인 특성임을 확인하였다. '조건부 추론'은 머리를 집중적으로 가동시켜야 하는 작업이며 쉽지 않은 일인데 일상적인 상황에서는 이것을 비교적 손쉽게 다룰 수 있는 것이다. 코스미디스와 투비에 의하면, 사람에게는 사회계약적 상황에서 계약 위반을 빠르게 파악할 수 있는 능력이 있다.

코스미디스와 투비의 연구 결과는 사회생활에서 무임승차자의 문제에 그대로 적용된다. 여기서 무임승차자는 지원이 필요한 사회적 약자를 말하는 것이 아니라 비협조자를 말하는 것이며 응분의 기여를 하지 않고 혜택만 챙기려는 자를 말한다. 코스미디스와 투비는 좀 더 구체적으로 'if benefit(이익) then requirement(일/요구사항)' 형태의 사회적 교환에 대해서 계약 이행을 쉽고 빠르게 판단할 수 있는 뇌의 회로가 있다고 주장한다. 무임승차자는 다른 사람들이 자신의 비협조적 태도를 알아채지 못하도록 위장하지만 사람들은 눈치가 빠른 것이다. 내부에 사기성 무임승차자가 많은 사회는 기생충에 감염된 동물들같이 그렇지 않은 사회에 비해 허약할 수밖에 없으니 초유기체적 인간은 무임승차에 대해서 날카로운 '촉'을 갖도록 진화하는 것이다.

사기성 무임승차자를 색출하는 것은 그 자체만으로는 의미가 없다. 색출된 무임승차자는 사회에서 퇴출되거나 교정되어야 한다. 스위스의 심리학자 에른스트 페르는 사람들에게 무임승차자를 처벌하려는 강력한 본능이 있는 것을 확인했다.[10] 페르는 취리히대학교의 학생 240명에게 20MU(가상적인 화폐 단위, 나중에 진짜 돈과 바꾸어 갖게 된다)씩 나누어 주고 컴퓨터 앞에 앉아서 가상 프로젝트에 투자하는 게임을 하도록 만들었다. 학생들은 4명이 한 조가 되어 공동 투자하는데 익명으로 터미널에 접속하기 때문에 누가 누구인지 모른다. 투자를 하는 것은 개인적인 결정이고 팀이 투자하는 1MU당 각 팀원은 0.4MU를 받는다. 1인당 투자 효율은 투자한 것에 훨씬 못 미치지만 팀 전체로는 1.6MU이기 때문에 투자 가치가 있는 것이다. 4명이 모두 전액을 투자하면 각자 80MU의 40%인 32MU를 얻게 되어 처음의 20MU보다 12MU를 더 벌게 된다. 모두 투자하지 않으면 원래 받은 돈 20MU를 가지고 갈 수 있다. 만일 4명 가운데 3명은 전액을 투자하고 한 사람은 투자하지 않으면 투자한 각자 60MU의 40%인 24MU를 얻게 된다. 이 경우에는 투자한 3명은 4MU(=24-20)를 더 버는 데 그치지만 무임승차자는 가지고 있던 20MU를 그대로 갖고 있기 때문에 합계 44MU(=24+20)를 챙길 수 있다. 게임은 모두가 동시에 투자할 금액을 먼저 정하는 것으로 시작된다. 다음 단계에서는 같은 조의 다른 사람들이 얼마를 투자하였는지를 알려준다. 마지막 단계에서는 적게 투자한 사람을 징계할 수 있음을 알려준다. 징계는 0에서 10점까지 벌점을 부과하는 것인데 매 1점당 3MU씩 벌금이 부과된다. 그러나 징계자 역시 벌점 1점을 매길 때마다 1MU씩 비용을 지출하여야 한다. 징계는 징계자에게도 상당한 손실을 유발하는 것이다. 실험이 반복되면서 수시로 그룹의 구성원들은 바뀌며 누가 누군지는 알 수 없다.

투자자들은 비협조적인 사람들에게 매우 징벌적이었다. 상대적으로 많이 투자한 사람들(협조자)에 의해서 주로 가해지지만 74.2%가 평균보다 작게 투자한 사람들(무임승차자)을 처벌하였으며 벌점도 매우 높았다. 평균보다 현저하게 적게 투자한 사람들, 이를테면 평균보다 14MU 내지 20MU 적게 투자한 사람들은 팀의 다른 참여자들한테 평균 5 내지 6점의 벌점을 받아 15MU 내지 18MU를 토해내야 했다. 그러나 처벌을 위해 지출된 투자자의 손실도 5MU를 넘는다. 사람들은 자신이 상당한 손실을 봄에도 불구하고 배반자에 대하여 강한 처벌을 원하는 것이다.

페르는 이런 공공재 게임에서 확인되는, 배반자를 처벌하려는 성향을 강성호혜성Strong Reciprocity이라고 명명했다. 트리버스의 상호호혜적 이타는 협동에 대해서 협동으로 반응하는 것을 인간의 본성이라고 생각하며 기대하는 것이지만 페르의 강성호혜성은 배반에 대해서 처벌함으로써 협동할 것을 압박하는 것이며 표 6-2의 복수이고 정의를 구현하는 배경이라고 할 수 있다.

영국 옥스퍼드대학교의 마틴 노왁과 오스트리아 빈대학교의 카를 지그문트는 맞대응을 개선해서 과거의 행적을 기억하고 다른 사람도 안다는 조건으로 시뮬레이션했다.[11] 컴퓨터 속의 가상적인 100명의 사람들이 서로 마주치며 돕기도 하고 돕지 않기도 한다. 어떤 사람은 무임승차를 하려 들고 어떤 사람은 무조건 돕기도 한다. 그러나 매번 접촉하면서 일어나는 상호행동은 일정한 수의 다른 사람이 보며 당사자들의 평판을 형성하게 된다. 노왁과 지그문트는 게임이 많이 반복되면, 즉 오랜 세월이 지나게 되면, 사람들은 평판에 아주 민감하게 반응한다는 결과를 얻었다. 상대편이 도움을 받기만 하고 다른 사람에게 도움은 주지 않는 이기적인 사람이라는 평판을 듣게 되면 행위자는 도움을 주지 않았다. 물론 그 반대의 경우에는 기꺼이 도움을 준다. 그것은 (컴퓨터 속의) 인간들이 평판에 신경을 쓰게 된다는 말이며 보는 사람이 있으면 사람들은 더 협동하게 된다는 말이다. 페르의 강성호혜성은 배반자를 처벌하는 비용이 높다는 문제점이 있다. 매번 배반자를 혼내다 보면 패-패가 되며 사회 전체적인 손실이 커진다. 노왁과 지그문트는 평판에 의한 간접호혜성은 처벌의 비용이 거의 없으면서 효과적이어서 사회생활 진화에서 중요한 기초가 되었을 것이라고 주장한다.

간접호혜성에 대한 연구는 우리의 일상적 사회생활에 중요한 시사점을 던진다. 별로 현저하지 않더라도 늘 협동적이고 희생적인 사람은 당장에 보상을 받지 않더라도 좋은 평판이 쌓이며 많은 사람들의 지지를 받고 크고 작은 도움을 받게 된다. 출세를 하려면 좋은 평판은 필수적일 것이다. 반대의 경우도 그대로 성립한다. 일상생활에서 명시적인 처벌은 예외적이라고 할 수 있다. 대부분의 경우에 작은 일탈이나 불공정함은 사건을 만들지 않고 지나간다. 그러나 보이지 않는 가운데 사람들의 장부에는 채점이 매겨지고 있다. 그리고 나쁜 평판은 보이지 않는 처벌로 이행된다. 그 처벌 또한 뚜렷하게 느껴지지 않을 수 있다. 처벌이 명시적이거나 손해를 주는 것이 아니라 단지 협력해주지 않거나 지지하지 않는 것이기 쉬운 것이다. 일이 잘 풀리지 않으면 운이 없는 경우일 수도 있지만 어쩌면 간접적 처벌을 받고 있는지 살펴볼 일이다.

독일 에르푸르트대학교의 경제학자인 로켄바흐와 막스프랑크연구소의 생물학자인 밀린스키는 에르푸르트 대학생들을 대상으로 간접호혜성과 강성호혜성이 동시에 작용하는 공공재 게임을 실시하였다.[12] 배반자를 처벌하는 것은 처벌로 인한 손실이 상당하기 때문에 이들은 게임이 오래 진행되면 강성호혜성이 거의 소멸될 것으로 예상하였다. 그러나 결과는 예상과 좀 달랐다. 평판이 무임승차자에 대한 주된 예방 또는 처벌 방법으로 자리를 잡지만 흥미롭게도 고비용의 직접적 처벌, 즉 강성호혜성도 낮은 빈도로 존속하는 것을 볼 수 있었다. 다만 강성호혜성의 처벌 대상은 정도가 지나친 무임승차자로 훨씬 제한적이었다. 그러나 강도는 강해졌다. 사람들은 평판에 의해서 무임승차자를 색출하고 간접적으로 제재하는 것을 선호하지만 때로는 비용이 들더라도 무임승차자를 처벌하되 일단 처벌하고자 하면 강력히 처벌하는 것을 원하는 것으로 보인다.

이타적 행위에 대한 이런 연구들은 이타성이라기보다는 일상적 의미의 협동을 가능하게 만드는 우리의 정신적 장치들을 보여준다. 상호호혜적 이타의 상호호혜라는 의식은 협동을 위한 정신의 기초 장치라고 할 수 있다. 힘을 합치면 더 많은 것을 얻을 수 있고 기여한 만큼 얻을 수 있다는 형평의 의식이 기본적으로 협동을 촉진한다. 다른 사람과 어울려 힘을 합치는 행위는 쾌락을 느끼게 하며 협동의 정서적인 촉진 장치가 된다. 자기보전율이 황금률보다 우위를 차지하기 때문에 협동은 반드시 성공하지 않으며 사기성인 무임승차자를 만날 가능성이 있다. 사기는 침해이며 침해에는 맞대응적 처벌이 준비되어 있다. 사람들은 위장된 무임승차자를 가려낼 본능적 능력을 갖추고 있다. 강성호혜성에 의한 처벌은 실패한 협동에서 무임승차자를 처벌하여 다음의 협동에서 성공률을 높이려는 행위이다. 사람은 단순한 맞대응 이상의 수단을 가지고 있다. 간접호혜의 시스템은 직접 맞대응을 하는 것은 아니지만 평판이라는 사회에 누적된 데이터를 이용하여 협조자를 선발하고 무임승차자를 미리 가려내 협동의 성공률을 높인다.

순응성

당근은 앞으로 달리게 하고 채찍은 더 빨리 달리게 하지만 매번 당근을 주거나 채찍을 휘두르는 것은 비효율적이고 부작용도 일어나기 쉽다. 바람직하기는 협동이 필요할 때 즉시 일사불란하게 움직이는 것이다. 사람의 정신에는 이런 자동화 장치도 진화되어 있는 것으로 보인다.

미국 스와스모어대학 심리학자 솔로몬 애시는 8명의 학생들을 회의 테이블의 양쪽에 앉히고 2장의 카드를 보여주었다.[13] 한 카드(기준 카드)에는 한 개의 수직선이 그려져 있고 다른 카드(시험 카드)에는 A, B, C로 표시된 3개의 길이가 다른 수직선이 그려져 있다. 실험 참여자들은 순서대로 돌아가면서 시험 카드의 3개 가운데 기준 카드의 직선과 같은 길이의 것을 큰 소리로 말한다. 시험 카드의 선의 길이는 분명하게 차이가 나기 때문에 일상적인 테스트에서 잘못 선택하는 경우는 1%도 되지 않는다.

이 실험의 트릭은 실험 참여자 8명 가운데 7명은 애시의 사주를 받고 미리 정해진 시나리오대로 답을 하는 공모자들이라는 것이다. 실험의 초점은 마지막에 답하는 1명의 실험 참여자에 있다. 실험의 진짜 대상인 이 사람은 언제나 테이블의 맨 끝에 배치되어 공모자 7명이 답한 뒤 마지막에 자신의 답을 선언하도록 실험이 설계되어 있다. 피험자는 자신만이 진짜 피험자인 것을 모르며 우연히 자신이 맨 끝에 앉게 된 것으로 생각한다. 이 카드 비교 실험은 18회 시행되었는데 처음 2회는 맞는 답을 모두 얘기하고 그 뒤에는 사이사이 모두 12회에 걸쳐 7명이 모두 일사분란하게 틀린 답을 선언한다. 피험자는 처음 2회에는 다른 7명의 선택과 같은 답을 선언하고 행복하다. 그러나 이후에는 때때로 당황스런 상황을 맞게 된다. 피험자는 자기가 보기에 기준과 길이가 같은 직선은 분명 B이건만 다른 모든 사람들이 A라고 말하는 것을 듣게 되는 것이다. 그리고 마지막으로 자기도 길이가 같은 직선이 어떤 것인지 말해야 한다.

남이 뭐라 하든 굳건하게 맞는 답을 하는 사람들도 많았지만 피험자 50명 가운데 74%는 적어도 한 번은 틀린 답을 말했다. 전체적으로 약 1/3의 틀린 답이 나왔는데 대체로 애시의 공범자 7명이 틀린 답을 선언할 때 같이 틀린 답을 불렀다. 애시는 실험 후 피험자들을 개별 인터뷰

하였다. 대중의 틀린 답에 동조하여 적어도 반 이상 틀린 답을 내놓은 '굴종자'들은 자신의 시력이 잘못된 것으로 생각하였다든가 자신이 무엇인가 잘못 판단하였다고 생각하며 대중의 의견을 따랐다고 하였다. 일부는 대중들이 틀렸다고 생각했지만 혼자 튀는 것이 우려되어 대중의 의견을 따랐다고 했다.

애시의 실험은 사람들이 대중과 다른 의견을 갖는 것이 쉽지 않음을 보여준다. 사람에게는 순응성이 있다. 생각을 말하는 데서만 그런 것이 아니다. 사람은 다수가 함께하는 행동에서 잘 이탈하지 못한다. 독립적인 행보는 커다란 심리적 부담이 된다. 심지어는 다수가 하는 행동이면 메뉴를 불문하고 기꺼이 동참하는 사람도 있다. 정치적 리더들이 부르짖고 나서며 바람잡이들이 옆에서 요란하게 외쳐대면 많은 사람들은 거역하지 못하고 휩쓸려가기 쉽다. 문화적 순응주의는 찢어진 옷을 입는 유행이나 아무 의미도 없어 보이는 내 한 표를 행사하겠다고 투표장을 찾는 성실성이나 중국의 문화혁명이 보여주는 집단적 히스테리 등을 설명하며 선행이나 협동도 그 영향권 안에 있음을 시사한다. 미국의 생물학자인 보이드와 리처슨은 상호호혜적 협동은 사람의 순응성에 기반을 둔 문화와 학습의 영향이 클 것이라고 주장한다.[14] 다재다능한 미국의 경제학자 허버트 사이먼은 온순함이라는 형질로 이런 현상을 설명한다. 가르치는 것을 잘 받아들이도록 만드는 정신적 성향이 순응하는 행동을 만들며 갖가지 이타적 행위도 배운 대로 하는 행위라는 말이다.[15]

순응성은 인간 사회의 계급이나 조직 구조와 결부되어 리더의 의도대로 대중이 움직이게 만든다. 미국 예일대학교의 심리학자 스탠리 밀그램은 권위에 순종하는 인간의 모습을 실험을 통해 적나라하게 노출시켰다.[16] 밀그램의 실험에는 세 사람이 참여한다. E는 실험자이고 T와 L은 실험에 참여하는 자원봉사자인데, T는 선생의 역할을 맡고 L은 학생의 역할을 맡는다. 실험에 참여하겠다고 온 사람은 뽑기로 역할을 결정하는데 쪽지를 뽑으면 언제나 선생이라고 쓰여 있어 T의 역할을 맡게 된다. 물론 일부 참여자는 L에 당첨되기도 하는데 이들은 실은 실험자의 조수이며 쪽지를 뽑고 언제나 학생이라고 선언한다. T인 자원봉사자가 진짜 실험 대상인 것은 말할 나위도 없다. 본인이 몰라야 하기 때문에 속이는 것이다. T와 L은 다른 방에 들어가며 서로 볼 수 없다. 그러나 소리는 들을 수 있다. T는 E가 지시한 대로 L을 시험한다. T에게는 일련의 단어 쌍이 주어지는데 하나씩 L에게 묻는다. L이 맞히면 다음 질문으로 넘어가지만 L이 못 맞히면 맞힐 때까지 되풀이 처벌한다. 벌은 전기적 충격이다. T의 책상 앞에는 전압계와 단추가 있다. T가 단추를 누르면 100V 전압의 전기충격이 가해진다. 전기충격은 처음에는 100V이지만 L이 못 맞히면 한 번에 15V씩 올라가게 되어 있어 계속 못 맞히면 최고 450V까지 올라간다. T는 100V의 충격이 어떤지 자신도 손가락으로 체험을 한다. 실험이 시작되면 T는 질문을 던지고 L은 답변을 한다. L이 틀린 답을 내놓고 T가 단추를 누르면 비명도 들리고 신음 소리가 난다. 물론 정말 L에게 전기충격이 가해지는 것은 아니고 미리 녹음된 소리가 T에게 들리는 것이다. 몇 번 틀린 답을 하고 난 뒤에 T는 L이 벽을 두드리는 소리를 듣게 된다. 그러면 보통 T 역할을 맡은 자원봉사자들은 실험을 이제 그만해야 되는 것이 아닌가 하고 E에게 묻는다. 그러면 E는 아무 문제가 없다고 하며 책임질 일도 없으니 걱정 말라면서 계속 실험을 진행하라고 한다. 조금 더 진행되면 이제 비명 소리가 들리고 심지어는 L이 난 "심장병이 있어, 그만해!" 하고 소리 지르는 것을 듣게 된다. T가 실험을 중지하려고 하면 E는 T에게 다음의 순서대로 명령을 한다: "계속하시오", "실험의 필요상 계속해야 합니다", "계속하는 것이 절대적으로 필요합니다", "선택의 여지가 없으니 무조건 계속하세요". 이 네 단계의 명령을 다 거친 뒤에도 T가 그만두겠다고 하면 실험은 여기서 끝난다. 그렇지 않으면 최고 450V에서 3회를 반복하도록 진행이 된다.

이런 실험에 대해서 설문조사를 하면 대부분의 사람들은 실험을 끝까지 수행하는 사람은 거의 없을 것이라고 예상한다. 그러나 실제 실험에 참여하게 되면(많은 유사한 실험이 반복적으로 실행되었다) 비록 의문을 표시하고 T 자신이 진땀을 흘리고 이를 악무는 경우가 있기는 하지만, 대략 60% 이상이 시키는 대로 끝까지 가서 450V를 가했다. 학자들에 따라서는 여러 가지로 해석을 내놓지만 밀그램은 사람에게 권위에 복종하는 본질적 성질이 있다고 주장한다.

밀그램의 실험은 독일 국민들이 히틀러의 리더십을 따라 전쟁에 휩쓸리고 유대인의 대량 살인에 거침없이 동참했던 미스터리나 십자군 전쟁이나 제2차 세계대전 중 일본의 731부대에서 수행된 끔찍한 인체 실험 등을 일정 부분 설명해준다. 평화 시의 각종 시위나 시민운동 등도 이런 순응성으로 이해된다. 사람은 집단의 행동에 거부하지 못하며, 배운 대로 하며, 리더가 지시하는 대로 잘 따라간다. 들러리를 잘 세우고 그럴듯한 프로파간다를 퍼뜨리면 대중은 리더의 마음대로 조종할 수 있는 로봇으로 만들 수 있는 것이다. 사람의 지능은 개미와 차이가 있지만 초유기체적 동물로서의 본성은 사람을 때로 개미로 만든다.

자기보전율과 자아중심률의 지배를 받는 인간을 협동하게 만드는 것은 간단한 일일 수 없다. 협동을 위하여 자연은 우리의 정신에 여러 겹으로 복잡하고 민감한 장치들을 구축해놓았다. 우리는 공정함을 느낄 때 만족한다. 우리는 평판을 듣고 파트너를 고르고 무임승차자는 쉽게 색출해내 냉정하게 처벌한다. 우리는 다른 사람들같이 행동하고 싶어 하며 협동에서 쾌락을 느끼고 튀는 행동에 부담을 느끼며 리더의 명령에 따르는 것을 좋아한다. 이런 겹겹의 본능적 장치들 덕택에 사람은 자기보전율이나 자아중심률에도 불구하고 다른 사람과 힘을 합칠 수 있고 초유기체의 한 세포로서 기여하며 사회라는 배를 타고 함께 생존경쟁의 파도를 헤쳐나간다.

행동의 원인은 궁극적으로 유전자에서 찾을 수 있겠지만 직접적으로는 신경회로로 구현되어 있는 후성유전규칙後性遺傳規則/Epigenetic Rule들이 결정한다.[17] 공정함을 추구하고 무임승차자를 처벌하려는 등의 심리는 빙산의 일각이다. 협동을 가능하게 만드는 심리적 기제는 인간의 행동을 규정하는 기제 가운데 한 부분이다. 8장에서는 사람의 행동을 규정하는 후성유전규칙에 대해서 추론해보겠다.

그러나 정신의 후성유전규칙을 다루기 전에 이타(광의의 협동)와는 반대쪽인, 적합도를 낮추는 침해에 대해서 검토할 필요가 있다. 침해는 고통이며 악이다. 침해, 나쁨, 악을 생존경쟁이라는 차원에서 검토함으로써 진화생물학적 관점에서의 선과 악에 대한 일관된 체계를 볼 수 있다.

7장

생존경쟁

STRUGGLE FOR EXISTENCE

고통의 원인

아이들에게 악이 무엇인가 하고 물어보면 괴물, 귀신, 혹은 악마를 얘기한다. 세파를 다 겪은 어른은 스피노자같이 고통과 슬픔이라고 대답할지도 모른다. 기독교인들은 아우구스티누스같이 신의 부재라고 답할 것 같다. 불교도는 선과 악은 허상이며 궁극적으로는 통합되어야 하는 음양 같은 존재라고 설명할 것이다.

미국의 역사학자 제프리 러셀에 의하면 전통적으로 철학자들은 3가지 종류의 악을 생각했다고 한다.[1] 첫째는 다른 사람에게 의도적인 고통을 가하는 도덕적인 악이고, 둘째는 병이라든지 태풍과 같은 자연의 재해이다. 세 번째의 악은 형이상학적인 것으로 우주의 불완전성이다.

악에 대한 대답이 다양한 것은 악이 명확한 것이 아니라는 뜻이며 악의 원인이 그만큼 다양하다는 것을 시사한다. 선과 마찬가지로 악도 늘 주변에 있으면서 분명하지 않은 개념이다. 그러나 인간을 동물로서 파악하고 접근하면 갖가지 악들의 의미는 분명해지고 하나로 통합된다. 악은 적합도를 낮추는 것이고 고통이다. 악을 파악하는 것은 어려울 수 있지만 고통의 원인과 내용은 쉽게 파악된다. 사람에게 고통을 주는 것은 먼저 자연이다. 자연과학이 물리과학과 생명과학으로 대별할 수 있듯이 자연에 의한 고통도 물리적인 것과 생물적인 것으로 대별할 수 있다. 물리적인 고통의 원인은 홍수, 가뭄, 지진, 혹서와 혹한 등 생물이 견디기 어려운 자연환경이다. 생물적인 고통은 다른 생물과의 관계에서 오는 것이며 잡아먹히는 것이나 기생을 당하는 것이다. 그것은 먹이사슬에서 비롯되는 것이며 이종 간의 생존경쟁을 뜻한다. 사람에게 고통을 주는 세 번째 원인은 다른 사람이다. 이것은 동종 간의 생존경쟁을 말한다. 고통의 네 번째 원인은 노쇠이다. 고통의 원인에 대해서 하나씩 자세히 살펴보자.

물리적 자연 — 생명은 환경에서 물질과 에너지를 흡수하여 자체 내의 질서를 구축하고, 남은 것과 부산물은 배출하는 열린 시스템이다.[2] 생명은 수많은 화학반응이 미세한 스케일에서 일어나며 정교한 균형을 유지하는 상태이기 때문에 생명의 존속이 가능한 환경의 범위는 종잇장같이 얇다. 우주의 대부분에서 생명은 가능하지 않고 극히 예외적으로 모든 조건이 갖추어진 곳에서만 가능하다. 그러나 그 안에서도 자연은 쉽게 너무 뜨겁거나 너무 춥고, 물이 없거나 독성이 있으며, 인간에게 고통을 가한다.

이종 간의 생존경쟁 — 최초의 생명체는 자연에 존재하는 에너지 함량이 높은 물질들에서 시작된다. 번개라든가 화산의 폭발은 많은 에너지를 방출하며 그로 인하여 다양한 유기분자들이 만들어진다. 유기분자는 탄소 원자를 기초로 엮어진 분자들을 말하는데 탄소 원자가 갖는 화학적 유연성과 친화성 때문에 다른 원소들이 어울려 갖가지 기능과 형태의 분자들이 만들어지는 것이다. 이들 유기분자들이 모여 미세한 비눗방울 같은 원시세포가 물속에 저절로 형성되고 마침내 환경에서 흡수한 에너지를 이용하며 점점 더 복잡한 구조를 건설, 유지하며 스스로 복제하는 생명이 탄생한다.[3] 최초의 생물들은 자연적으로 생성된 유기분자들을 흡수하고 이용하는 타가영양체他家營養體로 존속할 수 있었다.[4] 나중에 직접 빛에너지를 이용하거나 무기물에 내재된 화학적 에너지를 이용하는 자가영양체가 진화되었지만, 타가영양은 여전히 효율적인 생존 방법이다. 타가영양이 살아 있는 다른 생물체를 잡아먹는 포식 내지 기생으로 진화하는 것은 필연적인 결과라고 할 수 있다. 광석에서 철을 제

런하여 자동차를 만드는 것은 어렵고 긴 과정이지만 다른 차를 해체하여 부품을 조달하는 것은 쉽고 경제적인 방법이다. 자연은 정직하게 자기 힘으로 자손을 번식시켰느냐고 묻는 법이 없으며, 언제나 환경에 잘 적응하여 자손을 많이 만들었느냐고만 묻는다. 타가영양은 자연선택적 관점에서 보면 현명한 방법이고 지혜로운 생존의 기술인 것이다. 빼앗는 자는 수단과 방법을 가리지 않고 다른 생물이 만들어놓은 모든 것을 파괴하고 원하는 것을 얻으며 공격을 받는 자는 빼앗기지 않기 위해서 숨고 위장하고 도망가게 된다. 생물 간의 먹이사슬의 망web은 마디마디 고통이다. 황새는 개구리의 악이고 개구리는 메뚜기의 악이며 메뚜기는 풀의 악이다. 원죄가 있다면 사람이 생물이라는 것이리라.

동종 간의 생존경쟁 — 같은 종끼리는 잡아먹는 일이 상대적으로 드물고 흔히 무리를 지어 살지만 여기서도 생존경쟁은 피할 수 없다. 연못에 먹이를 던지면 그 모습을 적나라하게 볼 수 있다. 조용하던 물속이 갑자기 끓어오르며 잉어들이 먹이 있는 곳으로 모여들면서 잉어는 잉어를 밟고 거의 물 밖으로 튀어오른다. 사람들은 때때로 길에 돈을 뿌려 인간이 잉어나 다름없음을 증명하려 든다. 공중에 지폐를 뿌리면 사람은 순식간에 잉어가 되어 사람은 사람을 밟고 길거리는 아수라장이 되며 도덕과 체면은 온데간데없이 사라지고 만다.[5]

같은 종끼리는 같은 시간과 장소를 점유하며 같은 먹이를 먹고 같은 방식으로 생식하고 번식하며 생태적 니치가 같다. 생물 개체에 허용된 짧은 시간과 자원의 제약, 그 위에 더하여 최대한 많은 자손을 생산해야 한다는 자연선택의 원리는 니치가 같은 동물 간의 치열한 경쟁을 예고한다. 먹을 것과 자기의 공간을 주장하는 영역의 주장과 이로 인한 싸움이 전부가 아니다. 동물들은 다시 생식을 위한 경쟁을 벌이고 조건부 초유기체적인 동물들은 서열을 짓기 위해 치고받는다.

노쇠─생물을 구성하는 세포는 수천 종의 다른 부품으로 이루어진 고도로 정교한 구조물이다.[6] 많은 부품과 정교함은 쉬운 노후와 붕괴를 예고한다. 세포 자체도 정교한 구조물이지만 150가지의 서로 다른 모양과 기능을 가진 30조의 세포로 이루어진 인체는 세포와는 또 다른 차원의 구조물이다.[7] 인체의 정교함은 스스로의 고장을 교정하고 기능의 유실도 탄력적으로 수용하지만 번식의 임무를 다하고 나면 점차 무너지고 죽음에 이르게 된다.[8] 고통은 적합도의 저하를 느끼는 것이며 몸의 노후화는 파상적인 전방위 고통이 된다. 급살 맞으라는 말은 옛사람들의 저주이지만 상황에 따라서는 축복일 수 있다. 로마의 철학자 세네카는 죽음이 고통의 종식이라고 했다.[9]

사 람 간 의 생 존 경 쟁

사람은 조건부 초유기체이기 때문에 협동을 하지만 경쟁도 한다. 경쟁은 침해를 낳고 사람들 간의 침해는 개인 대 개인의 단순한 구도에서 벗어나 개인 대 사회, 사회 대 사회의 3가지 유형으로 나타난다. 개인 대 사회의 침해는 실제로는 개인이 사회에 고통을 가하는 경우와 사회가 개인에게 고통을 가하는 경우가 전혀 다른 것이기 때문에 모두 4가지 유형을 생각할 수 있겠다. 사회가 개인에게 고통을 가하는 것은 지배자 혹은 정부에 의한 탄압이라든가 사회적 인종차별 같은 것이다. 부정과 부패는 개인에 의해 사회가 고통을 겪는 경우가 된다. 다른 사회에 의해서 나의 사회가 고통을 겪는 것은 그룹 차원의 생존경쟁을 말하는 것이며 경제제재나 전쟁 같은 것이다. 전쟁과 그룹경쟁에 대해서는 1장과 2장에서 설명했다. 사회에 의한 개인의 적합도 침해와 관련하여서는 자유에 대한 9장과 인권에 대한 11장, 그리고 가치에 대한 12장에서 더 논의한다. 개인에 의한 사회의 적합도 침해라는 측면은 공정에 대한 15장과 부의 집중에 대한 16장에서 다룬다. 여기서는 개인과 개인 간의 생존경쟁에 대해서 살펴보자. 개인 간에는 크게 봐서 (협의의) 생존적 경쟁, 생식적 경쟁, 사회적 경쟁이라는 세 가지 차원의 경쟁이 존재한다.

생존적 경쟁—여기서 말하는 생존적 경쟁은 동물로서 목숨을 부지하고, 번식하기 위한 자원을 확보하는 과정에서 발생하는 이해의 충돌을 뜻하며 개체들의 구체적인 경쟁이다. 이것은 협의의 생존적 경쟁이라고 할 수 있다. 다원주의가 내포하고 있는 추상적이고 포괄적인 광의의 생존경쟁과는 다르다. 광의의 생존경쟁은 이종 간의 생존경쟁을 포함하며 동종 간에도 아래의 생식적 경쟁이나 사회적 경쟁을 포함한다.

채취수렵시대의 공동체는 함께 생산하고 똑같이 나누는 시스템이기 때문에 일상적인 환경에서 구성원들끼리 협의의 생존경쟁을 벌이지는 않는다. 그러나 가뭄 같은 자연재해로 공동체 전체로서 생존이 어려워지면 살아남기 위하여 공동체 구성원 간에도 치열한 생존 차원의 경쟁이 예상된다(일본을 제외한, 재난이나 전쟁을 겪는 지역의 구호품 배급 현장이 보여준다).[10] 한국 정도의 경제적 수준에서는 극빈자에 대한 사회적 보호장치가 있기 때문에 글자 그대로 생존하기 위해서 다른 사람과 경쟁할 일은 거의 없다. 문명사회에서 구성원들 간의 경쟁은 아래에서 다룰 생식적 경쟁이나 사회적 경쟁이 대부분이다.

생식적 경쟁—수컷의 몸에서 만들어지는 정자는 제조비용이 매우 싸기 때문에 자연선택의 차원에서 보면 수컷은 정자를 최대한 살포하여 수정의 기회를 높이는 것이 최적의 전략이다. 난자는 상대적으로 제조비가 많이 들고, 포유류 암컷은 임신이라는 추가 부담이 크기 때문에 수정에 조심스럽고 아무 정자나 수용할 수 없다. 정자에게 난자는 언제나 희소한 자원이고 난자에게 정자는 풀어야 하는 문제인 것이다.[11]

뉴기니의 바우어새는 나뭇가지로 둥지를 만든 뒤 숲 속의 온갖 나뭇잎과 꽃들을 주워 모아 화려하게 장식한 뒤 암컷에게 과시하며 유혹한다. 암컷이 둥지에 반해서 머물게 되면 짝짓기가 일어나고 수컷의 노고는 보답을 받는다. 화려한 둥지는 자연선택의 파도를 잘 헤쳐나갈 수 있는 수컷 바우어새의 능력을 상징적으로 보여주는 것이고 보다 근본적으로는 우량한 유전적 소질의 표현인 셈이다. 사람의 경우에도 비슷한 현상을 볼 수 있다. 원하는 여자를 배우자로 얻고 싶으면 한국의 남자는 크고 좋은 아파트를 장만해야 하거나 혹은 적어도 그럴 가능성이 있음을 입증해야 한다. 남자의 입장에서는 상대적으로 임신과 양육을 뒷받침할 여자의 몸이 훨씬 더 큰 중요성을 갖는다.[12] 남자는 젊고 아름다운 여자에 가슴이 뛰게 되는 것이다. 불타는 질투나 뜨거운 순정은, 진화생물학적으로는, 눈앞에 나타난 매력적인 이성을 차지하도록 열심히 하라는 유전자의 채찍질이다.

성과 직접적으로 관련된 대부분의 악은 진화생물학적 관점에서 쉽게 이해가 된다. 혼자 있는 여자는 남자의 생식적 본능의 타깃이 될 것은 자명하고 남자의 도덕성은 별로 믿을 바가 못 된다. 강간이나 성추행 등은 대부분의 수컷에 내재된 본능에 뿌리를 두고 있다.

기혼녀의 간통은 배우자가 아닌 사람과 춤을 추는 것과는 달리 양육의 부담을 전가하는 사기가 될 수 있다. 여성에게는 배우자가 넉넉한 자원을 가진 사람이라 할지라도 다른 남자와의 관계를 도모하는 성향이 있다. 영국 맨체스터대학교의 베이커와 벨리스는 영국 가정의 7~13% 정도에 혼외정사로 인한 자식이 있는 것으로 추정한다.[13] 흥미롭게도 혼외정사는 배란 시기에 집중되며 임신의 효율을 끌어올린다. 여자는 자기 의지로 행동하고 로맨틱한 분위기에 휘말려 일을 저지른다고 믿겠지만 자연선택은 임신하기 좋은 상태일 때 그런 정서와 의지를 갖도록 프로그램해놓았다. 혼외정사는 후손들의 유전적 다양성을 높이는 데 일조한다.[14] 개체군의 유전적 다양성은 적합도를 높이는 중요한 성질이기 때문에 혼외정사를 촉진하는 유전적 요인이 일정 비율 존재할 것으로 여겨지는 것이다. 혼외정사는 비윤리적이지만 진화적으로는 인류의 적합도를 높이는 한 장치로 보인다. 운이 나쁜 사람은 포식자에게 잡아먹히기도 하지만 어떤 경우에는 배우자에게 속아서 그룹의 적합도를 높이는 데 남보다 더 많은 수고를 한다.

정자에게 난자는 언제나 희소한 자원이라는 말은 남자는 언제나 구매자이고 여자는 언제나 판매자라는 말이다. 진화생물학적으로 보면 보통의 주부는 자신에게 전력투구하는 남자를 만나 그 남자에게만 생식적 접근을 허락하고, 매춘부는 그런 남자가 없어 여러 남자에게서 조금씩 보상을 받으며 한정적으로 생식적 접근을 허락하는 것이다. 가부장적 민주 사회에서는 성행위에 초점을 두며 윤락행위방지법을 만들지만 매춘부들은 보상에 초점을 두고 자신들을 '성노동자'라며 직업의 자유를 주장한다.[15] 남자들은 성의 구매자이면서 동시에 성의 자유에 대해서는 반대한다. 여성의 생식적 사기는 남성에게 치명적이기 때문에 남자는 성의 개방에 대하여 본능적 거부감을 가질 수밖에 없다. 따라서 남자들은 낮에는 성매매를 규탄하여 숨게 하고 밤에는 숨어 있는 것을 찾아다닌다. 매춘부는 가부장 사회에서 타락한 사람이라든가 범법자로 몰렸지만 성매매의 본질은 거래이며 경제적인 문제이다. 일자리를 못 얻고 궁지에 몰리면 남자는 강도가 되기 쉽고 여자는 몸을 팔기 쉽다. 윤락 행위나 업소, 당사자들을 단속하고 처벌한다는 것은 경제적인 대책이 없이는 미봉이며 항구적인 해결책이 될 수 없다.

생식의 생리만을 놓고 보면 초유기체적인 사회구조를 갖는 인간에게 일부다처제는 이미 예고되어 있는 것이라고 할 수 있다.[16] 기독교 국가들은 일부일처제를 법으로 규정하고 있지만 여전히 많은 나라에서는 여러 명의 여자를 아내로 얻을 수 있다. 기독교 국가에서도 일부 남자는 이혼을 하거나 정부를 갖는 등 여러 가지 수법으로 법을 피하며 복수의 배우자를 갖는다. 그러나 법이 허용하여도 보통의 남자들은 일부다처를 향유할 여유가 없다. 채취수렵 사회에서는 족장 정도만이 복수의 배우자를 얻을 수 있었고 대부분의 남자들은 1처로 만족해야 했고 또 일부의 남자는 배우자를 얻지 못했다. 인류 사회에서 일부일처가 자리를 잡은 데는 여러 가지 이유가 있을 것이다.[17] 아이가 성장하는 데 오랜 시간이 걸리는 만큼 자식을 양육하는 데는 여러 사람의 장기간에 걸친 투자가 필요하다. 남자의 입장에서 보면 여러 배우자를 얻기 위해서 힘을 들이는 것보다 한 여자에게서 얻은 자식을 잘 키우는 것이 더 효율적일 수 있다. 여자의 입장에서도 지속적인 관계가 후손을 잘 키울 효율이 높을 수 있다.

여성이 임신에서 자유로워지고 경제적으로 독립하면서, 또 세상이 풍요로워지면서 일부일처에 기초한 가정의 패러다임과 생식적 경쟁이 새로운 국면을 맞고 있다. 여성이 섹스에 방어적일 필요가 없어졌고 남자의 자원에 기댈 필요도 없어진 것이다. 공급이 많아지면 가격이 내리고 더 심하면 시장의 패러다임이 바뀐다. 부모와 자식으로 구성되던 가정이 감소하고 모자로 구성되거나 1인 세대가 증가하고 있다. 섹스는 선물 내지는 오락이 되고 있고 결혼은 필수가 아니라 선택이 되고 있다.[18] 심지어는 번식을 위하여 남자가 아닌 정자를 구하는 여성도 생기고 있다.

사회적 경쟁—사람의 사회는 초유기체의 성격을 갖고 있다. 리더는 머리가 되어 구성원들을 팔과 다리같이 조정하며 거대하고 강력한 초유기체의 행동을 통제한다. 사람의 마음속에는 리더가 되고자 하는 본능이 존재하고 사회의 구성원들은 리더가 되기 위해 경쟁한다. 채취수렵 사회에서 서열경쟁에서 이긴다는 것은 리더가 되기 위하여 유리한 위치에 선다는 것이며, 그것은 개인적 적합도를 높여주는 결과를 낳는다.[19] 리더가 되고자 하는 본능적인 성향은 다른 사람을 압도하고 자신의 의견을 관철시키려 하는 언행으로 흔히 표출된다.[20] 낯선 사람의 대면은 누가 리더인지 가리는 경쟁을 촉발한다. 사회적 경쟁은 물리적으로 정신적으로 침해를 낳고 고통으로 이어지며 악의 원인이 된다.

인간의 사회적 경쟁은 두 가지 양상으로 구분할 수 있다. 첫째는 사회가 마련해놓은 리더 자리를 놓고 공개적인 경쟁을 벌이는 경우이고('수위경쟁'이라고 하자), 둘째는 두 사람의 서열을 결정하는 무제한적 경쟁이다('서열경쟁'이라 하자). 수위경쟁은 작게는 골목대장 자리를 위한 싸움에서 크게는 정권을 차지하기 위한 싸움에 이르기까지, 중간고사에서 월드컵까지, 사회의 제도에 의하여 정해진 권력과 리더 또는 승자의 지위를 놓고 경쟁하는 것이다. 이런 경쟁은 목표가 명백하고 공개적이며 흔히 객관적이고 허용되는 침해의 한계가 있다. 축구선수가 상대편의 골에 공을 넣는 것은 상대의 고통을 일으키는 악행이지만 수위경쟁에서 이기기 위해서는 어쩔 수 없는 일이고 최대한 많은 골을 넣어야 한다. 그러나 골을 넣는 외의 다른 침해는 허용되지 않는다. 사회는 수위경쟁을 통해 구성원들의 능력을 최대한 발휘하게 하고 좋은 리더를 선발할 수 있다.

서열경쟁은 마주치는 모든 사람들이 서로를 탐색하고 비교하는 것이다. 남자들은 다른 남자들과 마주치면 자신이 더 강한지 더 많이 가졌는지 비교하고 여자들은 자신이 더 젊은지 아름다운지 겨룬다. 서열경쟁은 대상도 정해져 있지 않고 규칙도 없으며 승패는 명백하지 않고 지속적이지도 않다. 돈, 지위, 미모, 지식, 건강 등 모든 가치 있는 것이 경쟁과 비교의 대상이 되며 말로써 혹은 행동으로써 과시되고 미묘하게 우열을 겨룬다. 서열경쟁은 무한의 경쟁이고 무한의 고통이다. 사람에게 경쟁은 일상이고 서열경쟁의 스트레스는 어릴 때부터 시작된다. 서태지는 그것을 〈교실 이데아〉라고 노래했다.

좀 더 비싼 너로 만들어주겠어
네 옆에 앉아 있는 그애보다 더
하나씩 머리를 밟고 올라서도록 해
좀 더 잘난 네가 될 수가 있어

사회적 경쟁은 당사자에게는 스트레스를 주지만 초유기체 사회에게는 필수적인 장치이다. 수위경쟁은 자질이 훌륭한 리더를 선발할 수 있게 하고 서열경쟁은 미묘한 서열과 질서를 부여하고 모든 사람들이 지속적으로 최선을 다하게 만든다. 사회는 한편으로는 다투지 말라고 하면서 다른 한편으로는 경쟁을 부추긴다. 사회의 구성원들은 이에 맞추어 한편으로는 협동하면서 다른 한편으로는 동료를 추월하기 위해서 노력한다. 역사상 최고의 풍요를 누리는 현대 한국인의 많은 고통은 사회적 경쟁에서 온다. 사회적 경쟁은 구성원들에게 고통을 주는 악이고 구성원들이 윤리적 악을 저지르게 만드는 원인이기도 하다.

침해의 방법

생물은 번식을 위하여 존속하는 물질적 존재이다. 그것은 악이 궁극적으로 물질적인 침해라는 말이다. 동물들 간에 주고받는 물질적인 침해의 행위는, 혹은 악의 구현 방법은, 크게 두 가지 유형으로 나눌 수 있다. 첫째는 피해자가 인지하는 가운데 침해하는 것이고, 둘째는 피해자가 모르게 침해하는 것이다. 전자는 흔히 강한 힘에 의존하게 되며 물질을 빼앗는 강탈과 신체적 구속이며 후자는 사기다. 인간은 상징의 동물이기 때문에 물질적인 변화가 없이 단지 메시지만으로도 침해의 효과를 거둘 수 있다. 물질적으로는 아무런 변화가 없더라도 직접 정신에 고통을 가하는 것은 세 번째 악의 구현 방법이다. 이 각각에 대해서 자세히 살펴보자.

강탈과 구속─강도에 의한 물건의 탈취가 강탈의 전형적인 예이지만, 그 본질은 피해자의 의사에 반하여 피해자의 물질을 빼앗는 모든 행위에 적용될 수 있다. 다른 사람의 신체 혹은 소유물을 빼앗으려 들면 저항하기 때문에 강탈은 흔히 물리적 힘에 의존하게 된다. 법치를 내거는 현대 국가에서 폭력은 금지되어 있고 개인적으로 물리력에 의한 강탈은 불법이다. 오직 사회만이 물리력을 행사할 수 있다. 사회는 구성원을 강탈할 수 있고 심지어는 죽일 수도 있다. 리더를 제대로 통제할 수 없다면 리더는 지배자가 되며 구성원들은 부당한 강탈과 구속을 당하게 된다.

개인 간의 강탈은 불법이지만 현실에서는 합법적인 형식을 유지하면서 강탈이 이루어질 수 있다. 조직폭력배가 문신을 하고 야구방망이를 들고 나타나면 비록 휘두르지 않더라도 가게 주인은 '보호세'를 내놓는다. 종업원들은 사장의 기침 소리만으로도 퇴근하지 못하고 계속 자리에 앉아 있는다. 정치가가 책을 써서 출판기념회를 열면 정치가의 영향력을 두려워하거나 이용하고자 하는 많은 사람들은 줄을 지어 책을 구입한다. 사람은 상징으로 의사 전달을 하고 머릿속에서 영화를 만들 수 있는 동물이기 때문에 굳이 현실의 결과를 보지 않더라도 미리 상상하며 피해를 최소화하는 해결책을 찾는다. 물리적으로 강탈을 구현하지 않더라도 메시지를 전하는 것만으로도 강탈과 동일한 결과가 발생한다.

어떤 때는 강탈인지 아닌지 구분이 모호할 때도 있다. 길에서 군밤을 사면서 1000원짜리를 900원에 사려고 드는 것은 보기에 따라서는 강탈이다. 군밤값 깎기도 나의 이익을 위해서 상대방의 의지에 반하여 빼앗는 것이니 타인의 행복을 침해하는 악행이다. 구매자는 물론 자신이 강탈한다고 생각할 리는 없다. 장수가 지나치게 비싸게 값을 매겨놓았기 때문에 정당한 호가를 하였다고 주장할 것이다. 부당하게 바가지를 씌우려는 장수에 대하여 값을 깎았다면 그것은 장수의 사기에 넘어가지 않는 것이며 자신의 현명함을 입증하는 것이고 공정한 거래를 한 것이된다. 대기업이 중소기업의 납품가격을 깎는 것도 이와 다르지 않다. '울며 겨자 먹기'라는 말은 덜 고통스러운 선택을 뜻하는 것이고 피해자의 입장에서 강탈의 존재를 말하는 것이다. 고리대금업자가 신용불량자에게 돈을 빌려주고 터무니없는 이자를 받는 것도 강탈일 수 있고 아닐 수 있다. 사회 구성원들의 협동은 거래의 모양을 하며 함께 이익을 얻으려는 행위로 이해되지만 더 많은 것을 얻고 더 우위를 차지하려는 개인 간의 경쟁은 보이지 않는 강탈이나 사기의 요소를 갖고 있다.

사기─강탈은 단순하고 직선적인 침해 방법이고 사기는 교묘하고 간접적인 침해 방법이다. 사기는 협동을 가장하고 실제로는 일방적으로 자신의 이익을 추구하는 것이다. 사기를 당한 사람은 자신이 행복해질 것을 기대하고 필요한 노력과 자원을 쏟아붓지만 결과적으로 사기꾼의 행복이 커지고 자신은 고통을 겪는다.

동물의 차원에서 보면 강탈은 약육강식이며 포식자의 일방적인 행위이지만 사기는 양방향성이다. 호랑이의 얼룩무늬는 포식자의 사기를 보여주고 나뭇가지인 척 흉내를 내는 자벌레는 새들의 눈을 피하기 위한 먹잇감의 사기이다. 암컷 침팬지가 먹을 것을 찾아나가서는 임신하고 돌아오는 것은 수컷 침팬지에 대한 생식적 사기이다.[21] 사람도 남자는 여자에 대해서 힘이 있는 척하고 자식을 양육할 때 모든 힘을 쏟을 것같이 접근한다. 여자는 남자에게 오직 그 남자의 자식만을 잉태할 것같이 행한다.[22] 남자의 사기는 일단 잉태시키고 난 뒤에는 여자를 도와 양육에 힘을 쓰지 않고 다음 여자를 찾아나서는 것이다. 여자의 사기는 배우자의 자식이 아닌 다른 남자의 자식을 잉태하는 것이다.

메시지에 의한 침해—메시지는 말의 내용이 중심이 되지만 말투나 성조, 몸동작 등이 동원되어 표현하는 생각이다. 인간은 상징적 동물이기 때문에 육체적 수고나 물질적인 교환이 없이 메시지만으로 쾌락도 고통도 줄 수 있다. 메시지를 받는 사람은 메시지의 내용이 의미하는 물질세계의 결과를 예측하고 상상하면서 마치 물질적인 변화가 생긴 듯이 반응한다(반응은 자동화되기도 한다. 10장의 "고정관념" 참조). 머릿속에서 영화를 만들고 이 영화를 보고 미리 희로애락을 경험하는 것이다. 메시지는 강탈과 마찬가지로 고통을 주고 심하면 적합도를 낮추는 효과를 발휘할 수 있지만 객관성을 갖기 어렵고 물질세계에 미치는 영향이 없는 경우에는 증명이 어렵기 때문에 법으로 제한하기는 어렵다.

축구장에서 표시된 장소에 공을 넣거나 공의 운반을 방해하는 것은 다른 동물로서는 이해할 수 없는, 메시지에 의한 침해이다. 상대편의 저지를 극복하고 공을 운반하는 데 성공하였다는 것은 물질적으로는 단지 공의 위치가 바뀐 것에 불과하지만 서열경쟁에서의 승리를 상징하며 행복을 주고, 막지 못한 쪽은 패배로 고통을 느낀다. 스포츠는 사회가 경쟁을 관리하는 방법을 보여준다. 방치된 경쟁은 물리적인 충돌을 낳고 경쟁 당사자들이 모두 물질적인 침해를 당하고 모두의 적합도가 저감되는 결과를 낳는다. 결투나 사업자 간의 치킨게임이 전형적인 모습이다. 스포츠의 경쟁은 명확한 규칙하에서 이루어지며 상대에 대한 침해는 극히 제한적이고 물질적인 적합도를 저감시키지 않는 범위에서 허용된다. 경기 자체는 승자나 패자에게 아무런 물질적 교환을 수반하지 않지만 승자는 사회로부터 승자의 몫을 할당받아 적합도를 높이게 된다. 스포츠는 잠재적으로 파괴적인 사회 구성원 간의 경쟁을 생산적으로 관리하는 묘책이며 악을 선으로 바꾸는, 사람과 자연의 지혜를 보여준다.

선 악 의 체 계

악을 고통이라고 인식하면 사람에게 고통을 주는 원인들을 정렬시킬 수 있는 기준을 갖게 된다. 비록 임의성을 완전히 제거할 수는 없지만 물리적 침해, 생물적 침해, 사람, 사회 등은 객관성 있는 기준이 된다. 이에 따라 고통을 주는 원인들은 악의 체계를 형성한다(표 7-1). 선에 대해서도 같은 방법으로 체계가 구성된다(표 7-2).

표 7-1과 표 7-2의 선악의 의미는 고통과 쾌락이기 때문에 '공동체의 적합도 제고'라는 3장의 정의보다 훨씬 넓다. 표 7-1과 표 7-2의 선악의 체계는 고통과 쾌락을 주는 모든 원인을 포괄한다는 생물학적 관점에서 유도된 것이고 3장의 선악은 도덕적 통념을 기초로 얻은 것이다.

자연	생물	피해자	가해자	경쟁원인	예
물리적 악					홍수, 가뭄, 지진
생물적 악	이종 간				질병, 멧돼지의 습격
	동종 간	사회	개인		횡령, 부정부패
			사회		전쟁
		개인	개인	생존적 경쟁	강탈, 사기
				생식적 경쟁	강간, 간통
				사회적 경쟁	폭행, 모욕
			사회		구속, 부역, 탄압, 차별
	자기 몸				노쇠, 신체장애

표 7-1 악의 체계

자연	생물	수혜자	시혜자	예
물리적 선				살기 좋은 물리적 환경
생물적 선	이종 간			생물자원
	동종 간	사회	개인	의무 수행, 사회봉사
			사회	국가 간의 지원과 협력
		개인	개인	도움, 협력
			사회	국가에 의한 보호, 사회 보장
	자기 몸			건강, 미모, 성장

표 7-2 선의 체계

3장의 악은 표 7-1에서 '동종 간'의 분류 아래 사회가 피해자인 경우이다. 비슷하게 협의의 선은 표 7-2에서 사회가 수혜자의 경우이다.

넓은 의미와 좁은 의미의 선악 개념의 차이는 일상적으로 별로 의식하지 않는 가운데 흔히 다른 단어로 표현된다. 광의의 선은 흔히 '좋다'

라는 용어로 표현된다. 나 자신이든 다른 사람이든 혹은 사회든, 적합도를 높여주는 것(쾌락이나 행복을 주는 것)은 '좋다'고 말한다. '선'은 사회의 적합도를 높이는 경우에 한정해서 사용한다. 가령 친구에게 술을 한 잔 사는 행위는 좋은 것이라고 할 수 있지만 선은 아니다. 유부녀와의 사랑은 나쁜 것이라고 할 수 있지만 악은 아니다. 공무원에게 향응을 베푸는 사업자는 선하다고 할 수 없지만 접대받는 공무원은 자신을 극진히 접대해주는 사업자를 개인적으로 '좋은' 사람이라고 생각할 수 있다. 고래 사냥을 선하다고 생각하는 사람은 별로 없겠지만 포경꾼과 그 가족에게는 좋은 일이다.

한국어에는 '좋음'과 '선'이라는 서로 다른 말이 있어 광의와 협의의 선악 개념의 차이가 무의식적으로 구별되고 있지만 영어를 비롯한 서유럽어에서는 그렇지 못하다. 영어로는 좋음도 good이고 선도 good이다. virtue는 덕德에 가까운 의미를 갖는다.[23] 유럽의 윤리학은 good이라는 단어로 인해 상당한 혼란을 겪은 것으로 보인다. 벤담은 개인적인 쾌락을 good(좋다)이라고 얘기하다가 최대 다수의 최대 행복을 추구하는 것이 옳은 것right이라고 주장한다. 벤담은 "많은 good은 good이다"라고 할 수 없으니 '옳음right'이라고 썼을 것이다. 앞의 good과 뒤의 good은 위의 정의에 의하면 광의의 선과 협의의 선에 해당된다. 20세기의 영국 철학자 조지 무어는 벤담의 이런 비약을, 엄밀하게 같은 의미는 아니지만, 자연주의적 오류라고 지적한다(자연주의적 오류에 대해서는 12장과 13장 참조). 무어의 지적을 한국어로 표현하자면 '좋음이 많다고 선은 아니다'가 된다. 근래에 와서 good의 이중적 의미가 지적이 되었다. 미국의 철학자 윌리엄 프랑케나는 good을 '도덕적 의미의 good'과 '도덕과 무관한 good'으로 구분하였다.[24] 프랑케나의 구분은 대략적으로 전자는 선이고 후자는 좋음에 해당된다.

광의의 악인 고통의 용언은 '나쁘다'이며, 개인적인 고통에도 사회가 겪는 고통에도 두루 쓰인다. 고통을 가하는 원인은 물리적 자연일 수도 있고 사람일 수도 있다. '나쁨'은 영어로는 'bad'이다. 한 사람이 다른 사람을 침해하여 고통을 가하면 보통 bad이라고 표현한다. 그러나 비도덕적 행위에 의해서 많은 사람이 고통을 겪으면 bad 대신 evil이라는 말이 사용된다. 건강에 좋지 않은 음료수는 'bad 음료수'이지만 음료수에 독을 넣는 행위는 evil이다. 한국어에서도 이 두 가지에 해당되는 악과 사악이라는 말이 있다. 다른 사람을 속여 돈을 빼앗으려 했다면 나쁜 짓을 한 것이며 악을 저지른 것이지만 국민을 속이거나 상한 음식을 팔아먹었다면 나쁜 짓을 넘어 사악한 행동을 저지른 것이다. 사악이나 evil이나 일상적으로는 몹시 나쁜 행동에 대한 정서를 표현하는 말이지만 진화생물학적 관점에서 보면 사회에 대한 침해를 표현하는 것이다.

　20세기 초 오스트리아의 철학자인 루드비히 비트겐슈타인은 "철학은 우리의 지성에 걸린 마법에 언어를 무기로 싸우는 것"이라고 주장했다.[25] 설명에 인색한 비트겐슈타인의 말이 금방 와닿지는 않지만 우리 정신에 내재된 편향성을 극복하려면 언어를 잘 다루어야 한다는 뜻으로 생각된다. 많은 논쟁은 같은 말로 서로 다른 내용을 얘기하는 데서 불거진다. 인간 본성의 차이는 오십보백보이고 선악의 개념도 같으니 내용을 정확히 표현할 수 있다면 이해利害의 차이는 있을 수 있어도 윤리적 판단의 차이는 거의 없을 것이다. 서로 옳다고 열을 뿜는 양쪽의 쟁점을 잘 정리하면 정치가들의 공약같이 별로 싸울 것이 없는 경우가 많다. '성장 우선'이든 '분배 우선'이든 어느 한쪽만으로 갈 수는 없는 것이고 결국은 적당한 조화를 찾기 마련이다. 풀리지 않는 논쟁은 장님이 코끼리의 다른 부분을 만지는 것같이 대체로 잘 모르는 가운데 소신을 주장하거나 당사자들의 이해가 부딪힐 때 생긴다. 전자는 코와 다리와 꼬리를 이어주는 통합적 안목이 생김으로써 해소되고 후자는 공동체라는 인식을 바탕으로 타협하는 데서 해결점을 찾을 수 있다. 말의 의미를 분명히 할 수 있고 연관된 말들의 관계가 정리되면 잡음이 제거되고 해상도가 높아지는 것같이 그림이 뚜렷해지고 문제도 선명해진다. 세상에 대한 이해가 정교해지면 해결책도 쉽게 찾아진다. 진화생물학적 접근은 세상의 갈등을 이해와 적합도의 문제로 보게 만듦으로써 말의 정의를 분명하게 만들고 본질을 드러내며 세상의 그림을 선명하게 해준다.

8장

인간의 본성

∽∽∽∽∽∽∽∽∽∽∽∽∽∽∽∽∽∽∽∽∽∽∽∽∽∽∽∽∽∽∽∽∽∽∽∽∽∽

HUMAN NATURE

욕망

심리학에서는 사람의 행동을 만드는 것은 의지이고 의지를 일으키는 것은 동기動機/motivation라고 설명한다. 미국의 심리학자 에이브러햄 매슬로는 동기를 욕구의 층위로 설명하였다.[1] 매슬로의 욕구의 층위는 5단계이다.

- 5단계: 자아 성취
- 4단계: 충만
- 3단계: 사랑과 소속감
- 2단계: 안전
- 1단계: 생리적 필요needs

1~2단계는 동물적인 욕구이며 직관적이다. 3단계의 사랑과 소속감은 사회적 동물로서 욕구라고 할 수 있고, 4단계의 충만은 자신과 다른 사람들에게서 인정받는 것이며, 5단계의 자아 성취는 자신의 역량을 십분 발휘하여 목표를 달성하는 것이다. 매슬로는 대체로 아래 단계의 욕구가 충족되어야 상위 단계의 욕구들에 대한 동기가 생기지만 이런 욕구들이 동시다발적으로 일어날 수 있고 서로 겹칠 수도 있을 것이라고 한다. 매슬로의 분류는 경험과 부합하며 설득력이 있다. 그러나 이 다섯 단계는 과학적 증거를 기반으로 한 것은 아니다.

훨씬 뒤에, 미국 오하이오대학교의 스티븐 라이스는 6000명을 조사하여 모든 행동의 배후에는 힘, 독립, 호기심, 인정, 질서, 저축, 명예, 이상, 사회계약, 가족, 지위, 복수, 낭만, 섭식, 운동, 평온의 16가지 기초적인 욕망이 있다고 주장했다.[2] 라이스는 이 욕망들이 대체로 유전적 영향을 받는 성질이며 또한 많은 동물에서도 관찰된다고 하였다. 라이스는 욕망의 강도가 사람마다 다를 수 있다는 점도 놓치지 않았다. 16가지의 욕망이 서로 다른 색깔이라면 사람마다 욕망의 채도가 다르기 때문에 개성의 태피스트리가 만들어진다. 라이스는 16개 욕망의 강도를 바탕으로 사람들의 성격을 구분하는 프로필 테스트를 개발했다.[3] 라이스의 욕망 목록은 보상이나 경쟁 등 행위를 설명하는 다양한 상황적 원인들을 모두 내재적인 원인으로 환원시키고 행동을 촉발하는 동기를 보여준다. 라이스의 목록에는 '자아 성취' 같은 모호한 항목은 없으며, 조사를 바탕으로 한 구체적인 욕망의 항목들로 구성된다. 그것도 단지 16개밖에 되지 않는다. 라이스의 목록은 인간의 행동이 무한히 다양할 수 있지만 정작 동기는 한 줌밖에 되지 않는다고 말한다.

그렇지만 라이스의 욕망 목록은 혁신적인 심리학적 발전으로 받아들여지는 분위기는 아니다. 단지 전통적으로 인지되어온 인간의 여러 가지 본성들의 목록을 좀 더 세분하고 좀 더 객관적인 데이터로 뒷받침한 정도로 받아들여진다. 라이스의 욕망 항목들은 통계학적인 신뢰성은 가지고 있지만 주기율표가 없는 원소의 목록같이 허공에 떠 있다. 항목들을 하나로 묶는 체계가 결여되어 있으며 심리학자들마다 얼마든지 다른 목록을 제시할 수 있다.[4]

매슬로나 라이스의 욕구의 목록은 욕망을 외형적 기준으로 분류한 것이다. 이것은 아이들이 자동차를 승용차, 트럭, 버스, 불자동차 등으로 구분하는 것과 비슷하다. 이런 분류도 물론 의미 있고 유용한 것이지만 자동차를 충분히 이해한 것이라고 할 수는 없다. 자동차의 내부 구조나 엔진의 작동 원리를 알게 되면 전혀 다른 분류가 가능해진다. 가령 엔진을 기준으로 하면 내연기관차, 증기기관차, 전기차, 제트터빈차, 연료전지차 등으로 구분할 수 있을 것이며 비행기나 선박은 전혀 다른 것이 아니라 모두 자동차의 한 유형임을 알게 된다. 내부적인 특성의 이해는 외형적 분류와 더불어 대상을 안팎으로 보다 정확히 이해하게 해준다.

　동기 혹은 욕망을 내적으로 접근한다는 것은 진화의 맥락에서 보는 것이다. 세포나 좌우대칭성이 일단 진화된 뒤에는 모든 후손들이 공유하는 구조가 되듯이 정신에도 자연선택에 의한 어떤 골격이 있을 것을 예상할 수 있다. 프롤로그에서 간략히 살펴보았듯이 영장류는 사람에 못지않은 온갖 정서를 느끼며 전략적인 사고를 한다. 생각은 닭 같은 조류나 돔 같은 어류에서도 발견된다. 정형화되어 있는 하등동물의 행동과 보다 다양하고 임기응변적 요소가 강한 고등동물의 행동, 더 나아가서 사람의 행동을 진화적 연장선상에 놓고 바라보면 수억 년의 세월을 관철하는 정신의 골격을 발견할 수 있다.

본 능

　그레이래그 거위는 둥지에 앉아 알을 품고 있다가 둥지 밖에 알이 놓여 있는 것을 발견하면 목을 쭉 빼서 알을 부리 아랫면으로 살살 굴려 둥지로 가져온다.[5] 손이 없는 그레이래그가 주둥이를 이용해 알을 굴려 회수하는 행위는 주어진 조건에서 매우 타당한 몸놀림이다. 그러나 그레이래그와 사람의 행동은 부리놀림과 손놀림이 보여주는 효율을 넘는 근본적인 차이가 있다. 그레이래그의 알 굴리기는 중간에 멈추지 못한다. 이 행동에는 조절이나 선택의 여지가 없다. 일단 시작된 알 굴리기는 늑대가 나타난다 해도 알이 둥지까지 오는 위치가 되어야 종료된다. 그레이래그의 알 굴리기는 사람이 재채기를 멈추기 힘든 것처럼 융통성이 없다.

대부분의 새들의 행동은 본질적으로는 이와 크게 다르지 않다. 뻐꾸기는 때까치나 멧새 같은 다른 새의 둥지에 알을 낳는다.[6] 뻐꾸기는 제 집을 짓고 새끼를 키울 줄 모르며 언제나 다른 새에 기생하여 번식한다. 숙주의 알보다 먼저 껍데기를 깨고 나온 새끼 뻐꾸기는 태어나자마자 주변의 다른 알들을 둥지 밖으로 밀어낸다. 본능은 미처 털이 마르기도 전에 경쟁자부터 제거하도록 근육을 작동시킨다. 어미보다 더 크게 자라도 뻐꾸기는 어미새를 향해 주둥이를 벌리고 부지런히 먹이를 얻어먹는다. 양부모에게 잘 얻어먹고 충분히 큰 뻐꾸기는 어느 순간 훌쩍 날아가 다음 세대를 준비한다. 뻐꾸기는 훈련을 받은 적도 없지만 신통하게 날 줄 알며 제 손으로 사냥해본 적이 없건만 먹이를 찾는다. 스스로가 어떻게 생겼는지 절대 알 수 없을 것이지만 동종을 만나 교미하며 뻐꾸기의 새끼를 잘 키워줄 숙주의 둥지를 찾고, 숙주가 알을 낳은 뒤 둥지를 비운 틈을 노리고 있다가 숙주의 알 사이에 제 알을 낳아놓고는 도망쳐버린다.

뻐꾸기의 행동들은 외견상 그레이래그의 알 굴리기보다 훨씬 진보되고 복잡하게 느껴지지만 하나하나의 행동을 보면, 기껏해야 멈출 수 있는 정도일 뿐 대안이 없는 매우 경직된 프로그램들이다. 뻐꾸기의 일생을 구성하는 갖가지 행동들은 여러 개의 이런 프로그램들이 반복 시행되는 것이다. 이같이 경직되고 프로그램되어 있는 동물들의 행동들을 본능이라고 한다. 동물학자들은 본능이 "처음 할 때부터 완전하게 기능하는 행위"라고 규정한다.[7] 본능에 의한 행동들은 배우거나 연습하여 익히는 행동이 아니지만 처음 할 때부터 완벽하다. 본능은 유전정보의 차원에서 결정되는 것이기 때문에 선천적이고 같은 종의 모든 개체에서 나타난다. 본능은 배우거나 연습이 없이 완벽한 행동을 만들어내지만 본능이 없이는 행동이 없으며 본능을 거스르는 것은 불가능한 일임을 시사한다.

본 성

고등 포유류에 오면 경직된 본능적 행동들은 쉽게 눈에 띄지 않는다. 귀소본능이나 생식본능 같은 말이 있지만 동물학자들이 내리는 본능의 정의와는 괴리가 있다. 예를 들어 사자를 보면, 모여 지내는 곳도 있고 생식도 하지만 행동이 매우 불규칙하다. 사자는 흔히 집 없이 떠돌아다니고 어떤 수사자는 평생 자식을 갖지 않는다. 모든 개체가 일정하게 보이는 행동을 찾기 쉽지 않은 것이다. 그러나 사자에서도 본능을 찾아볼 수 있다. 영아살해는 그다지 잘 알려져 있지는 않은 현상이지만 고등동물의 본능이 어떤 것인지 잘 보여준다.

사자는 대부분의 고양잇과 동물들과는 달리 사회생활을 한다.[8] 사자의 무리에는 흔히 여러 마리의 암수 사자들이 섞여 있다. 때로는 한 무리에 여러 마리의 어른 수사자가 발견되기도 하지만 번식을 하는 것은 거의 주인 격인 수사자에 한정된다. 다른 수사자는 보통 주인의 혈연이며, 아직 독립하지 못하였거나 독립을 포기한 사자들이다. 어린 수사자는 성장하면 무리를 떠나 때로는 다른 사자의 무리를 침범하여 주인을 내쫓고 자기가 주인이 되기도 한다. 새 주인을 맞이하게 되면 영락없이 벌어지는 것이 영아살해이다. 새로운 주인은 옛 주인을 쫓아내는 싸움으로 지친 몸을 치유하며 당분간은 점잖게 있지만 기회를 보아 새끼사자들을 대부분 죽여버리고 만다. 남의 집에 들어가 남편을 내쫓고 아내를 차지하고 자식을 죽여버리는 것은 사람의 관점에서 보면 극악무도하기 짝이 없는 일이지만 사자의 세계에서는 경영자의 교체와 후속 인사

조처같이 평범한 일이다. 자기 자식이 아닌 새끼를 계속 키우는 것은 주인이 된 수사자의 입장에서는 불합리한 일이다. 어린 새끼에 수유하는 동안에는 암사자가 임신하지 않는다. 시간은 사자에게도 금이다. 자연은 수사자에게 새끼를 많이 낳아 자손을 퍼뜨리라고 주문하지 도덕적일 것을 주문하지는 않는다.

영아살해는 누가 가르쳐주지 않아도 저절로 아는 선천적인 행위이고, 모든 사자들에게서 공통적으로 나타나며, 같은 상황에서는 언제나 반복되니 영아살해 행위는 본능이다. 그러나 사자의 영아살해에는 그레이래 그나 뻐꾸기와는 다른 융통성이 있다. 사자는 새끼사자들을 죽이지만 막무가내는 아니다. 어미 앞에서 새끼를 공격해 살해하지는 않는다. 암사자는 수사자보다 작고 약하지만 어머니는 강한 법이다. 자칫하면 마누라 잃고 부상도 당하는 이중의 손해를 보게 된다. 수사자는 인내심을 가지고 어미 사자의 공격을 받지 않으면서 새끼를 죽일 수 있는 기회를 노린다. 딴전을 피우며 어미 사자의 방심을 유도하는 것이다. 그레이래 그와 달리 사자의 본능은 행동을 직접 규정하지 않는다. 사자의 본능은 남의 새끼를 죽이려는 욕망까지이다. 본능이 직접 행동을 규정하지 않기 때문에 사자의 본능은 파악하기 어렵다. 고등동물의 본능은 구체적인 행동이 아니라 성향이며 본성이라고 표현하게 되는 이유이다.

사자가 새끼 사자를 보이는 대로 즉시 죽이지 않고 어미 사자의 눈치를 보다가 살해한다는 사실은 (동물)심리학적으로 매우 흥미로운 과제이다. 수사자가 어린 사자를 물어죽이면서 "내 자식을 낳아야 하는데 네 엄마가 임신을 하지 않으니 네가 죽어줘야겠다"고 생각할 리는 없다. 수사자는 새끼 사자를 보면서 어떤 생각을 하기에 어미가 같이 있을 때는 무심한 척하다가 어미가 없는 기회를 타서 잡아먹지도 않을 것을 죽이는 것일까?

영아살해는 사자 외의 동물에게서도 흔히 발견되며 사람에게서도 그다지 낯선 현상은 아니다. 2016년 취학 연령이 지나도 미취학인 상태이거나 장기간 무단결석한 아이들을 조사하였더니 많은 아이들이 학대당하고 심지어는 살해된 것이 발견되었다.[9] 인간 사회에서는 사자의 경우와는 달리 영아살해의 양상도 상당히 다양해 보인다. 또 양부에 의한 영아살해보다는 동화 속의 콩쥐나 신데렐라같이 계모에 의해서 학대받는 아이들의 모습이 흔하다. 그러나 계모의 학대에서도 사자의 영아살해의 배경이 되는 심리적 원인을 유추할 수 있다. 수사자는 무리 안에서 어슬렁거리며 돌아다니는 새끼 사자가 팥쥐 엄마가 콩쥐를 보듯이 끔찍이 싫을 것이다. 새끼 사자가 주변에서 얼쩡거리는 것을 보면 혐오감이 솟아오르는 것이다. 암사자가 임신하지 않는 것을 걱정하거나 자식이 늦는다고 불만스럽게 생각할 리는 없다. 수사자는 단지 눈에 띄는 새끼를 혐오하기 때문에 죽여버리는 것이다. 수사자의 혐오감과 영아살해 행위는 암사자의 임신을 촉진하고 수사자의 자손을 더욱 많이 만들 기회를 주기 때문에 진화한다.

정 서 와 욕 망 과 이 성

사자의 영아살해 본능은 사람의 본능이 어떤 것일지 시사점을 준다. 그것은 '사자의 혐오'에서 알 수 있듯이 정서와 연결되어 있다. 안토니오가 샤일록에게 하듯이, 누군가 "너는 벌레 같은 인간이야"라고 욕을 하며 침을 뱉었다고 하자. 그런 모욕이 어떤 반응을 일으킬지는 자명하다. 가슴이 빠르게 뛰고 머리가 뜨거워지며 온몸이 떨리게 된다. 주먹은 상대의 얼굴을 향해 날아가고 상대에게 처절한 고통을 안기기 전에는 가라앉지 않을 것이다. "젊어 보이네요!" 하고 칭찬을 들으면 기분이 나빠지는 사람은 없다. 오히려 우울했던 기분도 좋아지며, 칭찬을 해준 사람에게 웃음이라도 보이게 된다. 사람은 자극을 받으면 자동적으로 일정한 정서를 느낀다. 이것은 선천적이고 모든 사람에서 보편적으로 나타나는 현상이다. 정서는 사람의 본능인 것이다.

중국의 고전인 《예기》는 사람의 정서로 희喜(기쁨), 노怒(노여움), 애哀(슬픔), 구懼(두려움), 애愛(사랑), 오惡(미움), 욕慾(욕망)의 7가지가 있다고 하였다.[10] 7정情은 상식적이지만 정서는 심리학이 다루기 어려워하는 주제이며 논란이 많다. 정서의 연구로 유명한 미국의 심리학자 로버트 플러칙은 사람의 기본 정서로 슬픔, 혐오, 노여움, 기대, 즐거움, 인정, 두려움, 놀람의 8가지를 꼽는다.[11] 플러칙은 삼원색이 섞여서 다양한 색조를 만들듯이 이런 기본적인 정서들이 합쳐져 새로운 정서를 유도해낸다고 주장한다. 기쁨+인정=친근, 두려움+놀라움=경계 같은 식이다. 학자들에 따라서는 질투라든가 자만 등 다른 정서를 추가하기도 하고 어떤 것을 기본적인 정서라고 할 것인지에 대해서 의견이 분분하다.

심리학의 창시자라고 할 수 있는 미국의 윌리엄 제임스는, 또 독립적으로, 네덜란드의 칼 랑게도 신체의 상태가 곧 정서라고 주장했다.[12] 울기 때문에 슬픈 것이고 웃기 때문에 즐겁다는 말이다.[13] 자극의 내용에 의해서 신체의 상태가 달라지며 정서는 이 변화를 느끼는 것이다. 신체의 변화는 행동의 준비 작업이다. 샤일록의 부들부들 떨리는 상태는 안토니오에게 가격하기 위하여 근육의 스프링이 압축된 것이고 칭찬받은 여인의 가벼운 흥분은 상대편에게 보다 자신감 있고 매력적인 행동을 하기 위한 준비이다. 그러나 신체적인 변화는 연속적인 데 비해 정서는 몇 가지로 구분이 되며 불연속적이다. 신체의 변화가 정서의 핵심이라는 지적은 수긍이 가지만 제임스-랑게의 이론과 일반적인 정서의 개념에는 차이가 있다.

공포를 대상으로 정서에 대한 신경생리학의 새로운 장을 연 르두는 정서를 전통적인 방법으로 구분하는 것보다는 전형적인 행위와 기능에 초점을 두고 구분하여 다루는 것이 더 합리적일 것이라고 주장한다.[14] 시각과 청각은 별개의 기관이고 서로 다른 뇌의 회로들에 의해서 관장되지만 주변의 정보를 수집한다는 같은 목적에 종사하기 때문에 이들을 묶어서 오감이라고 표현한다. 르두는 정서도 정신의 어떤 상태나 기능이라기보다는 편의적·총괄적 개념이라고 주장하는 것이다.

오늘날에는 육체적 변화와 더불어 인지적 내용이 정서의 중요한 부분이라고 생각한다.[15] 가슴이 떨리고 숨이 막히는 똑같은 흥분 상태일지라도 이상형을 만나서 촉발된 상태라면 성적 흥분이고 모욕을 당해 생긴 상태라면 분노다. 서로 다른 인지 내용은 비슷한 육체적 상태를 배경으로 전혀 다른 정서를 낳는다.

정서가 신체의 변화를 느끼는 것인지 인지가 포함되는지 따지는 것은 결론을 내리기 어렵지만 인지와 정서와 행동(신체의 변화)의 3각 관계는 정서에 집중된 주의를 다른 축으로 옮겨놓는다. 인지에서 행동으로 이어지는 축이 정신의 중심축으로 보이기 때문이다. 인지 내용이 정서의 한 부분인가가 중요한 것이 아니라 인지된 자극이 행동을 촉발하는 과정에 정서가 형성된다고 주객이 바뀌는 것이다. 이런 추론은 전통적 심리학의 동기 이론과 연결되며 욕망을 부각시킨다. 자극이 인지되면 행동의 목적을 설정하는 욕망이 떠오르고 이에 걸맞은 정서가 느껴지는 것이다.

자극의 내용에 따라 나타나는 정서와 욕망은 일정하다. 모욕을 받고 분노가 일어나는 가운데 키스하고 싶은 욕망이 생기는 일은 없다. 분노가 생기면 언제나 공격욕이 발동하고 기쁨을 느끼면 언제나 너그러워진다. 욕망과 정서는 종이의 양면 같은 관계에 있다고 생각된다. 욕망은 《예기》에 정서의 한 가지로 간주되었지만 《예기》의 욕은 성적 욕망일 것이며 정확히는 성적 흥분이어야 한다. 성적 흥분은 정서의 한 가지로 인지될 만하다. 심리학에서 말하는 욕망은 행동의 원인으로서 동기이다.

욕망은 행동의 목적을 규정하지만 행동의 내용은 얼마든지 다를 수 있다. 물리적인 폭력이 자유로운 상황에서는 분노는 당장에 주먹이 날아가는 행동으로 이어질 것이고 그런 행동이 불가한 곳에서는 경멸적인 단어를 구사한 언어적 공격이 될 것이며 그것도 불가한 환경이라면 단지 숨소리만 거칠어지는 데 그칠 수도 있다. 욕망이 같지만 행동으로 나타나는 바가 얼마든지 다를 수 있다는 사실은 제3의 정신적 요소인 이성을 등장시킨다. 이성을 흔히 통용되는 바같이 생각하고 계획하는 능력으로 본다면 이성의 역할은 구체적인 행동의 방법을 제시하는 것이 된다. 영아살해를 저지르는 사자의 마음을 추정해보면 새끼 사자의 존재는 혐오감의 정서를 일으키고 공격욕을 발동시키지만 사자의 이성은 어미 사자의 앞에서는 아무런 공격성을 보이지 않도록 자제하게 만들고 새끼 사자가 보호막이 없이 노출되어 있을 때 공격하도록 일러주는 것이다.

욕 망 중 심 모 형

인지과학은 뇌를 컴퓨터와 마찬가지로 정보처리장치라고 본다. 뇌는 뉴런이라는 반도체 스위치로 엮어진 CPU인 셈이다. 가장 간단한 동물에 속하는 해파리의 먹는 행동을 보자. 촉수에 닿은 먹이의 존재는 센서인 감각기를 자극하고 이 자극은 몇 개의 뉴런을 거쳐 해파리의 촉수 근육을 수축하게 만든다. 자극→감각→근육 수축→행동이 해파리 정신의 골격인 셈이다(그림 8-1). 자극과 반응이라는 시작점과 종점은 모든 생물에게 공통된 것이고 명백한 것이며 자극의 감지인 감각과, 행동의 근접 원인인 근육의 수축 역시 동물의 공통적인 장치이고 필수적인 것이다. 뇌는 감각과 근육의 중간에서 정보를 처리하는 신경의 회로이다. 동물은 아무리 진화하여도 이런 기본 디자인을 유지하고 있다. 고등동물의 신경계도 이런 기본 구성 위에 그려진다. 다만 해파리에서 몇 개혹은 몇백 개의 뉴런으로 구성된 신경망이 인간에 와서는 1000억 개의 뉴런으로 이루어진다는 양적인 차이가 있을 뿐이다. (프롤로그에서 하등동물과 고등동물의 정신을 컴퓨터 및 통신과 비교했다.) 뻐꾸기는 해파리의 기본 골격에 지각이라든가 정서, 욕망 같은 요소들이 더해진 정신 구조를 갖는 것으로 보인다. 지각은 자극의 내용이 파악되는 것이며 선이나 명암, 움직임 등을 인식하는 것이다. 뻐꾸기에게 정서나 욕망이 있는지는 아직 확실하지는 않지만 프롤로그에서 인용한 조앤 에드거의 연구는 닭이 흥분하고 공감한다는 것을 보여주었으니 보다 단순한 형태일망정 정서나 욕망이 존재할 가능성이 높다. 조류가 모두 같은 수준의 정신을 갖고있다고 볼 수도 없지만 대체로 조류의 정신의 골격은 자극→지각→정서/욕망→근육 수축→행동으로 요약할 수 있을 것이다.

뻐꾸기의 경우에는 해파리보다 명백히 중간 단계가 확장되었지만 여전히 자극이 주어지면, 비록 막힐 수는 있지만, 일직선으로 나아가 행동으로 나타난다. 고등포유류의 정신에서는 자극에서 행동까지 규정하는 프로그램이 적어도 두 부분으로 구분되는 것으로 보인다. 욕망이 일어난다고 반드시 행동으로 옮겨지지 않기 때문이다. 자극→지각→정서/욕망의 전반부가 있고 (욕망)→이성→행동의 후반부가 있다. 정서나 욕망이 일어나는 것까지는 뻐꾸기와 별로 다를 바가 없이 자극이 주어지면 자동적으로 발생하는 것으로 보인다. 후반부의 특징은 경험적 지식을 바탕으로 행동을 계획하는 것이며 이성이 개입한다. 이성은 "IF=?"라고 질문을 던지고 YES/NO의 답에 따라 다양한 대응 방안을 내놓는다. 우리의 마음에 대한 내성^{內省}/introspection은 사람의 마음에도 IF가 없이 자동적으로 일직선인 부분이 있고 많은 IF의 존재를 느끼게 하는 부분도 있다는 것을 알게 해준다.

그림 8-1은 이 논변을 기초로 진화의 여러 단계에서 주요 정신적 기능이 등장하는 시기와 골격을 간략히 정리한 것이다. 그림 8-1은 정서나 욕망, 이성 등 익숙한 정신의 기능들을 욕망을 중심으로 적절히 연결시켜 정신의 작용 과정을 심리적 차원에서 혹은 진화적 차원에서 설명한다. 이 모형을 정신에 대한 '욕망 중심 모형'이라고 하자. 하등동물의 정신은 하나의 직선 선로로 구성되며 자극에서 행동까지 일사천리로 진행된다고 볼 수 있고 사람이나 고등동물의 정신은 2단계로 구성되고 자극에서 욕망까지는 일사천리로 진행되지만 욕망 이후의 단계에서는 이성이 개입하여 상황에 따라 보다 융통성 있는 행동을 할 수 있게 만든다. 그러나 행동은 근본적으로 욕망이 명령하는 것이다. 18세기 영국의 철학자 흄은 이성은 욕망(흄의 표현으로는 'passion')의 시녀라고 하였다.

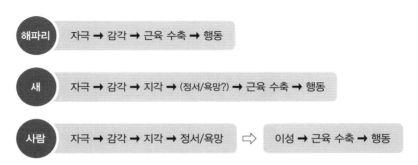

그림 8-1 욕망 중심 모형

이성이 제안하는 여러 시나리오들은 결국 어떤 욕망을 추구하기 위한 것이다.

욕 망 의 레 퍼 토 리

라이스는 단지 16가지 욕망만이 모든 사람에게 기본적이며 인간의 모든 행동은 이 욕망들 혹은 이들의 조합으로 설명될 수 있다고 보았다. 그러나 라이스의 많은 욕망들은 추상적이다. 독립, 질서, 저축, 정의, 사회계약 등의 욕망은 자연선택과 연결시키기에는 갭이 크다. 자연선택은 유전자의 변화이며 이를 기반으로 후성유전규칙이 형성되고 이것이 행동으로 구현된다. 영아살해를 혐오의 정서와 공격욕으로 설명할 수 있듯이 욕망은 후성유전규칙으로 구현할 만한 구체적이고 단순한 것이어야 한다.

매슬로와 라이스는 사람을 관찰함으로써 본질적 욕구를 추출해냈다. 이것은 귀납적 접근 방법이며, 프랜시스 베이컨 이래 과학의 기초적인 접근 방법이라고 할 수 있다.[16] 많은 현상을 관찰하면서 공통성을 추출하고 결과 쪽에서 원인을 찾아가는 것이다. 사과가 떨어지고 돌이 떨어지고 물도 떨어지는 것을 보고 인력을 추정하는 것이며 같은 질병을 앓는 모든 사람에게서 같은 균을 발견함으로써 질병과 병균의 인과를 유추하는 방법이다. 그러나 때로는 다양하고 복잡한 데이터에서 원리를 추정하고 현상을 예측하는 수도 있다. 19세기 중반까지 다양한 성질을 보이는 많은 원소들이 발견되고 목록이 만들어졌지만 마치 다양한 식물들의 목록같이 연관성을 찾기 어려웠다. 러시아의 과학자 드미트리 멘델레예프는 원소들의 화학적 성질이 원자량에 따라 일정하게 반복된다는 관찰과 아직 발견되지 않은 원소들이 있을 수 있다는 가정을 하여 원소의 주기율 이론을 제시하였다.[17] 멘델레예프의 주기율은 빈자리에 해당되는 미지의 원소를 예언해주었고 마치 답을 보고 온 듯이 원소에 대한 연구 방향을 제시하였다. 미국의 과학철학자인 토마스 쿤은 과학적 지식이 등산하듯이 한 걸음씩 진보하는 것이 아니라 어느 순간에는 이전의 지식과 단절된 혁명적 새 관점을 갖게 되며 패러다임의 변화를 겪는다고 했다.[18] 그러나 패러다임의 변화는 꼭 과학에서만 이루어지는 것은 아니다. 애거사 크리스티의 탐정 에르퀼 푸아로는 여러 가지 연결되지 않은 단서의 수렁에서 헤매다가 어느 순간엔가 사건의 전모를 깨닫고 모든 단서들을 하나의 체계로 묶으며 피날레를 장식한다. 푸아로는 사건을 보는 새로운 패러다임을 제공한다. 조각 맞추기 퍼즐을 하다 보면 모든 조각이 제자리를 찾지 않았더라도 퍼즐의 그림이 무엇인지 감이 잡히는 때가 온다. 관찰된 현상들이 서로 상충되기도 하고 연결되지 않으면서 잘 이해가 되지 않다가 어느 순간 포괄적으로 설명하는 새로운 모형이 떠오르면 모순들이 사라지며 새로운 비전을 갖게 된다.

동기에 대한 연구도 비슷한 시도를 할 수 있다. 매슬로나 라이스는 많은 사람들의 행동을 관찰하며 공통된 욕망의 단계나 요소를 제시하며 동기의 레퍼토리가 무한한 것이라기보다는 매우 한정된 것일 수 있다는 단초를 제시하였다. 진화생물학적인 관점은 이 레퍼토리들을 현상의 공약수로 찾기보다 자연선택이 어떤 행동을 요구하며 어떤 욕망을 본능으로 진화시켰을 것인가 하고 반대쪽에서 생각할 기회를 준다. 우선 크게 육체적·생리적 존속을 위한 생리적 욕망, 생식을 위한 생식적 욕망, 이종의 생물들과의 생존경쟁과 관련하여 생태적 욕망, 사회생활과 관련하여 사회적 욕망의 네 개의 큰 카테고리를 생각할 수 있다. 이 네 카테고리의 욕망은 포유동물의 대부분의 행동을 포함하겠지만 사람의 행동을 설명하기에는 부족한 점이 있다. 사람을 위하여 창의적인 욕망을 추가하자. 이 대분류 안에서 보다 구체적인 목표를 추구하는 단순한 욕망들을 상상해보면 다음과 같다.

생리적 욕망 — 생리적 욕망은 몸의 감각기가 느끼는 자극에 반응하는 것이다. 인간에게는 전통적으로 인지되어온 시각, 청각, 후각, 미각, 촉각의 오감이 있다. 과학은 여기에 온도, 평형, 통증, 신체 부위의 공간적 관계를 인식하는 자가수용감각自家受容感覺 등을 추가했다.[19] 이 감각들은 동물이 생존하기 위해서 환경의 변화를 인지하고 자신의 상태를 모니터링하기 위한 센서들이다. 이 센서들이 보내는 신호에 따라 뇌는 적절한 반응을 일으킨다. 눈이 부시면 동공을 축소하고 그것으로 모자라면 눈을 감고 그것도 부족하면 손으로 눈을 가리게 한다. 추우면 피부의 모공을 닫고 발열을 줄이고 그것도 모자라면 팔다리로 몸을 싸고 주저앉아 몸의 표면적을 최소화한다. 감각에 대한 반사적 반응은 해파리의 촉수 운동같이 원시적이며 본능적 행동이다. 반사적 행동들은 욕망 이전의 행동들이지만 후행적으로 욕망으로 의식되기도 하고, 욕망을 촉발하기도 한다.

반사는 사고를 필요로 하지 않는 선험적인 생존 테크닉이라고 할 수 있다. 생리적인 욕망은 반사의 연장선상에서 찾을 수 있다. 첫 번째 생리적 욕망은 먹는 행동의 배후에 있는 식욕이다. 식욕의 반대편에는 배설의 욕구를 생각할 수 있다. 수면욕, 안락욕, 나태욕 등도 추가된다. 나태욕은 게으름을 말한다. 게으름은 도덕적으로 바람직하지 못한 행동일 수 있지만 생리적으로는 에너지를 아껴야 하는 모든 동물에게 있어야 하는 본능이다. '넉넉한 자연'은 문명세계에서 풍족하게 사는 사람들의 낭만적 판타지다. 자연 상태에서 에너지를 얻는 것은 많은 투자와 위험이 포함되어 있다. 먹히지 않으려는 다른 동물을 잡아먹는 일이 쉬울 수 없다. 어떤 동물이든지 생존에 필요한 목적이 있지 않다면 위험을 겪으려 들지 않고 불필요한 곳에 에너지를 소모하지 않는다. 안락욕은 나태욕과 비슷하지만 구분되어야 한다. 오래 서 있은 뒤에 앉고자 하거나 편안한 의자를 찾는 것은 게으름과는 다른 것이다. 안락욕은 갖가지 감각들이 일으키는 불안정한 신호에 반응하여 몸을 최적 상태로 만들기 위한 욕망을 말한다. 물론 안락욕을 구동시키는 자극은 10종에 이르는 여러 감각들 중의 어느 것도 가능한 것이고 시각안락욕, 청각안락욕 등으로 세분할 수도 있겠다.

여기서 열거하는 욕망은 구체적인 신경회로이거나 증명된 것은 아니다. 이 욕망들은 가설적인 것이며 사회생물학자 윌슨식으로 말하자면 유전자(세포)와 행동의 중간 단계인 후성유전규칙에 해당된다.[20] 사람이 뱀을 빨리 감지하고 두려워하며 피하는 것은 이런 후성유전규칙의 한 예이다. 뱀 혐오는 모든 사람에게서 관찰되는 행동이며 선천적인 것이다. 뱀과 인류는 직접 먹고 먹히는 관계는 아닐지 몰라도 뱀을 잘 피하는 것이 인류의 조상에 크게 이로웠던 것은 분명해 보인다. 이런 행동에 대한 유전적 배경은 아직 모르지만 뇌에 어떤 회로가 있어서 이런 성향이 나타난다는 것은 충분히 짐작할 수 있다. 욕망은 후성유전규칙들 가운데 한 카테고리에 속할 것이며 행동을 촉구하는 규칙에 해당된다.

생식적 욕망—번식을 위해서는 섹스에 대한 욕망이 있어야 한다. 이것은 포괄적으로 성욕이라고 할 수 있겠다. 이성을 찾고 성적 스트레스의 해소를 추구하는 모든 행동의 배후를 하나로 묶는 욕망인 셈이다. 과장은 생식적 목적을 지원하기 위해 진화된 욕망이 아닌가 생각된다. 번식기에 든 동물들이 요란하게 별난 행동을 하는 것이 여기에 해당된다. 사람의 과장욕은 생식적인 본능 외에 사회적 본능으로서도 역할을 한다고 볼 수도 있겠지만 일단 생식적 욕망의 하나로 간주한다. 어떤 욕망이 어느 카테고리에 들어가느냐는 별로 중요하지 않다. 그런 욕망이 후성유전규칙으로 존재한다는 것을 인식하는 것이 중요하다.

사람의 갓 낳은 아기는 미성숙 상태이고 계속적인 양육과 보호가 필요하다. 자식을 보호하는 것은 생식적 목표를 달성하기 위해서 필수적이며 이에 대한 적절한 욕망이 있어야 한다. 이것은 일상적인 말로는 모성애에 해당되겠는데 욕망이라는 관점에서 보호욕을 설정한다.

생태적 욕망 ─ 생태적 욕망은 다른 생물들과 어울려 살면서 이종의 생물들로부터 자신을 지키거나 혹은 사냥하는 행동, 환경에 적응하는 행동 등을 설명하기 위한 것이다. 자신을 지키는 것은 포식자에게서 혹은 지진이나 산불, 극단적인 날씨 등의 위험에서 도망가는 것이며 공포의 정서가 이를 대변한다. 공포가 행위로 연결되기 위해서는 도피욕이 있어야 한다. 반대로 먹잇감을 보면 덮쳐서 힘으로 제압해야 한다. 이것은 공격욕이 되겠다. 이 성질은 반드시 먹잇감에 대해서만 아니라 자신의 적합도를 낮추는(이익을 침해하는) 모든 요인에 대해서 제압하거나 극복하여 제거하려는 행동의 원인이다. 욕망은 다양한 용도로 사용될 수 있고 하나의 행동은 여러 욕망의 결과일 수 있다.

동물은 이종뿐만 아니라 동종과도 항상 경쟁해야 한다. 자연은 넉넉하지 않고 항상 비좁다. 동물이 자신의 공간을 인식하고 표시하며 지키는 것을 텃세라고 하는데 사람에게서도 보편적이며 개인의 '사적 공간'이라든가 '프라이버시'라는 말이 가리키는 것이다.[21] 사람에게는 자기

집이나 자기 방과 같은 사적 공간이 필수적이고 정 불가능한 경우에는 자기 서랍이라도 있어야 한다. 사적 공간이 없는 사람은 불안정한 상태에 놓일 수 있고 사적 공간의 침해는 거센 반발을 불러일으킨다. 이것을 점유욕이라고 하자.

사회적 욕망—조직적인 사회생활은 사람들 간의 복잡한 상호작용을 전제한다. 이것은 감당하기 어려울 만큼 복잡할 것 같지만 하나씩 따져 보면 단지 몇 가지 욕망으로 해결될 수 있다. 우선, 사회생활은 개인들이 서로 모여 있기를 원해야 시작될 수 있다. 혼자 있기보다는 다른 사람들과 어울리는 것을 선호하는 욕망이 있어야 한다는 것이다. 외로움의 정서가 그것을 나타내는데 욕망의 관점에서는 친애욕이라고 표현할 수 있겠다.

인간은 협동 이전에 이기적이고 독립적인 존재이기 때문에 손해 보는 것을 원지 않는다. 적어도 준 만큼 받아야 사회생활이 의미가 있는 것이다. 주고받는 것이 똑같도록 원하는 형평욕이 필요한 것이다.

인간 사회에는 리더가 있다. 리더는 무리의 생존에 지대한 영향을 미치기 때문에 아무나 하는 것이 아니라 경쟁 끝에 선발된다. 경쟁욕은 스스로 다른 사람보다 더 낫다고 느끼고 과시하며 리더가 되고자 하는 욕망이라고 정의할 수 있겠다. 일단 승리자가 되고 난 뒤에는 리더의 역할을 해야 한다. 지배욕은 리더가 되어서 다른 구성원들을 자기의 뜻대로 움직이게 만들려는 욕망이다. 경쟁은 패자를 낳으며 패자의 처신을 위한 욕망도 필요하다. 경쟁에서 패배하여도 리더를 따르지 않거나 계속 딴죽을 걸면 사회의 일사분란한 초유기체적 행동을 교란할 수 있다. 사람에게는 리더의 지도에 부응하여 행동하려는 추종욕이 있어야 한다. 일반적으로 이런 욕망은 쉽게 인지되지 않지만 6장에서 설명한 밀그램의 실험 결과가 하나의 증명이 된다. 부성적 종교의 존재나 법규나 권위에 기꺼이 순종하는 시민의 모습이나 군인들에서 이런 본성을 엿볼 수 있다.

인간이 짐승과 다른 대표적인 능력은 언어이다. 언어는 효율적인 의사소통을 가능하게 하는데 언어 능력은 떠들고 싶어 하는 욕망이 없다면 연료 없는 자동차와 다를 바가 없다. 자신의 생각과 느낌을 말과 행동으로 다른 동료들이 알게 만드는 능력과 욕망은 인류 사회에 필수적이다. 이것은 발표욕이라고 하자.

인간 사회는 초유기체이며 다른 사회와 그룹 수준의 생존경쟁을 벌인다. 그것은 사람이 다른 사회의 구성원들을 동료로 의식하지 않아야 함을 말하며 오히려 적대적이어야 함을 주문하는 것이다. 이것은 배타성이며 외국인 혐오증을 설명한다. 이것을 배제욕이라고 하자.

창조적 욕망─포유류의 진화는 이성의 발달이 한 특성이다. 이성은 데이터를 분석하여 공통적인 개념을 추려내고 인과관계를 추정하며 지식의 새로운 조합을 만들어 창의성을 발휘한다.[22] 이성의 이런 기능을 활용하기 위해서는 그에 맞는 욕망이 있어야 한다. 영아살해와 관련하여 살해의 적기를 노리는 사자의 행동이 보여주듯이 고등동물들의 많은 행동은 인과에 기초한 합리성을 내포하고 있다. 인과를 이해하고자 하는 욕망을 합리욕이라고 부르자.

바우어새는 숲 속의 온갖 재료를 모아 멋진 둥지를 만들고 비버는 나뭇가지를 모아 댐을 만들지만 여기에는 합리성이나 이성적인 고려는 없고 본능이 지배한다. 사람은 이들이 갖고 있는 선천적 지식이 없어도 바우어새의 둥지를 보고 자기 집을 만들 때 참고하고 비버의 댐을 보고 물길을 막을 수 있다. 돌이 부딪히며 예리한 날이 서는 것을 보고 돌을 쪼아 돌도끼를 만들고 씨가 떨어져 곡식이 자라는 것을 보고 씨를 뿌려본다. 이것은 모방욕의 산물이다.

창의는 모방에서 한 걸음 더 나아가 지식의 새로운 조합을 만들고 그것을 구현하는 데 있다. 침팬지는 나뭇가지로 구멍을 쑤셔 흰개미를 사냥하고 돌을 이용해서 단단한 열매를 깨기도 한다. 어느 날 침팬지가 돌과 나뭇가지를 결합시켜 손잡이가 있는 돌망치나 돌창을 만들게 되면 인간의 길로 들어섰다고 할 수 있을 것이다. 이것을 시험욕이라고 하자. 시험욕은 호기심이라는 정서와 앞뒷면을 이룰 것이다.

표 8-1은 이상의 21가지 욕망을 정리한 것이다.

흔히 인간의 본성이라고 치부되는 이기성이나 이타성은 표 8-1의 목록에는 없다. 전통적으로 이타성은 크게 세 갈래로 설명이 되어왔다.[23] 행위자가 스스로의 기쁨을 느끼기 때문이라는 설이 있고 궁극적으로는 자신에게 이익이기 때문에 가능하다는 주장도 있으며 사람의 본성으로서 진정한 이타성이 있다는 학설도 있다. 이런 여러 가지 설들은 이타적 행위에 대한 원인으로 설명이 될 수 있지만 과학적 원리에 근거한 분류는 아니다. 5장과 6장에서는 이타적 행위가 성격이 다른 여러 유형의 행위들을 포함하는 것임을 설명했다. 표 8-1의 욕망의 레퍼토리는 인간의 모든 행위를 설명하기 위한 모형이므로 윤리적 판단의 대상이 되는 행위들도 설명할 수 있다(표 8-2). 살신성인의 선행은 다른 사람의 위험을 느끼고 구하는 것이며 위험에서 피하는 것이므로 도피욕과 보호욕에서 원인을 찾을 수 있다. 테레사 수녀의 헌신은 약한 사람을 돕는 보호욕과 신의 명령에 대한 추종욕, 공감으로 촉발된 고통으로부터의 도피욕 같은 것이 함께 작용한 것으로 볼 수 있다. 일상의 예의와 친절은 타인과 같이 있고 사랑을 받고 싶은 친애욕, 도덕규범을 따르려는 추종욕 등으로 설명할 수 있겠다. 6장의 협동은 본질적으로 상호호혜적인 행위이

번호	본성	욕망	관련 정서	행동(욕망의 목적)
1	생존적 본성	식욕	허기	물질과 에너지 섭취
2		배설욕	복통	노폐물 배출
3		수면욕	졸림	몸과 뇌의 휴식과 복원
4		안락욕	불편, 피곤	최적 상태 추구
5		나태욕	귀찮음, 게으름	에너지 절약
6	생식적 본성	성욕	연정	생식 행위
7		보호욕	동정, 사랑	자식 및 약자 보호
8		과장욕	자신감	이성 유혹
9	생태적 본성	공격욕	증오	상대 제압
10		도피욕	공포	안전 확보
11		점유욕	욕심	생존 공간 확보
12	사회적 본성	친애욕	우정	사회 형성
13		형평욕	공정	주고받음의 동등성 추구
14		경쟁욕	질투	우위 추구
15		지배욕	거만	리더십 발휘
16		추종욕	존경	리더에 대한 복종
17		발표욕	흥분	생각의 전달
18		배제욕	혐오	외집단 배척
19	창조적 본성	합리욕	이해	인과의 이해
20		모방욕	호기심	학습
21		시험욕	호기심	능동적 적응

표 8-1 욕망의 레퍼토리

지만 표본적인 상호호혜적 협동은 형평욕이 두드러진 것으로, 간접호혜적 행위는 친애욕, 경쟁욕이 두드러진 행위로, 강성호혜적 행위는 공격욕과 형평욕이 강한 행위라고 볼 수 있을 것이다. 이기적 행위는 자신의 적합도를 높이려는 행위이고 다른 사람의 적합도는 고려하지 않는 행위

		예	내용	관여하는 주요 욕망
윤리적 **(이타)**	선행	살신성인	위기 상황	도피욕, 보호욕
		희생	약자를 위한 자신의 희생	도피욕, 보호욕, 추종욕
		자선	약자를 위한 재화의 기부	친애욕, 형평욕, 보호욕
		친절	가벼운 이타	친애욕, 추종욕
	협동	상호호혜적	상거래	형평욕, 친애욕
		간접호혜적	명성, 인정, 지지 추구	경쟁욕, 친애욕, 형평욕
		강성호혜성	무임승차자 처벌	공격욕, 형평욕
비윤리적 **(이기)**	용인되는 행위		정당 방어	공격욕, 형평욕
	용인되지 않는 행위		타인 침해, 규범 무시	모든 욕망

표 8-2 윤리적/비윤리적 행위를 만드는 욕망

이다. 욕망은 자신의 적합도를 높이는 행위를 촉발하는 것이므로 이기적 행위는 어떤 욕망에 의해서든지 가능하다.

라이스의 16가지 욕망들도 표 8-1의 욕망 목록으로 다시 풀어 쓸 수 있다. 가령 힘은 경쟁욕과 지배욕, 독립은 점유욕과 지배욕과 배제욕, 호기심은 합리욕, 인정은 친애욕과 경쟁욕 등의 조합이 될 것이다. 매슬로의 충만이 다른 사람에게서 인정을 받는 것이라면 친애욕과 경쟁욕의 충족이라고 볼 수 있고 자아 성취는 자신이 설정한 기준을 달성하는 것이지만 대체로 경쟁욕으로 설명이 되며 합리욕이나 시험욕 같은 것이 필요할 경우도 있을 것이다. 라이스의 성격테스트는 표 8-1의 욕망의 개인적 특성이 다를 수 있음을 예고한다. 욕망의 레퍼토리에 기초한 성격테스트는 라이스의 성격테스트를 개선하여 좀 더 효율적으로 만들 수 있을 것이다.

9장

자유

LIBERTY

적극적 자유와 소극적 자유

미국 독립전쟁 시 한 주역이었던 패트릭 헨리는 "자유가 아니면 죽음을 달라"고 했다.[1] 자유는 죽음과도 맞바꿀 수 있는 고귀한 것인 셈이다. 그러나 헨리의 감동적인 연설의 직접적인 원인은 영국 의회가 일방적으로 식민지에 부과한 인지세이다.[2] 영국 의회가 세수를 확충하기 위한 방편으로 아메리카의 식민지에서 공문서를 작성할 때마다 인지세를 내도록 법률을 제정하자 헨리를 비롯하여 식민지의 상류층이 분노하며 들고 일어나 독립을 외친 것이다. 물론 인지세가 봉기의 모든 원인은 아니다. 영국 의회에서 멋대로 부과하는 세금은 그동안 불만을 축적시켰고 인지세는 불꽃을 댕긴 것이다. 헨리의 자유는 직접적으로는 일방적으로 부과된 세금을 거부하는 것이고 보다 근본적으로는 강요되지 않는 것을 말한다.

영국의 현대 철학자인 이사야 벌린은 자유를 적극적 자유Positive Liberty와 소극적 자유Negative Liberty로 구분하였다.[3] 소극적 자유는 억압에서 느끼는 것이고 자신을 구속할 주체를 결정할 자유이며 헨리가 부르짖던 자유와 같은 맥락의 것이다. 이것은 수많은 반란의 원인이기도 하고 청소년이 부모로부터 벗어나고자 하는 자유이기도 하다. 소극적 자유는 이해하기 쉽다. 여기에 비해 적극적 자유는 정확히 정의하기 어렵다. 벌린도 적극적 자유는 명백히 정의하지 못했고 후대의 연구 과제로 남겨졌다.

그러나 벌린의 적극적 자유는 벌린보다 선대의 학자인 버트런드 러셀에서 설명을 찾을 수 있다. 러셀은 "인간의 모든 활동은 욕망의 소산이다. (…) 사람이 어떤 행동을 할지 알고 싶다면 물질적인 환경만이 아니라 욕망에 대한 전체 시스템을 각각의 상대적 강약과 더불어 알아야 한다"라고 하였다.[4] 사람의 모든 활동이 욕망의 추구라면 벌린의 적극적 자유도 욕망의 추구이다. 그림 8-1의 욕망 중심 모형과 표 8-1의 욕망의 레퍼토리는 러셀이 예고한 욕망 시스템의 한 구체적인 모형이다. 러셀은 각각의 욕망에 대해서 상대적 강약을 언급함으로써 라이스의 성격 프로필 테스트에 대해서도 예언을 한 셈이다.

18세기 말 독일의 철학자 아르투르 쇼펜하우어는 사람은 뜻하는 것을 할 수 있지만 뜻하는 것을 뜻할 수는 없다고 하였다.[5] 우리는 배가 고픈 것을 느끼고 먹을 수는 있지만 식욕을 만들 수는 없다. 쇼펜하우어는 다시 삶은 맹목적인 의지를 추구하는 것이라고 하였다.[6] 부자는 쓸 수 없을 만큼 돈이 많아도 더 벌기 위해서 노심초사한다. 두 번 볼 일이 없어도 남자는 여자 앞에서 폼을 잡고 여자는 예뻐 보이려고 애를 쓴다. 매력적인 여자는 얼마든지 있건만 단지 한 여인만을 그리며 가슴에 불을 태운다. 시인은 시를 팔아 돈 버는 것은 거의 불가능해 보여도 밤새워 시를 쓴다. 우리의 삶은 솟아나는 욕망을 지속적으로 추구한다.

러셀과 쇼펜하우어의 통찰은 벌린의 적극적 자유가 무엇인지 알려준다—적극적 자유는 솟아나는 욕망을 추구하는 것이다. 그 욕망은 자연 선택에 의해서 우리의 정신에 새겨진 본능이다. 적극적 자유는 본능의 추구이다.

자 유 의 제 한

표 8-1은 욕망의 레퍼토리가 매우 한정된 것임을 보여준다. 인간의 자유는 레일 위를 달리는 기차의 자유와 비슷한 것이다. 쇠바퀴를 단 기차는 레일 밖의 땅을 밟을 수가 없다. 그러나 기차에게 레일은 편안하고

자연스러우며 레일 위를 벗어난 삶은 상상하기도 어렵다. 기차는 갈라진 길에서 한쪽을 택하기도 하고 가다 서기를 반복하며 자신이 자유롭다고 생각한다. 자유는 레일이 없는 곳을 방황하는 무한한 것이 아니고 레일 위에서 가능한 몇 가지의 선택지 가운데 하나를 선택하는 것이다.

기차의 자유는 레일 위로 한정되지만 그 위에서만이라도 제한이 없는 것은 아니다. 모든 기차가 같은 욕망을 가지고 있다면 레일 위에서도 마음대로 서거나 마음껏 달릴 수는 없다. 오히려 자유는 대부분의 경우 제한적으로만 허용될 수 있다. 사회생활을 하는 동물에게 무한한 자유란 영생永生같이 이상을 그리는 개념이라고 할 수 있다. 현실의 제약을 느끼면서 제약이 없는 상황을 그려보는 것이다.

인간 사회에는 적어도 3개의 동등하지 않으면서 각자의 적합도를 추구하는 존재가 있다. 그것은 개인, 리더, 그리고 초유기체적 사회 자체이다. 이들은 때로는 승-승의 길을 모색하며 함께 적합도를 높이지만 때로는 자신의 욕망을 충족시키기 위해 다른 존재들의 자유를 억압한다. 전제왕조 사회에서는 지배계급이 자신들의 적합도를 높이기 위해 대중의 자유를 극도로 억압한다. 심하면 대다수의 백성이 토지에 얽매인 농노로 생존하기도 한다. 민주주의 사회에서는 모든 시민이 동등한 인권을 갖는다고 전제하고 법과 윤리에 의해서 자유의 제한을 수용한다. 그러나 법과 윤리는 지침일 뿐 세상의 모든 일을 세세하게 규정하지는 못한다. 불분명한 평등과 권리의 경계는 갈등을 불러일으키게 마련이다. 21세기 한국 사회에서 관찰되는 아파트의 일조권 다툼이라든지 대기업 마트의 주말 영업 제한 같은 갈등은 사회 구성원들이 서로의 자유를 제한하는 모습이다. 초유기체인 국가는 강력한 힘을 갖고 시민을 구속할 수 있지만 그렇다고 무한한 자유를 누리는 것은 아니다. 원자력발전소에서 나오는 방사능 폐기물 저장고 건설 거부나 제주 해군기지 건설 거부 같은 것은 아사회에 의해 국가의 자유가 제한되는 모습이다.

민주주의가 제대로 작동하면 시민의 자유를 규제하는 법은 국회나 시민을 대표하는 회의에서 만들어진다. 법이 시민의 대표에 의해서 제정되기 때문에 행정부나 경영자의 통치 행위는 제한되며 자유의 제한은 균형을 잡게 된다. 그러나 높은 수준의 민주주의 국가일지라도 하부조직인 아사회에서는 자유가 부당하게 제한되기 쉽다. 기업 같은 아사회에는 의회나 사법기관에 해당되는 조직이 없거나 제대로 기능하기 어려운 경우가 많다. 아사회의 성격에 따라, 여건에 따라 권력에 대한 감시와 통제가 충분하지 않은 것이다. 감시와 처벌이 없는 곳에서는 왕조 사회에서와 마찬가지로 리더의 권력은 남용되고 이에 저항하기 어려운 구성원들의 자유는 억압당할 수밖에 없다. 기업에서는 종업원이 정시에 퇴근하지 못하고 휴가도 못 가기 쉽다는 말이며 공무원이나 갑의 위치에 있는 이들은 기업에 차꼬를 채우고 부당한 대가를 요구하기 쉽다는 말이다.

돈은 행복을 주기 때문에 부자는 다른 사람의 자유를 억압할 수 있다. 기업주는 종업원에게 일을 시킬 수 있고 손님은 매장에서 대접을 받을 수 있다. 사람들은 현재의 (적극적) 자유가 주는 행복보다 더 큰 보상을 약속하는 돈을 벌고자 돈을 줄 사람의 의지에 따라 행동한다. 돈은 원리적으로 교환에서 발생하며 부채를 표시한다. 부채를 갚거나 채권을 사는 것은 사회의 규칙이기 때문에 돈에 대한 복종은 그 자체로 문제가 되지 않는다. 자본주의 사회에서는 돈의 분포가 한쪽으로 치우쳐 사회의 일부분에 돈의 품귀 현상이 생기기 때문에 독점된 권력과 마찬가지로 돈에 의한 자유의 불공정한 침해가 일어난다. 돈에 갈증을 느끼게 되면 급하지 않은 다른 욕망들을 포기할 수밖에 없고 심각한 자유의 억압이 생기는 것이다.

　사회가 생존의 위급함에서 벗어나고 그룹경쟁에서 여유로워지면 사회가 시민의 욕망을 억압할 명분이 약해진다. 개인의 행복이 증가하는 것은 결국 사회의 행복이 증가되는 것이기 때문에 적합도가 높은 사회라면 개인의 자유를 억압하여 행복을 감소시킬 이유가 없다. 이 단계에 이른 것으로 보이는 유럽 선진 사회의 시민들은 최대한의 자유를 누린다. 누구나 원하는 교육을 받을 수 있고 마음대로 의사를 표현할 수 있으며 동성애는 물론 동성혼도 용인되며 장애를 가졌더라도 권리를 주장할 수 있다. 선진국의 넉넉한 자유는 직접적으로는 사회가 부유하여 생존경쟁이 이완되었기 때문이고 구조적으로는 자유의 한계가 선명하게 인식되는 정의로운 사회에 근접하였기 때문이다(여기에 대해서는 15장과 16장에서 논의한다). 정의로운 사회의 핵심적 특징은 공정함이며 모든 시민이 감내해야 하는 자유의 제한이 거의 같다는 것이다. 자유를 위하여 패트릭 헨리가 목숨을 거는 것은 자유의 제한으로 자유의 절대치가 낮아졌기 때문이 아니라 정부가 아사회를 차별하며 정의롭지 못하였기 때문이다. 본국이 식민지를 외집단으로 인식하고 있다는 표현이니 더 이상 식민지로 있을 이유가 없는 것이다. 공정하지 못한 자유의 제한이나 방만한 자유의 남발은 갈등을 부르고 초유기체를 약화시킨다.

언 론 의 자 유

　민주 사회에서는 폭력은 금지되어 있기 때문에 시민들 간의 갈등은 말로 해소해야 하며 적절한 법 절차를 통해서 해결되어야 한다. 사람은 누구나 자유롭게 말할 수 있어야 한다. 공리주의 설립자 가운데 하나인 영국의 철학자 존 스튜어드 밀은 다른 사람에게 해를 끼치지 않는 범위 내에서 언론의 자유에는 제한이 없어야 한다고 주장했다.[7] 여기서 해는 물리적 해를 말한다. 모욕을 가하여 분해서 분신자살하게 만들거나 사기로 재산을 잃게 만드는 것이 아닌 다음에야 어떤 말이든 할 수 있어야 한다는 말이다. 말로서 물리적 해를 끼친다는 것은 입증하기도 어렵고 희소하기 때문에 밀의 주장은 거의 무한한 발표와 표현의 자유를 추구하는 것이다. 그러나 현실적으로 욕설, 외설, 무고 등은 반사회적으로 인식되며 법적으로 억제된다. 미국의 철학자 조엘 파인버그는 밀의 위해원칙Harm Principle은 지나치게 방임적이어서 많은 해악적 행위들이 피해갈 수 있다며 혐오원칙Offence Principle을 주장했다.[8] 시민이 혐오를 느낄 수 있는 포르노나 엽기적인 행위에 대해서는 적절한 통제가 가해져야 한다는 것이다.

아이들은 자라면서 생각나는 대로 말하는 것은 고통을 초래한다는 것을 깨달으며 밀의 위해원칙은 이상에 불과함을 알게 된다. 밀의 이상과 현실의 괴리는 개인 수준의 언론의 자유와 사회 수준의 언론의 자유를 구분하지 않는 데서 오는 것으로 보인다. 헌법에 보장되는 언론의 자유가 의도하는 것은, 진화생물학적 관점에서 보면, 리더에 대한 감시와 견제이다. 리더가 위임된 권력을 남용하여 개인적 적합도를 높이는 데로 전용하지 못하도록 감시하고 초유기체의 적합도를 높이기 위한 의견을 얘기할 수 있도록 보호하려는 것이다. 사회적 적합도 제고의 목적을 벗어난 언론의 자유는 개인적 적합도를 도모하기 위한 것이다. 이해의 갈등으로 다른 사람을 헐뜯거나 돈을 벌기 위해서 포르노를 살포하는 것은 개인적 적합도 차원의 일이며 그것은 다른 모든 개인적 적합도를 추구하는 행동이나 개인적 자유와 마찬가지로 법과 윤리에 의하여 제한되기 마련이다.

사회적 적합도 제고를 목적으로 하더라도 언론의 자유는 내재적인 문제를 갖고 있다. 리더를 감시하는 역할을 해야 하는 언론기관과 언론인이 나름대로 초유기체적 아집단과 리더가 되어버리는 것이다. 인간은 모든 기회를 자신의 적합도를 높이는 데 도움이 되도록 비튼다. 언제나 자기보전율이 황금률보다 앞서는 것이다. 언론은 암암리에 혹은 공공연하게 특정 인물이나 아사회를 배척하도록 혹은 지지하도록 획책할 수 있고 심지어는 허위 사실을 진실인 듯 착각을 일으키게 유포할 수 있으며 이 힘으로 직접 다른 사람의 자유를 억압하고 사욕을 추구하기도 한다. 언론인과 언론기관의 이런 조작과 왜곡은 쉽게 감지되거나 통제되지 못하며 잠재적으로 오랜 기간에 걸쳐 파괴적일 수 있다. 더군다나 주요 매체가 과점 상태라면 말할 나위도 없다.[9] 민주주의 사회는 한편으로는 언론의 자유를 보장하면서 다른 한편으로는 언론의 폭력을 방지해야 하는 줄타기를 하면서 엉거주춤하며 임기응변에 의존한다. 언론에 의한 언론의 감시와 통제가 가장 합리적인 방법으로 보이지만 효율적인 통제는 어려워 보인다. 국회의원들이 스스로 세비를 깎기 어려운 것과 마찬가지로 언론들은 한편으로는 경쟁하면서 다른 한편으로는 공존을 위해 내집단을 형성하고 언론인과 언론기관에 대한 통제나 처벌에 저항한다.

인도계 영국인 살만 루슈디는 소설 《사탄의 시》에서 무함마드와 이슬람교를 비하하고 조롱하였다. 그는 표현의 자유를 절대적 가치로 인정하는 영국에서 무함마드를 희롱하는 정도는 아무 문제가 없을 줄 알았다. 그러나 이슬람의 절대 존엄에 대한 희롱은 이슬람교도의 분노를 일으켰고 중동에서 일파만파로 퍼져나가 모든 이슬람교도의 '뚜껑'을 열어버렸다. 이란의 종교 지도자인 아야톨라 호메이니는 《쿠란》에 의거하여 루슈디에게 사형선고를 내렸다. 누구든지 그를 목을 잘라버려도 정당할뿐더러 더 나아가서 그것은 이슬람교도의 의무이기도 한 것이다. 국경이 방호벽이 되지는 못한다. 루슈디는 회개하고 용서를 받을 때까지 햇볕을 쬐기 어려웠다.[10] 영국 정부도 표현의 자유를 수호하기 위해 루슈디의 보호에 상당한 세금을 지출해야 했다.

프랑스의 〈샤를리 에브도〉라는 잡지도 무함마드를 희화하다가 2015년 1월 7일 12명의 사상자를 내는 테러를 당했다.[11] 프랑스 정부와 시민들은 테러리스트의 공격에 결코 굴복하지 않을 것이라며 〈샤를리 에브도〉를 구매하였고 평소 몇천 부밖에 팔리지 않던 잡지는 수백만 부가 팔렸다. 그러나 프랑스 시민들은 1970년 〈샤를리 에브도〉가 드골 대통령을 희롱했을 때는 폐간되었던 사실은 간과하고 있다.[12] 프란체스코 교황은 남의 부모를 욕하면 한 방 맞을 각오를 해야 할 것이라고 일침을 놓았다.[13]

윤리가 내집단 내부에서 작용한다는 원리는 말의 경우에도 똑같이 적용된다. 내집단의 구성원들 간에는 말로 동료에게 고통을 초래하지 않도록 삼가며 가급적 듣기 좋은 말을 하기 위해 노력한다. 애인이나 친구는 서로 농담을 주고받을 수는 있어도 조롱하거나 공격하지는 않는다 (하면 그 순간 외집단이 된다). 루슈디는 자신의 가족이나 (출생국인) 인도에 대해서 희화하지 않을 것이며 〈샤를리 에브도〉의 편집자나 기자들도 자신들끼리는 서로 조롱하거나 비꼬지 않을 것이며 예의 바른 동료들일 것이다. 루슈디나 〈샤를리 에브도〉가 무함마드를 희롱한 것은 사회의 적합도를 향상시키기보다는 자신들의 사업을 향상시키기 위한 것이었다. 다른 사람을 말로 공격하거나 조롱한다는 것은, 설사 그것이 사회 전체의 적합도 향상을 도모하려는 의도의 결과일지라 하더라도, 당사자들 간에는 내집단이 아니라고 선언하는 것이다. 내집단 밖의 사람은 도덕에 저촉될 일이 없는 공격의 대상이 된다. 루슈디나 〈샤를리 에브도〉가 무함마드를 조롱한 것은 스스로 자신들이 이슬람권의 내집단이 아님을 선언한 것이었다. 이슬람권의 사람들이 루슈디나 〈샤를리 에브도〉를 적으로 보고 그들을 살해하려 드는 것은 당연한 일이다. 매스컴이 정치인이나 재계의 거물들을 희화할 수 있는 것은 대중이 지지하고 즐기며 국가의 법으로 보호받을 수 있기 때문이다. 리더를 비판하고 감시하는 언론의 자유는 민주국가의 적합도 향상에 절대적으로 필요한 것이다. 그러나 다른 초유기체를 침해한다면 자신의 초유기체인 국가의 보호로는 불충분하기 쉽다. UN 같은 국제기구가 더 상위의 초유기체로서 전 인류를 포괄하는 법적 장치와 사법적 능력을 가졌다면 모르지만 그렇지 않은 가운데 지구인의 4분의 1을 모욕하였다면 실로 위험한 일이 아닐 수 없다.[14]

개인적 적합도를 제고하려는 언론의 자유는 적당한 선에서 제동이 걸린다. 루슈디는 앞으로 무함마드는 물론 부처나 공자에 대해서도 필력을 아낄 것이다. 매스컴을 빌려 누군가 공격하는 것은 승리를 거둔 듯이 통쾌하지만 복수의 화를 저축해놓는 것이나 다름없다. 〈샤를리 에브도〉의 테러에 대해 프랑스인은 물론 많은 유럽인들이 규탄하고 굴복하지 않겠다고 다짐하지만 무함마드를 조롱하려는 신문이나 잡지의 데스크는 다시 생각해볼 것이다. 언론의 첨병들은 신랄한 말을 쏟아내는 것은 의무라고 생각하지만 먼저 죽는 것을 좋아하는 것은 아니다. 아파트의 아래위층에 사는 이웃들이 층간 소음으로 다투다가 표현의 자유가 지나쳐 모욕이 되고 살인을 초래하기도 하고 자동차 운행 중에 발생하는 보이지 않는 메시지와 그로 인한 분쟁도 심심치 않게 강력사건으로 보도된다. 설사 살인적일 정도는 되지 않는다고 해도 폭력적 언어의 교환은 상당한 체험이 되기 마련이다. 언어폭력과 후유증에 시달리면서 사람들은 스스로 표현의 자유를 절제하게 된다. 시행착오를 거치며 언론의 자유는 적절한 평형을 찾아가고 자유를 스스로 절제하는 민주주의가 성숙하는 것이다. 보이지 않는 손은 시장에만 작용하는 것이 아니다.

보이지 않는 손은 때로는 당사자가 알지도 못하는 가운데 작용하기도 한다. 그것은 배척이고 은밀한 방해와 교란 같은 것이다. 7장의 로켄바흐와 밀린스키의 실험은 절제되지 않은 언론의 자유나 권력의 남용이 나쁜 평판이 되며, 손해를 가져올 것임을 예고한다. 언어의 폭력이나 권력의 남용을 경험한 피해자들은 공정한 처벌을 바란다. 대부분의 피해자들은 물리적인 반격이나 법적인 대응을 하지 못하지만 가해자가 모르게 은밀히 저항하며 영향력을 행사한다. 하나하나의 개인들은 개미같이 미미하지만 마치 의미 없어 보이는 한 표 한 표가 쌓여 사회의 의지가 되듯이 나쁜 평판과 배척은 어떤 결정적인 순간에 한 인생 혹은 한 아사회의 흥망을 바꿀 수도 있다.

10장

자유의지

FREE WILL

결 정 론

18세기 말 프랑스의 과학자 라플라스는 모든 물체의 운동과 여기에 미치는 모든 힘들을 알 수 있는 전지자가 있어서 원자에서부터 우주의 움직임까지 모두 계산해낼 수 있다면 과거와 마찬가지로 미래 역시 불확실한 것은 하나도 없을 것이라고 하였다.[1] 라플라스의 얘기는, 전지자의 실재 여부와 상관없이, 우리가 알 수 없을 뿐이지 미래는 결정되어 있다는 것이다. 결정론은 우리의 자유란 날아가는 포탄이 스스로 자유롭다고 생각하는 것에 불과하다고 말한다. 라플라스의 세계에서 자유의지는 존재하지 않는다. 그러나 심리학의 창시자라고 할 수 있는 20세기의 윌리엄 제임스는 추운 겨울날 싸늘한 공기를 극복하고 침대에서 일어서는 자신의 행동을 자유의지가 아니고는 설명할 수가 없다고 주장한다.[2] 크고 작은 온갖 결정의 경험은 결정론보다는 자유의지의 손을 들어준다. 17세기 영국의 철학자 존 로크는 "의지란 단지 어떤 것을 더 선호하고 선택하는가에 대한 능력이고 힘일 뿐이다"라고 주장하였다.[3] 로크는 우주적 결정론과 선택하는 자유의지의 존재는 서로 상충하지 않는다고 보며 양립 가능론을 내놓았다.[4]

리 벳 의   실 험

20세기 후반 신경과학의 발전은 자유의지에 대한 직접적인 탐구를 가능하게 했다. 버지니아대학교의 신경과학자인 벤저민 리벳은 행동과 의지와 뇌파, 이 3자의 발생 순서를 측정하면 자유의지의 존재를 보여줄 수 있을 것이라고 생각하였다.[5] 자유의지가 있어 행동이 일어난다면 의지가 가장 먼저 있어야 하고 그다음에 뇌파, 그리고 그다음에 근육의 움직임이 관찰될 것을 예상할 수 있다. 만일 자유의지가 환상이라면 뇌파가 먼저 관찰되고 의지와 행동은 뇌파보다 늦게 관찰될 것이다.

피험자의 두피에는 뇌파를 감지할 수 있는 탐침探針/probe이 부착되었다. 뇌의 국지적인 RPReadiness Potential(전위차) 변화는 컴퓨터의 모니터에 지진계의 그래프같이 나타난다. 피험자는 혈압을 재듯 테이블에 편안하게 팔을 놓고 있다가 실험자가 요청하면 손목을 구부린다. 손목에 연결된 탐침은 '손목 구부리기' 행동에서 근육 수축의 순간을 기록하였다. 피험자가 손목 구부리기 행동을 의도한다는 것은 행위의 의지를 갖는 것이고 뇌에서는 RP가 발생한다. 순식간에 일어나는 이 일련의 변화들을 객관적으로 정확히 포착하는 것이 이 실험의 관건이다. 피험자가 자신의 의지를 인식하는 시점을 정확히 측정하기 위해서 리벳은 피험자에게 컴퓨터의 모니터를 주시하도록 했다. 모니터에서는 시계를 배경으로 밝은 점이 천천히 시계방향으로 회전했다. 피험자는 원할 때 언제든지 손목을 구부려 당기면 되었고 행위를 의도하는 순간에 눈앞에서 빙빙 돌아가는 점의 위치를 기억하면 되었다.

피험자가 모니터의 점의 위치로 밝힌 의지의 시점은 행동보다 200msmilli second, 즉 0.2초 빨랐다. 흥미롭게도 RP 신호는 행동보다 평균적으로 550ms 미리 일어났다. 뇌파 발생이 가장 빨랐고 그 뒤에 의지를 느낀 것이며, 행동은 마지막에 이루어진 것이다. 리벳의 실험 결과는 의지가 행동의 원인이라기보다는 RP가 행동의 원인이고, 의지는 RP를 인식하는 것이라는 결론을 낳는다.

리벳은 추가의 보완적 실험도 하였다. 실험자가 신호를 주는 것은 그대로이지만 피험자는 원하면 손목을 구부리지 않아도 되었다. 이런 실험 구성은 실험자의 요청을 인지하는 것만으로 RP가 생기는지 관찰할 기회를 주고 행동을 거부하는 피험자의 의지가 어떤 영향을 주는지 볼 수 있게 해준다. 과연, RP 신호는 실험자의 요청만으로 발생하였고 손목을 구부리든 말든 행동의 여부와는 무관하였다. 다만, 피험자가 손목 구부리기를 거부하는 경우에는 RP 신호가 빨리 소멸되었다. RP는 피험자 본인의 의지와는 무관하게 발생하고 의지는 RP를 의식하는 것임이 재확인된 것이다.

리벳의 실험은 자유의지의 존재에 회의를 일으키며 결정론으로 급격히 기울게 만든다. 포탄이 대포가 쏜 대로 날아가면서 그것이 자기의 의지라고 착각하는 것이다. 다만 포탄이 날지 않겠다고 마음을 먹으면 갑자기 추락할 수는 있는 셈이다. 신경과학자들은 "자유의지free will를 찾다가 자유거부의지free won't를 찾았다"고 농담을 던진다.[6]

하버드대학교의 심리학자 대니얼 웨그너는 리벳의 실험을 보고 '의식되는 의지'는 인과관계를 추정하는 것과 비슷한 현상이라고 주장한다. 우리가 의지라고 믿었던 것은 실은 행동을 인식하고 그 원인을 추정 해석하는 것이라는 말이다.[7] "손목을 구부려!"라는 메시지가 뇌에서 근육으로 신경회로를 타고 전달되는 중간에 내용을 읽고는 "나는 손목을 구부리고 싶다"가 되는 것이다. 쇼펜하우어는 18세기에 이미 인간은 자신이 의욕한다고 느끼지만 사실은 "인간은 그가 의욕하는 것을 인식하는 것"이라고 주장한 바 있다.[8] 우리가 의지를 느끼는 것은 마치 마술사의 쇼를 보고 모자 속에서 토끼가 만들어졌다고 믿는 것과 같다는 것이다. 진짜 인과관계는 관객들의 시선에서 감춰져 있기 때문에 관객은 알지 못한다. 웨그너는 자유의지는 환상이라고 결론을 내렸다.

그러나 리벳의 실험과 웨그너의 주장에 대해서 많은 심리학자나 철학자들은 자유의지가 환상이라는 주장에 회의적이다.[9] 신경과학의 기술은 아직 우리 정신의 여러 가지 기능들에 해당되는 신경회로에 대해서 충분히 알지 못하며 어떤 회로들이 활성화되었는지 측정할 능력이 없다는 것이다.

8장의 "욕망 중심 모형"은 리벳의 실험 결과를 다르게 볼 수 있는 힌트를 준다. 욕망 중심 모형은 모든 행동이 자극 → 지각 → 정서/욕망 → 근육 수축 → 행동의 과정을 거친다고 하였고, 리벳의 실험에서 피험자는 자극 → RP → 의지 → 근육 수축 → 행동의 순서를 보였다. 리벳의 RP는 자극(실험자의 지시)이 주어지면 자동적으로 발생하는, 행동의 근본 원인이다. 욕망 중심 모형에서 자극이 주어지면 자동으로 발생하고 행동의 근본적 원인이 되는 것은 욕망이다. 욕망 중심 모형의 '정서/욕망'은 리벳의 RP에 해당된다. 욕망 중심 모형의 '지각'도 RP에 포함될 수 있지만 정서/욕망이 배제되는 것은 아니다. 여기서는 논의의 편의상 '지각'은 증명 없이 RP에서 배제하였다. 의지가 RP의 인식이라는 것은 의지가 욕망의 인식이라는 말이 된다. 욕망 중심 모형과 리벳의 실험을 포개놓으면 자극 → 지각 → RP(정서, 욕망) → 의지 → 근육 수축 → 행동이 된다.

웨그너가 자유의지가 환상이라고 말한 것은 행동이 무한히 다양하다고 생각하고 행동을 유발하는 심리적 원인에 대한 모형이 전혀 없기 때문이다. 자유의지가 진공에서 음전자와 양전자가 동시에 생성되는 듯한 밑도 끝도 없이 생겨나는 예측 불가능한 현상일 수는 없다. 실험자의 요청에 의해서 손목 구부리기의 RP가 생겨난다는 사실은 명령에 반응하는 어떤 회로가 있다는 뜻이다. 회로는 구체적인 것이며 한정된 것이고 입력에 대해서 대응하는 출력이 정해져 있다. 욕망 중심 모형은 이 회로가 정서와 욕망에 해당되는 것이라고 말한다.

리벳의 실험에서 손목 구부리기를 거부하는 것은 RP가 근육 시스템으로 전달되는 것을 차단한 것이며 그로 인하여 '손목 구부리기' 대신

'손목 가만 놓아두기' 행동을 한 것이다. 욕망 중심 모형에 의하면 한 욕망이 다른 욕망으로 대체된 것이다. 로크의 말대로 자유의지를 2가지 이상의 선택 가능한 행동 가운데 하나를 선택하는 것이라고 정의한다면 이 행동은 이미 자유의지를 구현하는 것이 된다. 로크의 주장은 설득력이 있지만 선택지가 어떻게 생기는지 설명이 없고 선택의 여지가 없어 보이는 행동들도 많기 때문에 정론으로 자리 잡기에는 한계가 있었다. 욕망 중심 모형은 선택지의 발생 원인을 제시하고 선택지가 없어 보이는 행동의 원인도 의식하지 못하는 것일 뿐 욕망일 것임을 보이며 로크의 주장을 지지한다(뒤의 "고정관념" 참조).

자유의지 회로

칸트는 인간을 다른 모든 동물들과 구별하는 가장 중요한 특성은 도덕성에 있다고 믿었다. 칸트의 도덕률은 "네 의지의 준칙이 항상 동시에 보편적인 입법의 원리로서 타당할 수 있도록 행위하라"이다.[10] 말 자체도 이해하기 쉽지 않은 칸트의 정언적 명령定言的 命令은 도덕이 타당성을 따지는 이성의 영역에 있음을 말한다. 그러나 동시대의 영국의 철학자 흄은 "도덕은 어떤 행동을 일으키거나 억제한다. 바로 이런 점에서 이성은 전혀 힘이 없다. 따라서 도덕성의 규칙은 결코 우리 이성의 산물이 아니다"라고 주장했다.[11] 이성은 참이나 거짓 따위를 발견하는 기능이니 행위의 원천일 수 없다. 도덕적 행위는 지각(흄의 지각은 여러 가지 정신 기능을 포괄하는 표현이다)에서 원인을 찾아야 한다.[12] 물론 칸트의 이성주의는 흄의 정서주의에 대해서 행위에 대한 정당성을 어떻게 판단할 것이냐고 물을 수 있다. 어떤 행위의 원인이 단지 감성이라면 단지 그렇게 하고 싶기 때문에 그렇게 행동한다고밖에 답할 수 없을 것이다. 그것은 합리성도 없고 의지도 없다는 말이 되니 정서주의는 수세에 몰리게 된다. 끓어오르는 성욕을 채우겠다고 덤비다가는 비싼 대가를 치를 수 있다고 경고하며 억제하는 것은 이성이다. 사회생활의 모든 장면에서 이성은 욕망에 제동을 걸며 절제를 요구한다. 이성주의는 이성주의대로 정서주의는 정서주의대로 설득력이 있다. 그렇지만 어느 쪽도 완벽하게 도덕적 자유의지를 설명하지는 못한다.

흄의 정서주의는 욕망이 동력임을 논증했지만 중간에서 멈추었다. 욕망이 반드시 행동으로 구현되는 것은 아니며 하나의 욕망이 반드시 하나의 행동이 되는 것도 아니다. 걸인을 보면 돕고자 하는 욕망이 생기지만 돕지 않을 이유를 발견할 수도 있고 돕기로 마음을 먹더라도 돈을 줄 수도 있고 자기 집에 데려갈 수도 있고 혹은 아예 걸인들을 구제하기 위해서 일생을 바칠 수도 있다. 구체적인 행동의 방법은 욕망의 레퍼토리로부터 정해지지 않으며 이성의 영역에 속한다. 욕망은 엔진이고 이성은 내비게이터인 셈이다. 그러나 흄의 지적같이 이성이 인과관계를 추정하는 기능이거나 혹은 창의를 발휘하는 기능이라고 정의한다면 여러 가지 가능한 선택지 가운데 어떤 한 가지 행위를 선택하는 것은 이성의 기능은 아니다. 이성은 행동을 위한 방법과 자료를 제시할 뿐이다.

자유의지에 선택이 포함되어 있다면 이성과 감성(정서/욕망)만으로는 충분하지 않다. (도덕적) 행위를 선택하는 것은 또 다른 기능이다. 이것은 이미 3장에서 보았다. 벤담은 "우리들이 무엇을 하지 않으면 안 되는가를 지시하고 또 우리들이 무엇을 할 것인가를 결정하는 것은 다만 고통과 쾌락일 뿐이다"라고 했다. 벤담은 자유의지의 핵심을 지적한 셈이다. 자극은 욕망을 불러일으키고 이성은 욕망에 부합하는 행동의 시나리오를 만들지만 이 시나리오는 벤담의 쾌락과 고통의 관문을 통과해

선택되어야 행동이 된다. 이 체크 포인트를 '행복 게이트'라고 부르자.

앞에서 욕망 중심 모형과 리벳의 실험이 융합되어 만들어진 자극 → 지각 → 정서/욕망 → 의식(의지) → 근육 수축 → 행동의 경로에 이성과 행복 게이트가 추가되면 자유의지를 설명할 수 있다. 그림 10-1은 이 모든 요소들을 결합시켜 행동이 이루어지는 경로를 그린 것이다. 그림 10-1은 사람의 신경계가 자극을 감지한 후 적절한 반응을 내놓기 위한 기본적인 '정신의 척추'이기도 하다. 자극은 내용이 해석되면 여러 욕망 가운데 하나 또는 몇 가지를 발생시키고 욕망은 이성에게 욕망을 구현할 행동의 방법을 계획하도록 만든다. 이성의 제안인 행동의 계획 혹은 시나리오는 행복 게이트에서 점검된다. 행복 게이트는 이성이 제시한 시나리오가 초래할 행복이나 고통의 크기를 평가한다. 그것이 충분한 행복을 가져온다고 판단이 되면 행동으로 옮겨진다. 그러나 행복이 충분히 크지 않거나 고통을 초래할 위험성이 크다고 느껴지면 행복 게이트는 이성의 제안을 거부한다. 이성은 새로운 방법을 강구해야 한다. 행복 게이트는 이성이 제시하는 여러 시나리오들을 비교 평가한 뒤 가장 좋은 안을 통과시킨다. 그러나 이성이 제시하는 여러 가지 행동 방법을 모두 검토해도 충분히 행복하지 않다면 보다 근본적으로 다른 욕망을 선택해야 할 수도 있다. 사자는 새끼 사자를 때려 죽일지 물어 죽일지 혹은 갖다 버릴지 고민하지만 어미 사자가 옆에 있는 한 새끼 사자가 아무리 보기 싫더라도 공격욕을 억제하며 '잠이나 자자' 하고 나태욕을 선택해야 하는 것이다. 카페테리아에서 모두가 줄을 서서 기다리고 있다면 아무리 배가 고파도 '식욕'을 억제해야 한다. 새치기했다가는 식욕을 채우기는커녕 고통을 초래할 것이기 때문에 스스로에게 올바른 사람이 될 것을 주문하며 '형평욕'과 '친애욕'을 돋우는 수밖에 없다.

그림 10-1은 칸트의 주장과 흄의 통찰을 하나로 묶어낸다. 흄의 지적

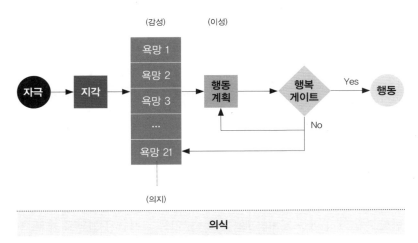

그림 10-1 정신의 척추와 자유의지 회로

같이 도덕성은 감성이며 욕망에 의해서 시작된다. 그러나 칸트가 지적했듯이 도덕적 행위를 판단하는 것은 이성이다. 주기율이 확립되기 전인 19세기의 원소들같이 이성과 감성의 상호관계가 정돈되지 않은 상태에서 도덕적 선택이나 자유의지는 신기루 같은 현상으로 보이지만 정신의 척추를 인식하고 욕망 중심 모형을 설정하면 자유의지는 간결하게 설명된다.

고 정 관 념

노벨경제학상 수상자인 미국의 심리학자 대니얼 카너먼은 정신이 시스템1과 시스템2라는 두 개의 다른 모드mode를 가지고 있다고 주장한다.[13] 시스템1은 힘들이지 않고 의식을 배제한 채 자동적으로 빠르게 작동한다. 시스템2는 주의를 요구하는 작업을 한다. 복잡한 계산같이 부담스러운(에너지를 요구하는) 심리적 활동들이 여기에 속한다. 카너먼은 시스템1의 전형적인 활동으로 다음과 같은 예를 든다.

- 갑작스러운 소리에 고개를 돌린다.
- 2+2=?에 답한다.
- 한가한 도로에서 운전한다.
- 장기에서 묘수를 찾아낸다.
- 끔찍한 그림을 보면 찡그린다.

시스템2는 아래와 같은 것이다.

- 칵테일파티에서 (잡음 속에서) 관심 있는 사람의 목소리에 귀를 기울인다.
- 17×24=? 같은 계산을 수행한다.
- 놀라게 만든 소리가 무엇인지 기억을 더듬는다.
- 자기의 태도가 적절한 것이었는지 살핀다.
- 두 세탁기 모델 가운데 어떤 것이 나은지 따져본다.

아기를 보면 미소를 짓고 끔찍한 그림을 보고 찡그리는 등 시스템1은 우리가 감성이라고 보는 특성들을 포함하고 있다. 그러나 그보다는 훨씬 넓은 범위를 포함한다. 시스템1의 특징은 힘들이지 않고 자동으로 굴러가는 데 있다. 시스템2는 논리성, 합리성, 추론 등 전형적인 이성의 특성들을 포함하지만 단초를 가지고 기억을 더듬거나 주의를 집중하는 등 일반적으로 이성이라고 생각하는 것보다 더 다양하고 많은 정신적 기능들을 포함한다.

시스템1과 시스템2는 물리적으로 구분되는 뇌의 두 부분이 아니라 '모드'이다. 시스템2의 대상은 흔히 시스템1의 대상으로 바뀐다. 면허 시험을 보는 초보운전자에게 차선을 바꾸는 것은 식은땀이 나는 초집 중의 시스템2적인 작업이지만 숙련된 운전자에게는 전화를 하면서도 할 수 있는 시스템1의 작업이다. 장기를 처음 배우는 사람이 말을 움직이는 것은 한 수 앞의 변화를 일일이 생각해봐야 하는 매우 시스템2적인 활동이지만 고수의 대응은 흔히 반사적인 시스템1의 작업이다. 사람은 태어나면서부터 반복과 훈련을 통해 수많은 시스템2의 활동을 시스템1의 행동으로 바꾼다. 특별한 일이 없으면 일상생활은 거의 아무 생각이 없이, 자유의지를 느낄 사이도 없이, 자동적으로 진행된다. 리벳의 실험에 참여하는 피험자들은 처음에는 실험에 포함된 모든 행동이 시스템2적이었겠지만 이내 시스템1의 모드로 변환되었을 것으로 예상할 수 있다.

시스템2의 대상이 시스템1적인 대상이 되는 것은 행동에 한정되는 것은 아니다. '2+2=?'는 세 살배기에게는 지극히 시스템2적인 문제이지만 이후 많은 반복을 거치면서 네 살 때는 시스템1로 자리를 잡는다. 교육과 관습은 시스템2적인 사고가 필요한 대상을 효율적으로, 직접적인 시행착오를 건너뛰어 시스템1로 정착시킨다. 여자가 남자와 동등한 권리를 누릴 수 있는지는 세탁기의 비교 선택보다 훨씬 복잡한 문제이며 많은 생각을 필요로 하는 시스템2의 대상임은 말할 나위도 없다. 그러나 조선시대나 이슬람권의 가부장 사회에서 자란 사람은 여자는 남자와 동등한 사람이 아니며 여필종부는 자연의 법칙이라고 인정하고 받아들이게 된다. 어릴 때부터 절약과 검소함이 선이라는 생각이 자리 잡고 있으면 경제를 활성화하기 위한 내수촉진정책은 먹혀들어가기 어렵다. 로크는 태어날 때 사람의 정신은 '빈 서판書板'이라고 했다.[14] 태어날 때 메모리는 비어 있고 사고에 영향을 줄 데이터는 없어 보인다. 칸트가 범주 Category라고 불렀던 시공간의 지각이나 인과관계의 파악 등에 대한 선험적先驗的 능력들은 데이터들이 채워짐으로써 비로소 의미 있는 작용을 하게 된다. 성장하면서 겪는 모든 것은 처음에는 시스템2적인 대상이지만 반복에 의해서 메모리에 기록되면서 정신의 포장도로를 형성해간다. 학습과 반복적 훈련은 문화와 관습을, 언어를 습득하듯이, 시스템1로 체화體化/internalize하는 것이다.

시스템2에서 시스템1로의 전환은 사고의 자동화를 뜻하며 고정관념을 가져온다. 고정관념은 그림 10-1에서 보면 특정한 자극에 대해서 미리 정해진 답이 있다는 것이며 데이터를 매번 분석하고 비교하며 결론에 이르는 과정을 생략하고 메모리에 수록되어 있는 답을 수용하는 것이다. 문화와 관습은 특정한 행위의 패턴이 고정관념으로 자리를 잡는다는 말이다.

고정관념은 자유의지의 선택지를 제한한다. 사람이 나이를 먹으면 먹을수록, 즉 경험이 쌓일수록 고정관념이 많아지고 행동은 일정한 틀을 벗어나지 못하게 된다. 젊거나 세련되지 못하거나 이성적이지 못하다는 것은 보다 자유롭다는 것이다. 젊은 종업원은 언제 사표를 던질지 예측이 어렵지만 아이를 가진 중년 종업원은 웬만해서는 사표를 내지 않을 것을 확신할 수 있고 50을 넘은 종업원은 밀어내도 최선을 다해 버틸 것을 장담할 수 있다. 행동의 다양성으로 보면 사람은 어릴 때 가장 자유롭고, 교육을 받고 성장하면서 점점 (적극적) 자유의 폭이 줄어든다. 그러나 시스템1의 특징은 힘이 들지 않는 것이며 성인은 익숙한 선택지 안에서 편안함을 느낀다. 더 나아가서 성인은 고정관념의 포장도로를 교란하는 새로운 환경을 거부하는 경향을 갖게 된다. 새로운 선택지는 에너지가 많이 드는 시스템2의 활동이며 '안락욕'과 '도피욕'이 거부하는 것이다. 젊은이가 보면 기성세대는 새로운 것을 배우려 들지 않고 사고는 진부할 수밖에 없다. 엎친 데 덮친 격으로 급격한 현대 문명의 발달은 새로운 선택지를 쉴 새 없이 제시하고, 이전의 관습을 새로운 관습으로 빠르게 대체한다. 젊은이는 새로운 관습을 습득하며 시스템1로 만들지만 구세대는 지난 세대의 선택지 안에서 오가며 선택지의 범위가 다른 신세대를 이해하지 못한다. 그러나 신세대도 그들 나름의 관습에 익숙해지면서 자유의지의 범위는 좁아지고 기성세대가 된다. 고정관념은 선대의 경험을 효율적으로 흡수하도록 진화한 인류의 신경회로에서 빚어지는 필연이라고 할 수 있다. 젊은 세대의 반항과 거부, 자유 추구는 고정관념으로 인한 정체성을 극복하고 조금씩 문화와 관습을 바꾸며 인류 사회를 진화시킨다.

도덕적 본능

외국어 습득은 매우 어렵고 많은 노력이 들며 외국어가 모국어같이 되는 일은 거의 불가능하다. 그러나 아기들은 어떤 환경에서 태어나든지 쉽게 주변의 언어를 습득하며 어릴 때 접한 언어가 모국어가 된다. 미국의 언어학자 노엄 촘스키는 인간의 언어에는 보편문법이 있고 아기들은 어떤 언어든지 쉽게 습득할 수 있는 선천적인 틀을 가지고 있다고 주장했다.[15] 하버드대학교의 심리학자 마크 하우저는 촘스키로부터 힌트를 얻어 선험적 도덕문법을 주장했다.[16] 그것은 어떤 도덕적 문제든지 헤쳐나갈 수 있는 능력이다. 도덕문법 덕분에 아이들은 어떤 나라에서 어떤 규범하에서 자라든 옳고 그름을 쉽게 판단하며 그 사회의 도덕적 규범에 적응한다는 것이다. 또, 서로 다른 문화권의 사람들은 다른 나라 말을 이해할 수 없듯이 다른 문화권의 도덕규범을 쉽게 이해하지 못한다.

하우저의 도덕문법은 고개를 끄덕이게 하는 면이 없지 않지만 촘스키의 보편문법이 주었던 신선한 충격은 주지 못한다. 아이들의 놀라운 언어 습득 능력은 익숙한 사실이기 때문에 촘스키의 보편문법은 금방 와서 닿으며 천기누설에 해당하는 설득력이 있다. 그러나 도덕적인 면에서 아이들이 특별히 도덕적 감각을 신속하게 습득한다고 보기는 어렵다. 아이들은 오히려 이기적이고 감정적이며, 다른 사람의 입장을 쉽게 이해하지 못한다. 도덕에 관한 한 아이들보다는 어른이 고수이며 도덕의 습득은 연륜에 따른 많은 쓴 경험을 필요로 한다는 것이 상식이다.

미국의 발달심리학자 마틴 호프만은 어린아이가 상대를 흉내 내고 같이 공감하는 능력을 키우면서 도덕적 판단의 능력을 키운다고 주장한다.[17] 이 이론에서는 공감이 도덕성의 핵심이다. 호프만의 공감력 이론도 설득력이 있지만 규칙의 준수, 예의, 정의 같은 것을 공감으로 설명하려면 삐걱거린다. 미국의 발달심리학자 로렌스 콜버그는 어린아이들이 성장하면서 점차 도덕률을 습득해가는 것을 관찰하고 6단계로 정형화하였다.[18] 가장 낮은 단계는 어른들에게서 혼이 날 행동을 하지 않는 것이고 가장 높은 단계는 사회적 규범이나 나름대로의 보편성 있는 윤리적 원리를 따르는 행동을 하는 것이다. 그것은 대략 자아 중심의 상태에서 사회계약적 상태로 성숙해가는 것이며, 비도덕적 행위로 처벌을 받고 고통을 경험하면서 적응해가는 과정이라고 할 수 있다. 콜버그의 이론은 카너먼의 두 시스템과 조응한다. 어릴 적에는 도덕적인 판단이 시스템2적이지만 점차 시스템1로 자동화된다. 도덕률의 습득이란 도덕적 행위의 고정관념화이며 자유의지 회로에서 선택지의 범위가 점점 작아지는 현상의 하나라고 할 수 있다. 공자는 《논어》에서 "70세에는 마음

가는 대로 행하지만 지나치는 일이 없다"고 하였다. 70세쯤 되면 생리적·생식적 욕망을 비롯하여 대부분의 욕망이 활력을 잃기 마련이니 다른 사람들과 충돌을 일으킬 일이 없고 그림 10-1의 모든 요소들이 규범에 맞게 시스템1적으로 자동화되는 것이다.

앞에서 발전시킨 21종의 욕망의 레퍼토리는 사람이 하는 모든 행동의 근접적 원인을 포함한다고 주장했다. 이런 이론이 맞는 것이라면 도덕적 행위도 식욕이나 성욕같이 욕망으로 설명할 수 있어야 한다. 또 도덕적 자유의지는 그림 10-1의 자유의지 모형으로 해명이 되어야 한다. 8장에서는 윤리의 내용이 되는 선행과 협동을 욕망의 레퍼토리로 설명하였으며 표 8-2에 정리하였다. 도덕적 자유의지는 표 8-2의 욕망의 조합들이 그림 10-1의 경로를 따라 선택되는 것이라고 할 수 있다. 가령 희생은 보호욕, 추종욕, 친애욕의 산물이며, 개별적 사안에 따라 작용하는 욕망의 강도가 다를 것이다.

하우저의 선천적 도덕문법은 공감과 욕망의 레퍼토리 및 학습으로 설명이 된다. 콜버그의 이론 역시 욕망의 레퍼토리에 그림 10-1의 자유의지 회로와 시스템1화를 덧붙이면 매끄럽게 설명된다. 어릴 적에는 이기적인 욕망이 막무가내로 나타나지만 교육과 체험은 점차 형평욕이나 보호욕이 우세하게 만들고 칠순 노인이면 자동적으로 (젊은이보다) 도덕적인 행동을 하는 사람이 되도록 만든다.

욕망의 레퍼토리와 자유의지 회로를 구성하는 정신의 모듈들은 고등동물들에서 모두 관찰된다. 사자도 침팬지도 분노하기도 하고 사랑하기도 하며 생각을 하고 선택한다. 사람만이 아니라 사자도 침팬지도 사람과 다름없이 자유의지를 가지고 있으며 더 나아가서 도덕적일 것이다.

자유의지의 실종과 도덕적 책임

앨라배마대학교의 생물학 교수였던 에이미 비숍은 2010년 일상적인 생물학과 미팅 도중 자리에서 벌떡 일어나 참석하고 있던 12명 가운데 3명을 총으로 쏘아 죽였다. 살해된 사람들은 특별한 원한관계에 있었던 사람들이 아니라 그녀 가까이 앉아 있던 사람들이었다. 비숍은 사건을 기억하지 못한다고 하였다.[19]

영국인 브라이언 토머스는 아내와 함께 캠퍼를 타고 여행 중 웨일스 지방의 한 작은 마을에 머물렀다. 그런데 모터사이클족이 인근에 나타나 요란한 소리들을 내자 부부는 할 수 없이 근처 모텔의 주자창으로 옮겨갔다.[20] 그날 밤 토머스는 모터사이클족의 한 사람이 캠퍼를 침입하는 꿈을 꾸었다고 한다. 그는 침입자와 맞서 싸웠는데 나중에 깨어나서 보니까 목이 졸려 죽은 사람은 침입자가 아니라 아내였다. 토머스는 어릴 때부터 몽유병을 앓았고, 정신과 의사는 토머스가 아내의 목을 조를 때 알지 못하였고 죽이려던 의지가 있었던 것은 아니라고 증언했다.

이런 예들은 살인자에게 자유의지가 있었는지(범죄의 행위자가 누구인지), 자유의지가 없었다면 범죄의 책임을 어디에다 물어야 하는지 질문을 던진다. 미국의 심리학자 아짐 샤리프와 캐서린 보스는 리벳이 주장하듯이 자유의지가 존재하지 않는다고 믿게 되면 사람들이 어떻게 반응하는지 조사해보았다.[21] 이들은 실험 참여자들을 둘로 나누어 한 그룹의 사람들에게는 자유의지가 없을 것이라는 과학적 실험 얘기를 읽게 하였고 다른 한 그룹의 사람들에게는 같은 책의 자유의지와 관련이 없는 부분을 읽게 하였다. 참여자들은 이어서 술집에서 일어난 한 살인사건에 대해서 읽고 판단을 내놓았다. 결과는 분명했다. 자유의지가 없다는 논변에 노출되었던 사람들은 그렇지 않은 사람들보다 살인자에 대해서 명백히 작은 형량을 부과했다. 비슷한 다른 실험에서도 자유의지에 회의를 갖게 된 사람들이 범죄에 대해서 너그러워지는 경향은 뚜렷했다. 다른 연구에 의하면 자유의지에 회의를 갖게 된 실험 참여자들은 학과 시험에서 50% 이상 더 부정행위를 했다.[22]

샤리프와 보스의 연구는 자유의지가 근원적으로 존재하지 않는다는 주장의 효과를 관찰한 것이지만 자유의지가 일시적으로 상실되었다 해도 자유의지가 존재하지 않는 것은 마찬가지이다. 자유의지가 무엇인지는 불확실하지만 자유의지가 없는 상태에서 벌어진 일에 대해 정신이 돌아온 사람을 처벌하는 것은 지청구하는 느낌을 준다. 영미의 법관들은 자유의지가 궁극적인 행위의 책임자라고 보며 자유의지가 없었다면 면책하는 듯하다. 비숍은 (다른 살인사건을 저지른 적도 있어) 무기징역을 선고받았지만 토머스에게는 무죄가 선고되었다. 미국에는 정신이상을 빌미로 범죄의 책임을 지지 않으려는 시도insanity defense가 점차 증가하는 추세라고 한다.[23] 관대함은 얼핏 좋은 일로 보일 수도 있지만 사회가 법과 처벌 위에 유지된다는 사실을 생각하면 자유의지에 대한 회의나 모호한 심신이원론은 잠재적으로 커다란 위험 부담일 수 있다.

현대 과학은 정신은 뇌가 활동하면서 생기는 수반 현상이지 따로 존재하는 실체가 아님을 증명한다. 프롤로그에서는 어느 파킨슨병 환자의 치료 현장에서 뇌에 전기 자극을 주는 것에 따라 울고 웃는 것이 임의로 조절되는 것을 보았다. 이런 예는 수도 없이 많다. 심지어는 공중부양이나 체이탈體離脫/Out of Body Experience 등 수도자들이 겪는 특이한 체험들조차 뇌의 전기 자극으로 재현할 수 있다.[24] 아무리 땅이 평평하게 느껴져도 지구가 둥글듯이 아무리 머릿속에 육체와는 별개인 자아가 있는 듯해도 정신은 육체를 벗어날 수 없고 뇌가 활동할 때만 나타난다. 자유의지든 자아든 뇌의 활동이라는 말이다. 자유의지가 존재하지 않았다는 것은 자유의지에 관련된 신경회로가 작동하지 않았다는 말일 뿐 몸 밖으로 외유를 갔다는 말이 될 수는 없다.

비숍의 행동은 원수를 만나 복수를 하는 상황이라면 적절한 것일 수 있다. 토머스는 아내를 침입자로 착각한 것일 뿐 침입자에 대해 정당한 방어를 하는 가운데 살인을 하게 된 것이다. 이들의 행동은 그림 10-1의 자유의지 경로에 비추어보면 자유의지와는 무관한 것을 알 수 있다. 이들의 뇌의 고장은 자유의지 실종의 문제가 아니고 정신의 척추에서 지각 부분에 있었던 것으로 보인다. 꿈을 꾸거나 환각제에 취해도 비슷한 착각이 일어난다. 과학적 사실에 대해서 둔감하고 심신이원론의 철학에서 헤매는 판관은 기억하지 못하는 행위를 처벌하는 것에 대해서 마치 교통사고의 책임을 물으면서 자동차를 처벌하는 느낌을 갖는 모양이다. 육체와 정신이 별개의 존재라고 믿는 이원론에 사로잡히지 않으면 기억을 못 한다는 것은 뇌의 부분적 이상에 지나지 않는다.

그러나 뇌가 제대로 작동하지 않았다고 하여도 문제는 여전히 남는다. 오작동하는 뇌에 대해서 과연 처벌해야 하는가? 비숍과 토머스의 자유의지 회로가 정상적이었다고 하더라도 그것이 비숍과 토머스의 자아인가?

자 아

미국 뉴욕주립대학교 심리학자인 고든 갤럽은 침팬지의 우리에 3m 크기의 커다란 거울을 갖다 놓았다.[25] 침팬지들은 처음에는 거울 속에 비친 자신의 모습을 다른 침팬지로 여겼지만 이틀이 지나자 자신의 모습임을 인식하기 시작하였다. 거울을 보고 표정을 바꾸어보기도 하고 이를 쑤시기도 하였으며 보통 때는 볼 수 없는 몸의 보이지 않는 부분을 보려 들기도 하였다. 침팬지들을 마취시킨 후 이마에 진한 붉은색 물감을 묻혀놓았더니 침팬지들은 주름살을 발견한 여인같이 거울 앞에서 그 부분을 만지작거리며 거울을 떠나지 못했다. 거울을 경험하지 못한 침팬지에게 비슷한 실험을 하면 침팬지는 거울 속의 붉은 점을 가진 침팬지를 고양이가 개 보듯 하였다. 최근에는 유인원을 넘어 돌고래나 코끼리도 거울이 있으면 자신을 식별하는 것이 확인되었다.[26]

거울에 비친 자신의 모습을 인식하는 것은 시각과 지능이 필요하지만 직접적으로는 자가수용감각 덕택이다.[27] 자가수용감각은 사지의 위치나 동작, 상대적 관계 등을 느끼게 해준다. 팔을 올리면 따라 올리고 돌아서면 같이 돌아서는 거울 속의 모습을 보고 처음엔 자신을 흉내 내는 다른 침팬지인 줄 알지만 외적인 현상과 내적인 경험이 거듭 일치하면서 거울에 보이는 침팬지와 보는 자신이 같은 것임을 깨닫게 되는 것이다.

거울은 다른 개체나 환경과 구분되는 자신의 몸을 제3자가 보듯이 관찰할 수 있게 해주지만 몸을 인식하는 것은 굳이 거울이나 높은 지능이 없어도 가능하다. 시선이 닿는 부분은 거울이 없어도 자기 몸인지 알 수 있고, 촉각은 자신의 몸과 외부를 구분하여 환경과 구분되는 몸을 느끼게 하며, 통증은 어디까지가 자신의 몸인지 선명하게 경계를 보여준다. 육체적 자아는 기본적으로 감각신경계가 느끼는 범위라고 볼 수 있다. 만일 뇌만 남겨두고 신체의 모든 부분을 이식한다면 다른 사람들은 물론 자신도 거울을 보고 자신으로 인식할 수 없겠지만 이식된 몸이 감각되면 자기 몸인 것이다. 반대로 원래 몸의 일부이지만 잘라져 나가 더 이상 신경계가 감지할 수 없으면 그 부분은 자신의 몸이 아니다. 팔다리같이 감각신경이 만연해 있는 부분과 달리 손톱이나 머리카락의 말단은 신경이 와서 닿지 않아 직접 감각되지 않는다. 이런 부분은 마치 손에 쥔 연필같이 몸에 붙어 있지만, 몸의 일부라고 할 수도 있고 그렇지 않다고 할 수도 있을 것이다. 자연의 변화는 점진적인 반면 개념은 흔히 제한적이고 단속적이어서 세밀하게 들어가거나 경계면에 가면 혼란이 생기고 논란을 일으킨다. 육체적 자아가 어디까지인가를 두고도 얼마든지 논쟁을 벌일 수 있겠지만 여기서 그럴 필요는 전혀 없다. 설악산이 있다는 것을 아는 것으로 충분하지 그 경계를 정할 시점은 아니라는 말이다.

사람에게는 육체와는 분명히 식별되는 또 다른 자아가 있다. 바로 데카르트의 자아이다.[28] 데카르트는 "나는 생각한다. 고로 존재한다"고 하였다. 데카르트의 자아는 다른 사람은 물론 자신 역시 볼 수도 없고 단지 내적 경험으로만 인식할 수 있다. 데카르트는 단순 실체인 자아가 뇌 깊숙이 송과선松果腺/pineal gland에 빙의하고 있다고 상상했다. 데카르트는 이 자아를 근본적인 존재라고 보았으며 심신이원론을 펼쳤다. 그로부터 약 100년 뒤 18세기 영국의 철학자 데이비드 흄은 데카르트의 자아를 찾아보려고 자기 머릿속을 열심히 들여다보았지만 '지각의 다발'들 외에는 찾을 수 없었다고 했다.[29] 흄의 '지각'은 감각sensation, 정서emotion, 정념passion, 심상imagery 등을 모두 포함하는 말이다.[30] 흄은 데카르트의 단순 실체적 자아는 찾을 수 없었으며, 없어도 사람의 정신을 이해하는 데 문제가 될 것이 없기 때문에 잡히지도 않는 것을 굳이 설정할 필요가 없다고 주장한다. 자아 없이도 정신을 완벽하게 설명할 수 있다면 자아라는 개념은 허구이기 쉽다. 그러나 미국의 현대 심리철학자인 존 설은 자아에 대한 실체의 경험이 없다는 면에서 흄이 절대적으로 옳지만 자아가 필요함을 부인할 수는 없다고 반박한다.[31] 로봇이 의식을 가진 인간이 되려면 "자유롭게 행위할 수 있고 그 행위에 책임을 질 수 있는 합리적 자아"를 상정하지 않을 수 없다는 것이다.[32] 그러나 설은 단순 실체적 자아를 설명할 방법을 찾지 못하고 자아를 '형식적 개념'으로 설정하는 데 그친다. 머릿속에서 통일감과 내적 연속성을 가지고 존재하는 데카르트적 자아는 누구나 인식하는 것이면서도 그것이 무엇인지는 분명하지 않다.[33]

정신의 척추를 그린 그림 10-1은 자아에 대한 중요한 단서를 제공한다. 정신의 척추는 지각을 비롯하여 정서와 욕망, 자유의지 등 뇌의 여러 기능들을 포함하고 있다. 데카르트의 생각하는 자아는 다름 아닌 정신의 척추가 활동하는 모습, 즉 정신이다. 그것은 또한 흄의 지각다발이기도 하다. 뇌의 여러 가지 기능들이 서로 연결되지 못하고 정리되지 못한 상태에서 흄은 정신의 여러 기능들이 혼재하는 다발밖에 볼 수 없었고 데카르트적 자아는 찾을 수가 없었다. 그러나 그림 10-1과 같이 여러 기능들이 정리되면 흄의 지각다발 전체가 하나의 정신 활동을 위한 체계이며 그 전체가 데카르트적 자아임을 짐작할 수 있다. 윌리엄 제임스는 "생각이 바로 생각하는 사람thought is itself the thinker"이라고 하였다.[34] 사람의 정신이 뇌의 활동임을 생각한다면 이런 결론은 필연적인 것이며 자명한 것이다. 정신 외에 다른 어떤 것이 자아일 수 있겠는가?

데카르트의 '생각하는 나'는 정확히 정의된 말이 아니기 때문에 생각은 정신 전체에 해당된다고 할 수도 있고 혹은 이성을 지칭하는 것으로 해석할 수도 있을 것이다. '생각하는 자아'를 이성의 기능에 해당되는 것으로 이해한다면 다른 자아들도 얘기할 수 있다. 정서, 욕망, 자유의지도 자아로 느껴질 수 있는 것이다. 어쩌면 어떤 예술가가 말했을지도 모르겠다. "나는 느낀다. 고로 존재한다" 혹은 "나는 표현한다. 고로 존재한다" 등등. 위에서 육체적 자아는 감각신경에 의해서 느끼는 범위라고 정의하였는데 그림 10-1로 보면 육체적 자아를 느끼는 주체는 넓은 의미의 정신이라고 할 수도 있고 혹은 지각이라고 할 수도 있겠다. 내 몸은 그 자체로 육체적 자아이지만 육체가 자신이라는 것을 느끼는 것은 지각이라고 할 수도 있고 혹은 정신이라고도 할 수 있다는 말이다.

흄은 자아가 하나의 동일성을 갖는 존재가 아님을 지적하였다.[35] 사람은 살면서 자꾸 새로운 경험을 한다. 경험은 계속 더해지기 때문에 과거의 나는 현재의 나와 동일하다고 할 수 없다. 마음속으로 스스로를 동일한 사람으로 인식할지라도 한 아이와 어른으로 자란 그 아이는 같은 사람이라고 할 수 없다. 그렇다면 동일성은 연속성으로 생기는 개념이다. 한강은 늘 새롭지만 대충 그 자리에 비슷한 모양으로 있으니 시인이 아니고는 모두 같은 강이라고 생각하는 것이다. 흄이 지적한 자아는 기억에 축적된 연속성 있는 데이터로 인해 생기는 자신의 통시적 이미지라고 할 수 있다. 포르투갈의 신경과학자 안토니오 다마치오는 이 자아를 "자전적 자아Autobiographical Self"라고 하였다.[36] 자전적 자아는 반면교사로 정신이 인식하는 육체적 자아나 혹은 정신 자체가 현재적임을 알려준다. 대부분의 동물은 현재적 자아밖에는 없을 것이다. 침팬지 등 고등동물이나 과거의 에피소드 혹은 동료와의 관계를 기억하고 사람과 비슷하게 자전적 자아를 가질 것으로 생각된다. 자전적 자아도 지각이나 욕망과 마찬가지로 정신의 한 기능인 기억으로 인한 현상이다. 그림 10-2에 여러 가지 자아와 정신의 여러 가지 기능의 관계를 정리하였다.

요약하자면, 동물은 생존의 한 단위로서 육체를 가지고 있고 신경계의 활동으로 정신이 발생한다. 동물은 육체적 자아가 있고 신경계의 활동으로 인한 정신적 자아가 있는 것이다. 자아와 자아 인식은 전혀 다르다(그림 10-3). 자아는 하나의 동물 개체를 구성하는 단위를 그 동물의 입장에서 부르는 것이고 자아 인식은 개체가 자신을 환경과 구분하여 느끼는 것이다. 감각신경을 가지고 자기 몸을 모니터링할 수 있는 모든

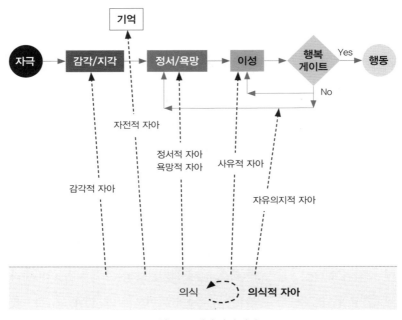

그림 10-2 여러 가지 자아

동물은 자신의 몸을 느끼기 때문에 육체적 자아를 인식한다(아니면 신경이 왜 필요하겠는가?). 다만 그 정도에는 차이가 있다. 해파리는 거의 전적으로 촉각에 의해서 육체적 자아를 감지한다. 침팬지, 코끼리, 돌고래 등은 여러 가지 감각으로 자신의 육체적 자아를 느끼지만 해상도가 높은 시력(과 지능과 자가수용감각)을 갖고 있고 있기 때문에 거울이 주어지면 자신의 육체를 제3자와 같이 인식할 수 있다. 육체적 자아를 인식하는 것은 신경계이고 정신이다. 사람은 다른 동물과 마찬가지로 감각계에 의해서 육체적 자아를 인식하고 거울에 비친 자신의 모습도 인식하지만, 더 나아가서 정신적 자아 자체도 인식하는 특별한 능력이 있다.

데카르트의 "나는 생각한다. 고로 존재한다"라는 명제는 실은 "나는 말한다. 고로 존재한다"이다. 정신의 많은 활동은 머릿속에서 말로 나타

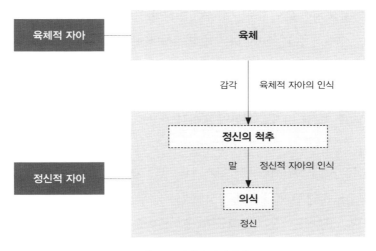

그림 10-3 자아와 자아인식

난다. 소련의 발달심리학자 레프 비고츠키는 아기는 엄마가 하는 말을 체화하면서 말을 배우며, 말을 배우는 것이 사고의 토대가 된다고 주장하였다.[37] 처음에는 엄마가 하는 말을 마냥 따라 할 뿐이지만 아기는 점차 혼자서도 말을 하고 생각하면서 말하는 사람이 엄마가 아니라 자신이라는 것을 인식하게 된다. 그림 10-1의 모든 단계에서 정신의 활동이 말로 표현되면서 아기가 머릿속에서 누군가의 존재를 발견하게 되고 그것이 곧 자신임을 발견한다는 말이다. 말이 정신이 자신을 스스로 볼 수 있게 만들어주는 거울의 역할을 하는 것이다(그림 10-3). 침팬지는 거울을 보며 육체적 자아를 인식할 뿐만 아니라, 프롤로그에서 보았듯이 도덕적이고 전략적일 만큼 지능적이다. 그러나 침팬지에게는 말이 없다. 침팬지는 상당히 뛰어난 이성도 있지만 소리에 많은 의미를 담기 어렵기 때문에 정신이 스스로를 발견할 수 없고, 따라서 정신적 자아를 인지할 수는 없다. 반대로, 사람에게 있어서 말이라는 거울을 제외하고 나면 정신적 자아를 인식하는 기능이 의식이라는 것을 알게 된다. 의식이 곧 정신적 자아라는 말이 되는 것이다. 의식이 무엇인지는 여전히 신비의 수준을 벗어나지 못한 상태이지만 의식은 정신의 한 부분이면서 또한 정신이 자신을 발견하게 만드는 기능인 셈이다. 위에서 지각이나 욕망 등의 기능을 지각적 자아나 욕망적 자아로 지칭할 수 있다고 하였는데 같은 맥락에서 의식적 자아도 얘기할 수 있을 것이다.

'진리'가 무엇인지는 대답하기 어렵지만 과학적 진실들은 매일같이 논문으로 발표된다. 자아가 무엇인지는 답을 구하기 어려운 문제일 수 있지만, 정신이 신경계의 활동이라는 전제를 가지고 진화적 관점에서 접근하면 자아에 해당되는 현상들은 구체적인 대상을 찾는다. 동물에게는 환경과 구분되는 몸이 있고 그 몸을 통합, 조절, 인식하는 신경계가 있어 육체적 자아를 느끼게 해준다. 고등동물은 거울 같은 적절한 조건이 제공되면 자신의 육체를 제3자가 보듯 시각적으로 알 수 있다. 사람의 정신은 언어 능력을 진화시킴으로써 정신이 자신을 비춰 볼 거울을 갖게 되었고 정신적 자아를 인식한다. '나는 누구인가?' 하고 묻는다면 하드웨어로서 육체와 신경계의 전체이고 그로 인한 정신과 신경계에 수록된 데이터를 포함하는 일체라고 할 수 있겠다.

비숍이나 토마스가 살인을 저지를 당시에 뇌가 작동하고 있었고 의식이 있었기 때문에 정신적 자아가 없었다고 할 수 없다. 앞에서 설명하였듯이 자유의지가 없었다는 말도 성립되지 않는다. 오른손이 살인했다고 오른손에 책임을 물을 수 없고 오른손이 범인인지 왼손이 범인인지 모른다고 살인죄를 면할 수 없듯이, 뇌의 어느 한 부분에 책임을 묻고 그 부분만 처벌할 수도 없고 어느 부분인지 모른다고 처벌을 못 할 이유도 없다. 뇌에 어떤 문제가 있어서 어떤 오작동을 했는지는 그다지 중요하지 않다. 뇌가 정상이든 오작동이든 뇌가 자신의 몸을 움직여 사회의 적합도를 낮추는 행위를 했다는 사실이 관건이다. 범죄에 대한 처벌은 사회가 자신의 적합도를 유지하기 위하여 세포인 개인의 자유를 제한하는 것이다.

결 정 론 속 의 자 유

자연은 결정적이다. 세상의 모든 현상은 원인이 있고 현재는 과거의 결과이기 때문에 결정론은 피할 수 없다. 과학은 무한한 밝기의 우주의 시작을 발견하였고 비록 불완전하지만 우주 전개의 법칙을 알아냈으며 완전한 암흑 속으로 사라지는 우주의 미래도 예언을 한다.[38] 우리의 삶은 태어나서 자라고 생식한 뒤 죽는 사이클을 벗어날 수 없다. 인간이라는 종이 살아가는 방식은 유전자의 암호 속에 정해져 있다. 쇼펜하우어는 "경험적 성격과 동기가 완전히 주어지기만 한다면, 미래에 있을 인간의 행동은 일식이나 월식처럼 계산해낼 수 있을 것"이라고 인생의 결정론을 얘기한다.[39] 그러나 이런 결정론은 하나의 원인에서 하나의 결과를 암묵적으로 가정하고 있다는 오류를 범하고 있다. 자연에는 인과의 법칙이 있지만 하나의 원인이 반드시 하나의 결과를 낳는 것은 아니다. 우연 혹은 확률성도 자연의 한 속성이다. 우연은 결정이 되고 그 안에서 다시 우연이 작용한다. 우리가 알고 있는 자연의 가장 밑바닥에는 물리학의 불확정성 원리가 보여주는 확률성이 자리 잡고 있다.[40] 불확정성의 원리는 원자보다 낮은 수준에서 작용해서 화학적 반응의 불완전성을 낳고 미래의 불확실성에 기여한다. 불확정성 원리를 떠나서도 확률성은 존재한다. 무수히 많은 단위들이 반응한다는 것은 그 자체로 확률성을 갖는다. 2억 개의 수소 원자와 1억 개의 산소 원자가 섞인다고 1억 개의

H₂O가 형성되지는 않는다. 대부분의 수소 원자는 산소 원자와 만나겠지만 일부는 만나지 못한다. 일부는 만나도 합치지 못하고 일부는 합쳐도 붕괴된다. 어떤 분자에 언제 어떤 일이 일어난다고 정해져 있지는 않다. 똑같은 실험을 100번 되풀이한다면 평균값은 존재하겠지만 결과는 매번 다르다. 이런 확률성은 많은 수로 인해 생기는 창발적創發的/emergent 성질이며 단위의 성질만 봐서는 예측할 수 없는 복수複數에 의한 성질이다.[41] 우연은 생명의 세계에도 그대로 연장된다. 눈 1개와 귀 2개를 갖는 것은 유전자에 이미 기록되어 있지만 사람의 몸과 마음이 세세하게 정해져 있는 것은 아니다. 유전자는 지문이나 홍채를 코딩coding하고 있지만 어떤 무늬를 만들지는 우연이 결정한다. 여러 사람과 생명체들이 모여 사는 생태계에는 거시적 결정론과 미시적 확률성이 동시에 작용한다. 태어나 성장하고 늙고 죽어야 하는 사이클은 정해져 있지만 언제 무엇을 먹고 누구를 만날지는 정해져 있지 않다. 자식을 낳는 것은 정해져 있지만 어떤 자식, 심지어는 아들을 낳을지 딸을 낳을지도 정해져 있지 않다. 사람의 자유의지의 범위는 유전자가 허용하는 이상이 될 수 없지만 그 안의 불확실성 속에서 선택을 하며 사람마다 다른 인생의 태피스트리가 짜이게 된다. 우물 안의 개구리는 바다를 모르지만 우물 안에서도 내일 어떤 일이 일어날지는 알 수 없고 개구리는 그 안에서 선택할 일도 많고 무한히 자유롭기도 하다.[42]

11장

인권

HUMAN
RIGHTS

두 개 의 존 엄

오렌지색의 넓은 천이 김선일의 눈을 가리고 있다. 꿇어앉은 그의 뒤에는 눈만 내놓은 다섯 명의 이라크 무장테러단체 일신교와 지하드 대원들이 서 있다.[1] 그중 하나가 손에 들고 있던 성명서를 낭독했다. "이것은 당신들의 손이 저지른 일이다. (…) 당신들의 군대는 이라크인들을 위해 이곳에 온 것이 아니라 저주받을 미국을 위해 왔다." 김선일은 어깨를 들썩거리며 울먹였다. "나는 살고 싶습니다. 대통령님, 제발 철군하고 나를 구해주세요." 그러나 몇 시간 뒤 김선일의 참수된 시신은 바그다드에서 35km 떨어진 도로에서 발견되었다.

한국 정부는 여러 외교 경로를 통해 김선일을 석방하라고 테러범들에게 촉구하였다. 그러나 한국 정부는 이라크 테러범들의 철군 요구를 수용할 수는 없었다. 오히려 "파병 원칙에는 변함이 없다"라고 선언하였다. 테러범들은 요구한 철군 시한 24시간이 지나자 예고대로 김선일을 살해한 것이다.

김선일의 피랍 소식에 2000여 명의 시민들이 광화문에 모여 철군을 촉구하며 촛불 시위를 벌였지만 정부의 결정에는 아무런 영향을 주지 못했다. 시위는 격렬하지도 않았고 지속되지도 않았다. 국민들은 김선일의 희생에 대해서 안타까워했지만 어쩔 수 없는 것으로 받아들였다. 언론은 정부의 무능함이나 김선일을 현지에 보내면서 적절한 사전 방지책을 세우지 못한 기업을 비난했지만 철군하라는 소리는 하지 못했으며 미국과의 관계 악화나 이라크에서의 철수로 인한 경제적 손해를 감수하라는 주장은 나오지 않았다. 인간의 생명은 존엄한 것이라고 하지만 존엄은 상대적인 것이다.

전쟁은 인간 생명의 존엄성이 헛된 구호임을 적나라하게 보여준다.

한국전쟁에서 양측의 전사자는 군인만 무려 100만여 명에 이른다.² 제2차 세계대전 중에는 스탈린그라드 한 곳에서 1년 동안 공방전을 치르며 독일과 소련 양쪽 합쳐서 100만 명 이상이 죽었다.³ 전쟁이 벌어지면 목숨은 포탄보다 싼 것 같다. 설사 전쟁이 아니더라도 몇 사람의 생명은 큰 문제가 아니다. 1987년 대한항공 여객기가 소련 전투기에 의해서 격추되어 많은 무고한 생명이 희생되었어도 욕만 하지 대응 공격도 하지 않는다. 2010년 천안함 사건이나 연평도 포격 사건에서도 마찬가지다.

인간의 존엄성은 때때로 지상의 가치인 듯이 떠받들어지지만 모든 것이 편안할 때의 얘기다. 인간의 존엄성 혹은 인권을 부르짖는다는 것은 그만큼 사회가 여유롭고 안전해졌다는 반증이다. 존엄은 침해의 거부다. 인간이 존엄하다는 것은 인간을 침해하지 말아야 한다는 말이니 생존경쟁의 무대에서 뛰고 있는 인간에게는 해당 사항이 아니다. 존엄은 생존경쟁에 시달리는 인간의 욕망과 소원을 말하는 것이다.

그룹선택은 두 수준의 침해 거부를 주장하는 존재가 있음을 알려준다. 하나는 개인이고 다른 하나는 사회이다. 개인은 나만의 존엄을 주장할 수 없으니 인간의 존엄을 부르짖는다. 나도 너를 침해하지 않을 터이니 너도 나를 침해하지 말라는 요구다. 그것은 또한 무소불위의 힘을 가진 초유기체적 사회에 대한 저항이기도 하다. 초유기체로서 사회는 자신의 존엄을 위해서는 세포인 개인의 존엄 따위는 안중에 없다. 초유기체가 생존경쟁에 노출되어 있을 때 세포는 소모품이다. 사회는 시민을 징집하고 그들의 재산을 징발하며 전쟁으로 내몬다. 개인은 평상시에는 살아남아 자손을 퍼뜨리기 위해서 어떤 일도 마다하지 않으며 자기보전율에 충실하지만 사회와 사회가 그룹경쟁을 치르는 상황에 이르면 어느 틈엔가 스스로 하나의 세포가 되어 초유기체인 사회의 승리를 위하여 몸을 던진다. 그룹선택이라는 렌즈는 인간 세상에 존재하는 두 개의 비대칭적 존엄과 존엄의 본질을 보여준다.

인 권

  사람이 자신이 존엄한 존재라고 (부르짖을 수 있다는 것을) 깨달은 것은 불과 300년 남짓밖에 안 된다. 17세기 영국의 철학자 존 로크는 모든 사람은 침해할 수 없는 생명, 자유, 재산에 대한 자연권을 가지고 있다고 주장하였다.[4] 로크의 자연권은 존엄의 내용물이며 요즘 말로는 인권이다. 로크의 주장은 세습적 지배계급이 국민을 착취하거나 억압하는 것이 부당함을 일깨워주었다. 사람들은 문명사회로 진입한 수천 년 동안 지배와 피지배가 당연한 것으로 여기며 살았다. 지배자는 힘으로 대중을 노예화하고 마음대로 사용하였다. 사회는 구성원 모두의 생존을 위한 것이 아니라 지배계급의 생존을 위한 초유기체로 변질된 것이다. 로크는 지배계급만을 위한 초유기체적 사회에서 시민이 세포가 되어 마냥 희생할 필요가 없으며 자신의 적합도를 높일 권리가 있다는 것을 일깨운 것이다.

  인권은 정치 체제에 대한 코페르니쿠스적인 발상의 전환을 가져온다. 자신을 지배하며 구속하는 왕과 귀족은 자신의 주인이 아니며 함께 초유기체인 사회를 구성하는 인간이다. 지배계급의 권력은 하늘이 준 것이 아니다. 권력은 대중이 리더의 명령을 따르겠다고 뜻을 모았기 때문에 발생하는 것이다. 로크와 같은 시대의 사람인 홉스는 국가를 리바이어던이라는 전설 속의 괴물로 표현했다. 홉스는 정부가 리바이어던의 월등한 힘을 갖고 국민 위에 군림하지만 그것은 "만인에 의한 만인의 투쟁"을 지양하고 공존공영하기 위한 것이라고 생각했다. 왕이나 귀족이 국민을 지배하며 멋대로 세금과 부역을 부과하는 것과 국민의 합의에 의한 정부가 국민을 위하여 통치하는 것은 전혀 다른 얘기다.

왕조에 의해 지배되는 시스템에서 대중이 주인인 시스템으로 전환되는 것이 평화로울 수는 없다. 지배계급은 초유기체의 무력으로 무자비하게 반란을 억압한다. 그러나 자기보전율의 정당성을 깨달은 대중은 새로운 초유기체를 형성하고 지배계급에 대항한다. 프랑스 혁명과 미국의 독립전쟁은 사회의 모든 구성원이 동등한 인권을 갖는 민주주의의 시대를 열었다. 세습적 지배계급과 대중의 무력 대결은 20세기를 지나 계속 이어지고 있다. 진화적 혹은 인류 본능적 타당성이 없는 왕조들은 거듭되는 전쟁으로 혹은 타협을 거치면서 쇠퇴하고 무너지고 대중에 의한 정부로 대체되었고 살아남은 왕조들은 조금 더 연명을 하고 있다. 비록 때로는 민주주의를 표방하고 들어선 정부가 다시 독재자에게 장악되어 국민을 착취하는 도구가 되기도 하고 심지어는 퇴행적 왕조로 이행되기도 하지만 대세는 국민 모두의 적합도를 높이기 위한 사회 본래의 모습으로 돌아가는 것이다. 단지 (인류사적 스케일에서) 약간의 시간이 더 필요할 뿐이다.

UN 인권선언문은 대중의 권력 탈환을 명백히 선언하며 모든 인류에게 인권을 일깨운다.[5]

제1조. 모든 인간은 자유로우며 동일한 존엄성과 권리를 가지고 태어난다. 사람은 이성과 양심으로 서로를 형제애로서 대해야 한다.

제2조. 모든 사람은 인종, 피부색, 성, 언어, 종교, 정치적 소신, 국적이나 출신 사회, 재산, 출생 시 신분 등 어떤 종류의 차별도 없이 이 선언문에 제시하는 모든 권리와 자유를 갖는다.

인권의 자각은 지배계급의 탄압에 저항하며 개인의 적합도를 크게 높이지만 그룹선택의 질곡에서 완전히 벗어나는 것은 아니다. 초유기체는 여전히 세포의 희생과 봉사를 요구하며 초유기체의 적합도를 침해하는 개인의 행동은 허용되지 않는다. 국민에게는 의무가 있고 다른 사람의 인권은 자신의 인권과 마찬가지로 존엄하다. 한마디로 표현하자면 인권은 법과 윤리의 범위를 벗어날 수 없다. 그러나 법과 윤리도 변하는 것이니 인권의 경계는 항상 선명한 것이 아니다. 사회가 처한 상황에 따라 인권의 한계는 달라진다. 사회에 리더와 대중이 있고 무수한 아사회가 있으며 사람마다 주어진 역할이 다르다는 사실은 인권이 현실적으로 동일할 수 없다는 것을 말한다. 개인과 리더, 아사회, 국가는 서로의 적합도를 높이기 위하여 인권을 주장하기도 하고 억압하기도 하면서 모순과 모호함으로 범벅이 되어 생존경쟁을 벌인다. 민주주의로 인권은 개화했지만 대신 복잡하게 뒤엉킨 실타래를 안고 직조織造해야 하는 숙제가 등장했다.

인권의 개화와 문명의 발전은 자연선택의 예정에 없던 여성의 해방을 가져왔다. 인류 사회는 남성에 의해서 주도되어왔다. 정자와 난자의 역할 분담이 비슷한 다른 모든 동물들과 마찬가지로 인류에서도 여성은 남성에게 희소한 자원이며 생식적 성공을 위하여 쟁취해야 하는 대상이다. 그것은 남성의 모순적인 행동을 초래한다. 남자는 여성성에 흥분하며 정성을 기울여 여자의 환심을 사지만 일단 자신의 소유가 되면 여자를 다른 남자에게서 보호하기 위해서 여성성을 억압하고 겹겹의 자물쇠를 채워놓는다. 남자는 여자의 성적인 행동에 흥분하면서 자기 소유 여자의 성욕은 금기로 만드는 것이다. 조선 중기 14세에 시집간 허난설헌은 비슷한 나이에 결혼한 신랑과 별거나 다름없는 생활을 했다.[6] 당시의 청춘들도 시험 준비를 하느라 늘 공부에 쫓겼기 때문이다. 그녀는 허구한 날 남편을 기다리는 심정을 이렇게 노래했다.

제비는 처마 비스듬히 짝지어 날고
지는 꽃은 어지러이 비단옷 위를 스치는구나
동방에서 기다리는 마음 아프기만 한데
풀은 푸르러도 강남에 가신 임은 돌아오지를 않네

그러나 조선의 양반들은 이 시가 음탕하다며 펄쩍 뛰었고 그녀의 유
고 《난설헌집》에 수록도 되지 않았다. 여인이 임을 그리고 외로워한다
는 것은 조선의 양반들에게는 혐오스럽고 구토를 일으키는 일이었다.
전형적인 가부장 사회인 조선에서 여인들은 자식을 낳고 기르며 목소리
가 담장을 넘지 않아야 하며 없는 듯이 살면서 오직 한 남자만을 말없이
뒷바라지해야 했다.

지배계급의 억압으로부터 개인의 적합도를 지키려는 인권의 자각은
여성에게 인권을 일깨우며 남성에 의한 억압을 거부하게 만들었다. 여
성도 남성과 동일한 인간임을 주장하며 투쟁을 하였고 피임이라는 과
학의 지원까지 받으면서 여성은 드디어 남성과 대등한 인권을 획득하였
다. 아직은 선진민주주의 사회에 한정된 일이지만 여성 해방의 대세는
불 보듯 뻔하다. 교육은 여성에게 남성과 다를 바 없는 인간임을 각성시
켜주고 과학은 여성이 더 사회적인 인간이라고 입증하고 있다. 미국의
심리학자 존 그레이는 수많은 미국의 남성과 여성에 대한 면담 조사 결
과를 바탕으로 남성과 여성의 본질적인 심리적 특성과 차이를 추출해
냈다.[7] 남성은 성공과 성취를 통해서 충족감을 맛보며 승리와 패배라는
철학을 가지고 있으며 독립과 경쟁의 가치를 가지고 있다. 여성은 대화
를 중요시하고, 관계와 협력의 철학을 가지고 있으며, 공유의 가치를 가

진다. 폭력은 억제되고, 공존은 전제이고, 복잡한 이해의 조화를 도모해야 하는 현대 사회에서 적임자는 명백해 보인다. 더군다나 문명은 여성의 태생적 멍에인 임신을 선택 사항으로 만들어 걷어버리고 육아의 짐은 남성과 함께 또 사회가 함께 지도록 만들고 있다. 인류의 탄생 때부터 유지되어온 남성 주도의 사회 패러다임은 점차 무너지고 있으며 여성은 초유기체의 머리 부분을 서서히 잠식하고 있다. 아직은 여성을 차별하는 유리 천장이 있는 것이 통계적으로 증명되지만 금이 간 유리 천장이 무너져 내리는 데 오래 걸리지 않을 것이다. 한편 남성의 정신 구조도 여성적으로 변모해가는 것으로 보인다. 어쩌면 인류 사회는 남녀 동등을 넘어 임신 가능자가 여왕벌같이 특권을 갖는 계급 사회로 이행할지도 모르겠다.

억압이 운명적인 것이 아니라는 생각은 사회의 모든 계층으로 확산된다. 국가라는 궁극적 초유기체의 존엄성에 도전하는 것은 부담이 큰 얘기이지만 같은 구성원 간 혹은 아사회에 의한 억압은 더 이상 감내할 이유가 없다.

봉건시대의 가부장적 전통에서는 군사부일체로 학생은 선생에게 무조건 복종해야 하고 선생은 학생을 자식같이 여긴다는 위선하에 노예같이 다룰 수 있었다. 인권을 의식하는 세상에서는 선생의 권위나 교실에서의 전횡은 구시대의 유물이 될 수밖에 없다. 한국에서도 학생들의 인권선언조례가 선포하기도 한다.[8] 학교는 학생들의 사생활을 침해해서도 안 되고 학생들은 폭력적인 체벌을 인내할 이유가 없는 것이다. 근로자들의 자각이 초기 산업 사회의 노예적 노동 구조를 민주적으로 바꾸어 놓았듯이 선생이 지배하고 학생이 복종하는 전통적 교내 질서는 붕괴되고 사람 대 사람의 대등한 인권의 대립과 타협에 의한, 보기에 따라서는 무질서하고 비효율적인, 그렇지만 학생들이 좀 더 자유롭고 행복한 새로운 교내 환경이 만들어지고 있다. 법률이나 의료와 마찬가지로 선생은 지식 관련 서비스 공급자가 되고 학생은 구매자가 된다. 뛰어난 예술가가 존경받듯이 탁월한 선생이 존경받는 것은 당연하지만 선생이라는 직업이 존엄성을 보장하지는 못한다. 가정이나 기업에서도 마찬가지다. 집안의 지존으로서 아버지는 사라지고 가정은 모든 구성원들의 동등한 커뮤니티로 변질되고 어린아이의 억지도 물리적으로 억압하기는 어려운 세상이 된다. 직장인은 계약된 업무를 수행할 뿐 직장의 상사나 기업의 소유주에게 업무 외적인 침해를 허용할 이유는 하나도 없다.

인권 인식과 변화는 중세의 영국 작가 토머스 모어가 그렸던 유토피아를 향해 한 걸음 더 접근하게 만든다. 유토피아는 동등한 인권을 가진 시민들이 스스로 자유를 절제하는 도덕적인 사회다.[9] 인권의 각성은 그 첫걸음이다. 다음 걸음은 욕망의 절제이다. 인권의 주장은 자연스럽지만 욕망의 절제는 쉽지 않다. 허다한 시행착오와 쓴 경험에 의한 튜닝이 필요하다. 인권에서도 압축 성장을 한 대한민국은 갖가지 이해의 충돌이 인권과 반죽이 되어 황당하고 실소할 에피소드들을 남긴다.

한국의 고속철도 건설 사업은 잘 진행되다가 대구-부산 구간에서 뜻밖의 암초를 만났다. 대구-부산 노선이 부산 인근의 천성산을 지나가도록 계획되면서 천성산 아래로 터널을 뚫어야 하는데 환경단체들이 격렬하게 반대하고 나선 것이다.[10] 환경단체들은 터널공사로 인하여 천성산의 습지 생태계가 파괴되며 그곳에 서식하는 도롱뇽들이 서식처를 잃게 된다고 주장하였다. 이 와중에 승려 한 사람이 자신의 목숨을 던져 정부의 공사 강행을 막겠다며 단식에 들어갔다. 보통의 경우 대형 국책사업을 한 개인이 저지한다는 것은 가당치도 않지만 때는 바야흐로 인권이 인식되기 시작하던 시기였고 정치가들은 승려가 한쪽 발을 담그고 있는 불교계의 표를 인식하지 않을 수 없었으며 불교계는 생명의 존엄성을 가볍게 묵과할 수 없다는 직업적 스탠스로 인하여 신중한 대처를 요구하였다. 환경단체의 요구에 따라 환경영향평가는 반복되었고 재검토되었지만 터널이 도롱뇽에 미칠 큰 문제가 없다는 결론은 변함이 없었다. 그러나 환경단체는 영향평가 자체의 신뢰성에 의문을 표시하며 반대를 지속했다. 책임을 지기 싫은 공직자와 표를 잃을까 두려워하는 정치인들, 그리고 생명의 존엄성에 반론을 제기하지 못하는 언론과 시민이 서로 눈치만 보는 사이 공사는 2년 8개월 동안 지연되며 조 단위의 막대한 경제적 손실을 초래했다.

분명하지 않은 인권과 생명의 존엄성이 종교적 위선이나 개인/아사회의 이기성과 반죽이 되어 어떤 누구의 손실도 아닌 공공의 이익을 희생시키며 '공유지의 비극'을 낳는다. 진화생물학적인 관점에서 본다면 사건의 본질은 사회의 구성원들이 서로 자신들의 욕망을 관철하고 적합도를 높이려 다투는 것이며 리더인 공직자와 정치인들이 자기보전율에 충실하여 배임하였고 결국 애먼 초유기체 자신의 적합도가 피해를 본 것이다. 임금님이 발가벗었다는 것을 감히 누구도 말하지 못하는 가운데 한탕주의는 위선으로 가려지고, 큰 사건이 터질 때마다 혹은 대형 사업이 추진될 때마다 공유지의 비극은 반복된다.

앞 장에서 발전시킨 욕망의 레퍼토리와 자유의지의 모형에 기대어보면 자유나 인권이나 행복은 모두 한 가지 대상을 여러 가지 각도에서 보고 다른 면을 강조하는 것이라고 할 수 있다. 마치 소를 식량으로도 보고 농기계로도 보고 혹은 탈 것으로 보기도 하는 것과 마찬가지다. 존엄, 자유, 인권, 가치, 행복 등은 끝없는 논쟁의 여지가 있는 굵직한 인문학적 개념들을 나타내지만 자연선택의 테두리 안에서 접근해 들어가면 생존경쟁이라는 X선 촬영으로 단순한 숨은 모습이 드러난다. 표 11-1은 이런 어휘들 뒤에 숨어 있는 욕망의 모습을 정리한 것이다.

여러 가지 개념들	욕망 중심 모형에 의한 해석
자유	욕망의 추구
행복	욕망의 충족
인권	욕망 추구의 허용 범위
존엄	욕망의 보호
가치	욕망 충족도

표 11-1 욕망의 여러 얼굴들

인권은 구성원들이 내집단 안에서 동종 간의 생존경쟁을 벌이는 가운데 허용되는 욕망의 범위다. 인권의 외연은 객관적인 숫자나 지표로 정의되는 것일 수는 없고 개인과 개인, 개인과 사회의 대립 속에 팽창과 억압의 상반된 힘이 매 순간 만들어내는 균형점에 있다고 할 수 있다. 어디까지가 허용될 수 있는 인권이냐는 논란은 어디까지가 평지이고 어디부터 산이냐는 논쟁처럼 임의적이고 정답이 없다.

인권을 욕망의 허용 범위라고 보면 갈등의 해소는 관계자들의 이익과 행복의 조정에서 오는 것이고 사회적 합의로 정해질 것임을 알 수 있다. 헌법재판소의 판결이 신탁神託에 의한 것이 아니라 법관들의 다수결이라는 것은 사회적 합의를 단적으로 보여주는 예다. 사회적 합의는 갈등 당사자들의 힘을 반영한다. 세습적 지배계급이 강력할 때는 대중의 인권은 무시된다. 자본주의 사회에서 허약한 법치는 흔히 유전무죄 무전유죄를 초래한다. 경제적으로 위협을 받고 있는 후진국이나 전쟁 중인 나라에서도 인권은 미약하다. 국가는 자신이 위기에 처하면 힘으로 개인의 인권을 억압하고 저항하지 못하게 만든다. 사회가 생존의 위협에 시달리지 않을 때는 시민 개개인의 행복이 늘어나면 초유기체 자신의 행복도 커진다. 자연히 전쟁에 노출되지 않은 상태라면 선진국에서는 인권은 존중되고 많은 자유가 허용된다. 국민의 인권 의식이 높아지면 윤리가 고양되고 법치가 강화된다. 서로 다른 사람의 인권을 침해하지 않으려 주의하는 가운데 자유의 폭은 줄지만 그로 인하여 자유의 질은 높아진다.

자 살 권

2005년 1월 17일 매스컴은 의외의 투신자살을 보도했다. 대법원장을 지낸 저명인사가 한강에 투신한 것이다.[11] 그는 응급구조단에 의해 구조되어 몇십 분 만에 병원에 옮겨졌고, 심지어는 호흡이 되돌아오기도 했지만 여러 지병의 발작으로 끝내 숨졌다. 투신하기 전 그는 극심한 허리통증에 시달렸다고 하며 자살 기도 2주 전부터는 "너무 고통스러워 자살하고 싶다"고 호소했다고 한다.

누군가 자살을 기도하면 사람들은 깜짝 놀라며 무조건 구조하려 든다. 사람은 자신의 의지와 상관없이 세상에 태어나지만 죽을 때도 마음대로 안 된다.

자살이 빈발하면 생명 경시를 개탄하기도 한다. 그러나 자살하는 사람에게 생명 경시를 운운하는 것은 블랙코미디이다. 모든 동물에게 죽음은 가장 두려운 것이고 본능은 살기 위해서 설계되어 있다. 자살자는 살아서 겪는 고통이 너무 크기 때문에 본능이 가로막고 있는 삶과 죽음의 경계를 뛰어넘는다. 자신의 생명을 가볍게 여기는 사람은 없다. 가미

카제도 뒤에서 총부리를 겨누고 감시하면서 여자와 프로파간다로 흥분시키고 음주운전을 시켜야 가능하다. 생명 경시는 자신의 이익을 위해서 남의 생명을 쉽게 빼앗는 행위에 적용될 말이지 자살자에게 적절한 말은 아니다.

자살을 막는 것은 본능적인 죽음에 대한 거부감의 탓으로 보인다. 위기에 처한 사람을 보면 구하려고 드는 것과 똑같은 메커니즘에 의해서 누군가 스스로 죽고자 하는 경우에는 다른 사람들이 놀라서 살리려고 든다. 죽음은 가장 기피하고 싶은 것이고 남이 죽는 것이나 스스로 죽는 것이나 거부감은 마찬가지다. 사회는 이런 본능적 공포감에서 살인을 금하듯이 자살도 금하는 것이 아닌가 싶다. 또, 자살은 고통과 패배를 암시한다. 구성원의 고통은 간접적으로 사회의 낮은 적합도를 나타낸다. 잦은 자살은 승자가 되어 쾌락을 즐기는 사람들이나 지배자에게 불안을 느끼게 한다. 사회는 과잉 고통의 상징인 자살을 금하고 억제해야 할 충분한 이유가 있는 것이다.

그 원인이 무엇이든 간에 자살을 결심할 때까지의 자살자의 고뇌를 생각해보고 또 구출된 후에 다시 겪을 고통을 생각한다면 자살자를 구하는 행위는 재고의 여지가 있다. 농약을 마시고 장기가 손상된 채 다시 눈을 뜨게 된 사람이나 빚에 시달려 목을 맸다가 다시 눈을 뜬 사람을 생각해보라. 이들은 참혹한 현실을 다시 맞이해야 한다. 생활고에 신체장애까지 이중고에 시달려야 되고 혹독한 빚쟁이들은 살아난 사람을 잃었던 지갑을 되찾은 정도로 여길 것이다. 무턱대고 자살자를 구하고 본다는 것은 역설적으로, 인권의 침해이기도 하고, 몽매해 보이기까지 한다. 사회는 다시 숨을 쉬게 해주면 그것으로 할 일을 다한 듯이 잊어버린다. 그것은 고문을 하고 상처가 낫기를 기다려 다시 고문을 하는 모양이 되어버린다. 물론 구조되어, 자살을 포기하고 새로 태어난 듯이 다시 시작하여 잘사는 사람도 있을 수 있다. 그러나 그것은 예외이지 상사일 수는 없다.

흔히 간과되는 사실은 죽음은 의식의 종료이고 죽은 자는 자신이 죽었는지 모른다는 것이다. 영혼에 대한 막연한 신념은 죽은 사람의 영혼이 구천에서 현생을 돌아보며 죽음을 아쉬워하거나 일찍 죽음을 억울해할 것 같은 착각을 일으키지만 죽은 나무가 꽃을 피울 수 없는 것만큼이나 그럴 일은 없다. 안타까움은 남은 자와 사회가 느끼는 것이다. 중국의 시인 도연명은 애도의 헛됨을 아래의 시로 읊었다.[12]

생명이 있으면 응당 죽음이 있게 마련이니
일찍 죽었다고 명이 단축된 것은 아니다.
…….

친한 친구는 나를 어루만지며 곡을 한다.
죽은 자신은 득실도 모르는데
하물며 시비 등을 어떻게 깨달을 수가 있단 말인가.

죽음에 대한 사람들의 태도도 많은 윤리적인 규범들과 마찬가지로 모순적이다. 그것은 죽음에 엮여 있는 다양한 맥락과 정서를 간과한 채 단지 생명은 소중한 것이라는 막연한 신념이나 혹은 죽음은 피해야 한다는 강박관념에 복종하는 데서 온다. 모든 죽음은 기피하고 애도해야 하는 대상인 듯하지만 실제로는 많은 죽음은 당연하고 반가움의 대상이된다. 사람을 괴롭히던 악당이 죽으면 모두 박수를 보낸다. 식물인간이던 노인이 죽으면 표정 관리를 하지만 병원 빼고는 모두 반가워한다. 죽음이 나의 행복을 증가시키는 경우에는 죽음은 언제든지 환영을 받는다. 반대로 죽음이 나에게 고통을 가져올 것이라고 느껴진다면 다른 사람의 죽음이 정말 나의 고통이 된다. 그것은 개인에게도 사회에게도 마찬가지다.

심한 고통을 겪으면서 더 이상 생존경쟁을 이어갈 의사가 없는 사람의 자살은 고통을 차단함으로써 행복을 증가시키는 유형의 동물적 행동의 한 가지이다. 인간의 존엄성이 욕망의 보호에 있다면 자살을 막을 이유는 없어 보인다. 자살은 낮아진 적합도의 결과이지 원인은 아니다. 자살을 막으려면 자살 희망자의 적합도를 높여주는 것이 답이다. 적합도를 충분히 높여줄 능력이 없으면 자살을 막지 말아야 한다. 어떤 경우에는 자살자의 고통을 덜어줄 수가 없는 경우도 있다. 그럴 때는 본인의 의사를 존중해야 한다. 자살은 관습적으로 비윤리적으로 여겨지지만 일부 선진국에서는 일정한 요금을 내면 자살권을 행사할 수 있게 되어가고 있다.[13]

생 명 의 존 엄 성

칸트는 이성적인 존재와 비이성적인 존재에 근원적인 차이점이 있다고 생각했다.[14] 도덕적인 판단을 내릴 수 있는 이성적인 존재는 오직 인간뿐이기 때문에 인간은 존엄하고 비인간동물은 존엄하지 않으며 칸트의 관점에서는 인간이 동물들을 이용하는 것이 허용된다. 그러나 칸트의 논리에는 커다란 약점이 있다. 영아나 치매 같은 병으로 혹은 약물로 이성적인 능력을 상실한 인간은 존엄에서 제외되어야 하는 것이다. 이 책에서는 앞서 비인간동물들도 이성은 물론 자유의지도 있다는 결론에 도달했다. 칸트의 전제도 사실이 아니다.

미국의 윤리학자 피터 싱어는 사람이 이성적 존재이기 때문에 점차 도덕적 대상이 확장되며 쾌락과 고통을 느끼는 모든 존재가 대상이 되기 때문에 비인간동물이 도덕적 대상이 된다고 주장한다.[15] 칸트와 마찬가지로 싱어의 주장도 21세기에는 그다지 호소력은 없다. 이성이 사람만의 전유물이 아닌 것은 분명하고 매일 고기를 먹으면서 도덕적 대상이 확장된다고 주장하는 것은 소나 닭이 들으면 기가 막힐 일이다. 사람이 동물에 대한 의무가 있다든가 동물에 대한 학대가 결국은 사람의 학대로 이어질 가능성이 있기 때문에 동물 학대가 바람직하지 못하다는 주장은 독선적이지만 오히려 애완동물을 키우는 사람들에게는 더 설득력이 있을 수 있겠다. 벤담의 의견은 이런 비현실적인 주장들보다는 설득력이 있다. 벤담은 고통을 받는다는 것은 어떤 경우에서든지 좋지 않은 것이므로 고통은 피하는 것이 좋다고 주장한다.[16]

현대에 와서 비인간동물의 생명에 대한 존엄성은 크게 세 가지 맥락에서 설득력을 가지고 주장되는 것으로 보인다. 첫째는 인간의 연장延長/extension으로서 존엄성이고 둘째는 동물 실험의 잔혹성에 대한 규탄의 결과이고 셋째는 인간의 환경으로서 가치이다.

개나 고양이 같은 애완동물은 이름도 반려동물로 승격이 되어 한국 사회에서도 점차 인간 공동체의 준회원으로 인식이 되고 있다. 사회적 계급이 달라도 사랑할 수 있는 경우가 있었듯이 사람은 종을 뛰어넘어 동물과 교감하며 내집단을 구축한다. 내집단의 감정이 형성되면 외집단의 인간보다 내집단의 동물이 더 존엄해진다. 개와 같은 내집단이 된 프랑스 여배우 브리지트 바르도는 개고기를 먹는 한국인을 유목민이 늑대 보듯 한다. 바르도가 개의 존엄성을 위해 한국인을 공격하는 것은 필연적이다.[17] 그러나 개의 존엄성은 명백한 한계가 있다. 개는 바르도의 품을 벗어나면 여전히 비인간동물이며 자칫 아시아에 발을 들여놓으면 언제 수육이 될지 모른다. 반려동물의 존엄성은 특정인과 특정 동물 간의 관계이지 인간 종과 특정 동물 종의 관계는 아닌 것이다.

동물 실험은 비인간동물에 대한 보편적인 존엄성을 부각시킨다. 동물 보호운동가들은 친근한 동물들이 인간의 욕망을 채우기 위해 고통을 겪고 죽어가는 것에 대해서 분노한다. 이들은 마치 한국인이나 중국인이 제국주의 일본의 731부대가 인체 실험을 자행한 것에 대해 치를 떨듯이, 원숭이를 비롯하여 여러 고등동물들이 실험의 재료가 되는 것에 대해서 질타한다. 실험 시설은 실각한 독재자의 집같이 공격당하고 과학자들은 협박을 당하며 일부 과학자들은 동물 실험을 포기하고 연구의 방향을 바꾼다.[18] 동물보호운동가들의 이런 과격한 행동은, 이해는 되지만 독선적이고 이기적이며 무지한 것이다. 동물운동가들이 먹는 약들과 그들의 가족들을 구해주는 의학은 무수한 동물의 희생 위에 얻어진 현대 생명과학의 열매다. 동물을 사용하지 않는 다른 실험 방법을 개발하라는 것도 억지이고 무책임한 것이다. 731부대가 인체 실험을 하는 것은 그들의 입장에서는 가장 경제적으로 빠르게 직접적인 데이터를 얻을 수 있기 때문이다. 동물 실험은 인류가 자기의 이익을 위해서 경제적으로 신속하게 데이터를 얻는 방법이다. 그동안 이루어진 동물 실험으로 많은 혜택을 입은 뒤 자신의 배가 부르니 동물 실험을 하지 말라는 것은 염치가 없는 일이다. 동물에게 고통을 가하고 죽이는 것을 즐기는 사람은 없다. 과학자들이 동물 실험을 하는 것은 직접적으로는 직업인 탓이지만, 경제적으로 과학적 지식을 얻어야 하기 때문이다. 사람의 공감 능력은 동물 실험을 수행하는 과학자들에게 정신적 고통을 가한다. 동물 실험자들에게는 험지 수당을 주어야 하지 협박할 일은 아닌 것이다.

동물 실험의 잔인한 이미지에 매료되어 동물보호를 외치는 많은 동물보호운동가들은 깜냥엔 그들 자신의 도덕성과 종을 초월한 사랑에 자신감을 가지겠지만 그들의 행동은 다른 사람들보다 도덕적으로 탁월하다는 경쟁욕, 다른 사람을 자신들의 뜻대로 만들겠다는 지배욕, 세상 사람들이 자신들의 의견에 주목하게 만들고 싶은 발표욕, 자신들과 다른 생각을 가진 사람들을 경멸하는 배제욕, 자신의 말을 듣지 않는 사람에 대한 공격욕 등이 작용한 탓이다. 동물보호운동은 자칫하면 자신들의 무분별한 욕망 추구에 연막을 치고 다른 많은 사람들이 얻을 보편적인 이익을 훼방하는 악행이 된다. 이것은 도롱뇽과 한 내집단이 되어 고속철 건설을 가로막는 몽매함과도 다를 바가 없고 수백 년 동안 지구 온도를 높여놓고 후발국들에게는 온실가스 배출 동결을 종용하는 선진국의 이기성과도 같은 것이다.

비인간동물의 존엄성에 대한 세 번째 맥락은 비인간동물은 자연의 한 부분이기 때문에 보호되어야 한다는 것이다. 사회생물학자 윌슨은 사람이 본성적으로 다른 생명이나 생명 현상에 대해서 주의를 기울이고 사랑하게 되어 있다고 주장한다.[19] 채취수렵시대의 사람의 본성이 변하지 않고 있기 때문에 사람은 여전히 자연스러운 환경을 좋아한다. 자연은 조상부터 대대로 적응하여 온 환경이기 때문에 편안하고 쾌적한 것이다. 그러나 '사랑한다'는 말의 의미는 이면까지 이해가 되어야 한다. 사랑은 나에게 행복을 주기 때문에 가능한 것이고 가치 있는 것이다. 비인간동물 종이 존엄성을 가지거나 사랑할 수 있는 것은 사람에게 행복을 줄 수 있기 때문이다. 소는 노동을 해주고 잡아먹을 수 있기 때문에 사랑하는 것이고 애완견은 자신을 신같이 받들며 사랑을 퍼붓기 때문에 사랑하는 것이다. 사람을 제외해버린다면 환경도 비인간동물에도 존엄성이 있을 어떤 근거도 당위도 없다.

이런 추론은 비인간동물을 넘어 환경의 보존과 자연보호가 무엇을 겨냥하여야 하는가를 말해준다. 도롱뇽의 생명에 내재된 본질적 가치가 있기 때문에 도롱뇽을 보호해야 한다는 주장은 성립될 수 없다. 자연을 원래대로 보존해야 한다는 주장은 변화에 대한 본능적 두려움의 발로이기는 하지만 좀 더 주의 깊게 접근해야 한다. 생태계는 역동적이고 열린 시스템이다. 지구 위의 어떤 곳도 가만히 같은 모습으로 지속되는 일은 없다. 환경은 끊임없이 변화하고 생물은 변하는 환경에 적응하며 진화한다. 영국의 환경언론인 프레드 피어스는 외래종이 침입하며 기존의 생태계가 파괴되어가고 있다고 주장하거나 변해가는 것을 원상 복귀시키겠다고 덤비는 것은 현명하지 못한 대응이라고 지적한다.[20] 지질학자들은 현 시대를 지구의 역사에 한 획을 긋는 신생대의 '인류세人類世'로 명명하였다.[21] 화산이나 운석으로 그랬듯이 현 시대는 인간에 의해서 대규모 환경의 변화가 일어나고 그로 인하여 생태계의 종 구성이 격변을 겪는 시기인 것이다. 지구온난화와 사람과 물자의 빈번한 이동으로 지구 어느 곳의 생태계든 가파른 환경 변화와 외래종의 침입을 겪지 않는 곳이 없다. 인위적이든 아니든 자연환경의 변화를 거슬러 원래의 자연을 보존한다는 것은 사람의 힘에 부치는 일이기도 하고 그다지 효과적인 일도 아니다. 사람이 할 수 있는 일은 기껏해야 산에 멧돼지를 풀어놓고 사라진 반달곰을 다시 방목해놓는 정도다. 해수 온도의 상승으로 해양 생태계가 변하는 것을 어떻게 막겠는가? 피어스는 맹목적으로 원래의 자연을 회복시켜놓으려 덤비기보다는 좀 더 거시적인 안목을 가지고 자연의 파도를 슬기롭게 타야 할 것이라고 조언한다.

존엄성이 침해에 대한 거부라고 파악하면, 비인간동물의 존엄성은 자동적으로 폐기된다. 사람은 생태계의 정점에 자리 잡고 있는 포식자이며 다른 동물을 잡아먹어야 생존하고 번식할 수 있다. 비인간동물에게 존엄성을 부여하는 것은 인간이 포식자이기를 포기하는 것과 다를 바가 없다.

비인간동물뿐만 아니라 인간과 자연의 관계는 모두 한 가지 관점에서 바라보는 것으로 충분하다. '인간의 적합도 향상에 기여하는가'이다. 비인간동물이나 환경에 존엄성을 부여하는 것은 바로 인간 자신이다. 비인간동물에 대한 존엄성은 이들에 대한 지나친 침해가 자칫 인간이 예측하지 못하는 미지의 재앙을 가져올지 모른다고 막연히 느끼며 두려워하기 때문에 생긴다. 윌슨은 "인류가 차지하는 에덴은 도살장이며 인류에 의해 발견된 낙원은 곧 잃어버리는 낙원"이라고 개탄한다.[22] 사람이 쓸모를 발견하면 동물이든 식물이든 자칫 남아나기 어렵다. 코끼리도 호랑이도 고래도, 심지어는 난초 같은 풀조차 멸종의 벼랑 끝으로 몰린다. 그러나 이런 반성은 인간의 근시안적인 행동으로 인류의 장기적인 이익이 손상될 수 있다는 데 있지 이들 멸종 위기의 동식물의 존엄성을 훼손하기 때문은 아니다. 존엄이나 가치는 사람의 마음이 부여하는 것이다.

12장

가치

VALUE

행복 게이지

　시인 윤동주는 〈내 인생에 가을이 오면〉에서 사람들을 사랑했느냐고, 상처를 준 일이 없었냐고, 삶이 아름다웠냐고 묻겠다고 하였다. 그러나 대부분의 사람들은 윤동주같이 묻지는 않을 것 같다. 인생에 가을이 오면 사람들은 별 하나에 직위와 별 하나에 명예와 별 하나에 업적을 붙여 볼 것이다. 부자들은 "문제는 경제야, 바보야" 하며 새벽별을 보며 벌어들인 돈과 예지력을 입증한 증권과 앞선 정보가 가져온 부동산과 그리고 항아리에 숨겨놓은 골드바를 떠올릴지도 모르겠다.[1] 똑같이 '가치'이지만 나라 없던 윤동주가 기리던 가치와 현대 한국인의 가치는 퍽이나 다르다.

　플라톤은 어떤 것은 그 자체로 내재적인 가치를 가지며 다른 것은 행복을 얻기 위한 도구로서 가치를 가지기 때문에 도구적인 가치를 가진다고 가치를 구분했다.[2] 밸런타인데이는 내재적인 가치가 있고 초콜릿은 도구적인 가치를 가지는 것이다(어쩌면 그 반대인지도 모르겠다). 플라톤적인 구분은 가치에 2개 이상의 다른 종류가 있다는 뜻이 되며 복수주의라고 부른다. 칸트는 도덕적 가치와 부수적인 가치로 나누었다. 칸트의 가치론은 단수주의이다. 칸트 철학에서 도덕적 가치는 정언명령이며 절대적인 것이고 다른 모든 것은 정언명령에서 나오는 파생품이기 때문이다. 공리주의의 개척자 밀은 쾌락에서 가치를 찾는다. 밀은 정신적인 쾌락은 고급의 쾌락으로 더 가치 있는 것이며, 육체적인 쾌락은 저급한 쾌락으로 가치가 덜하다고 보았다. 밀의 설명은 조금 모호하기 때문에 복수주의로 봐야 할지 단수주의로 봐야 할지는 후대 철학자의 몫이다. 무어는 '좋음'이 가치의 본질이라고 주장한다.[3] 미국의 철학자 윌리엄 프랑케나는 선을 '도덕적 의미의 선'과 '도덕과 무관한 선'으로 구분하고 가치도 그에 따라 도덕적 가치와 비도덕적 가치로 구분하였다. 후자에 속하는 가치들은 공리적, 본래적, 내재적, 기여적 등으로 다시 세분되며 가치의 체계를 만든다.[4] 철학의 다른 문제에서와 마찬가지로 오늘날에도 가치는 복수주의와 단수주의를 중심에 두고, 주를 달고 세분화하면서 담론을 이어가고 있다.

2장에서 선의 개념을 잡기 위해 그랬던 것처럼 가치를 갖는 모든 대상을 열거하고 공유 집합을 찾으면 가치를 분명하게 정의할 수 있을 것이다. 그러나 번거롭게 그런 과정을 다시 거칠 필요는 없다. 윤동주의 별에 붙은 가치와 번영하는 대한민국 국민의 직위, 명예, 돈 등의 공통분모는 직관적으로 찾을 수 있으며, 그것은 행복이다. 벤담식으로 표현하면—우리를 지배하는 것은 쾌락과 고통이다. 가치는 행복이며 쾌락인 것이다.

10장의 자유의지 모형에서 설정된 행복 게이트는 행동을 결정하는 과정에서 쾌락과 고통이 작용하는 위치와 기제를 알려준다. 행복 게이트에는 재래시장의 천칭같이 행복 게이지gauge가 자리 잡고 있을 것이며 바늘은 쾌락의 양을 가리킨다. 아이스크림의 달콤한 기억은 바늘을 오른쪽으로 기울게 만들고 엄마의 엄격한 얼굴은 바늘을 왼쪽으로 되돌려버린다. 아이의 머릿속에서는 엄마 몰래 먹는 방법이나 응석을 부리는 방법, 먹고 있는 애에 빌붙는 방법 등 여러 가지 행동의 옵션들과 착한아이가 되고자 하는 욕망이 먹고자 하는 욕망과 경합을 벌인다. 아이는 망설이고 바늘은 오락가락하며 시나리오별 행동이 가져올 쾌락은 거듭 조심스럽게 평가된다. 마침내 실행되는 행동은 행복 게이트를 통과한, 가장 커다란 쾌락을 준다고 생각되는 시나리오다.

정신적 쾌락과 육체적 쾌락의 구분은 필요 없다. 현대의 신경과학은 모두 결국은 같은 신경회로를 탄다는 것을 증명했다.[5] 막가는 자식과 협심증은 똑같이 어머니의 통증회로를 자극한다. 인지적 쾌락/고통과 감각적 쾌락/고통은 행복 게이트에서 한가지로 다루어진다. "술이 더 좋아 아니면 내가 더 좋아?" 하는 질문은 전혀 불합리하지 않다. 행복 게이트는 어떤 것도 비교하며 선택할 수 있다.[6] 아무리 들춰봐도 뉴런밖에 없는 뇌에서 선택이 일어난다는 것은 전기적 신호의 차이일 수밖에 없다. 다양한 욕망의 회로가 있는 만큼 다양한 내용들이 비교될 수 있는 것이며 사랑, 돈, 명예, 음식, 도덕 등 결과가 무엇이든지 행동으로 옮기게 만드는 것은 큰 쾌락을 약속하는 것이며 무어의 주장같이 좋은 것이며 가치 있는 것이다. 가치는, 보다 엄밀하게는, 행복의 크기이다.

4장의 자아중심률에는 '나의 의지는 언제나 옳다'는 명제가 포함되어 있다. 행복 게이트를 통과한 시나리오가 행동이 된다는 주장은 이 명제를 뒷받침한다. 나의 행동은 나의 행복을 극대화하는 결정에 의한 것이기 때문에 나의 행동은 언제나 옳은 것이다. '옳음'은 보통 도덕적 가치와 결부되어 있지만 필요에 따라서는 개인적 가치에 적용할 수도 있다. 합리화는 어렵지 않다—다른 사람이 저지르는 행동은 자신에게도 허용되어야 한다. 나에게는 고유한 상황이 있고 나의 행복은 스스로 지켜야 한다. 사회는 때때로 일방적이고 완벽하지 않다. 황금률을 거스르며 개인적 가치를 추구하는 행동일지라도 옳은 것이다(다만 청문회에서와 같이 과거의 개인적 가치 추구를 잘못된 것이라고 부정해야 더 큰 행복을 얻을 수 있는 상황이라면 판단은 외견상 번복된다. 그러나 그것은 대개 프롤로그에서 얘기한 관중효과이다).

자유의지 모형과 행복 게이트는 테레사 수녀도 연쇄살인범도 같은 논리로 설명한다. 설사 제3자의 관점에서 보면 명백히 사악하거나 부도덕하거나 혹은 자해적일지라도 행위자는 주어진 선택지에서 가장 큰 행복을 보기 때문에 실행한다. 연쇄살인범과 테레사 수녀도 모두 자기 행복을 추구한다는 주장은 잠자던 윤리학자를 벌떡 일으켜 세울 일인지도 모르지만 살인범도 성인도 모두 동물임을 부인하지 않는다면 그리 이상할 것도 없다. 어떤 사람은 풀만 먹어도 행복하고 어떤 사람은 풀만 먹으면 고통스러운 것처럼 악인과 성인은 같은 행위로 느끼는 쾌락/고통이 다른 것이지 심리적 작용 기제가 다른 것은 아니다. 그야, 붙잡힌 살인범은 자신의 행위를 가치 있는 일이라고 라벨을 붙이지는 않을 것이다. 살인범도 유치원에서 도덕적인 행동이 옳은 행동이며 가치 있는 것이라고 배웠을 것이기 때문이다. 살인범은 도덕적 가치와 뒤섞인 개인적 가치에서 혼란을 느끼겠지만 그의 행동을 지배하는 것은 가치이다. 체포되기 전에는 살인으로 인한 개인적 가치가 컸을 뿐이다.

가 치 의 분 류

행복의 크기가 가치라는 정의는 가치에 대한 논란이나 가치의 충돌이라는 현상을 쉽게 이해할 수 있는 준거가 된다. 사람은 각자 다른 욕망을 추구하며, 욕망의 만족이 주는 쾌락의 크기도 다르다. 개인적인 선호나 도덕과 무관한 다른 욕망으로 인한 가치는 분명히 존재하고 일상적인 것이면서도 개인적 가치에는 가치라는 말을 잘 적용하지 않는다. 다양한 가치를 압도하면서 가장 중요하게 느껴지는 것은 도덕적 가치이다. 가치는 많은 경우 도덕적 가치를 말한다. 도덕적 가치는 사회의 적합도를 높이는 것이다. 초유기체적 사회와 세포적 개인의 위상 차이로 말미암아 도덕적 가치의 객관적 중요성 앞에 개인적 가치는 명함을 내밀수 없다. 아무리 아까워도 부자는 때때로 기부를 해야 하고 아무리 사랑스러운 아들이라도 병역의무는 피할 수 없다. 같은 부자라도 가진 돈이 도덕적 가치를 갖게 만들면 졸부 소리를 듣지 않는다. 졸부의 돈에는 오직 개인적 가치만이 있기 때문에 폄하되는 것이다. 이것은 '투자'와 '투기', '정치가'와 '정치꾼', '위대한 기업'과 '돈 번 기업' 등을 나누는 기준이기도 하다. 도덕적 가치가 극단적으로 강조되다 보면 개인적 가치는 사라져버린다. 영국의 극작가 버나드 쇼는 아예 우리의 인생과 행복이 사회의 것이라고 선언한다.

> 이런 것이 인생의 진정한 즐거움이다: 나 스스로에 의해서 인식되는 전능
> 자의 어떤 목적을 위하여 사용되는 것, 이 세상이 나를 행복하게 해주기 위
> 해서 온 힘을 다하지 않는다고 불평하며 불만과 슬픔으로 가득 차고, 이기
> 심으로 눈이 빨간 동물이 되지 않고 자연의 한 힘이 되는 것이다.
> 나는 나의 인생이 내 것이라기보다는 전체 사회의 것이라고 생각한다. 내
> 가 살아 있는 동안 사회를 위해서 무엇이든지 최선을 다하는 것은 나의 특
> 권이다.
> 더 많이 일을 한다는 것은 곧 많이 사는 것이며, 나는 죽을 때 완전히 소모
> 되어 있기를 바란다. 나는 삶을 그 자체로서 향유한다. 인생은 내게 '잠시
> 타고 마는 촛불'이 아니다. 그것은 내가 잠시 쥐고 있는 찬란한 횃불이다.
> 나는 이 횃불을 다음 세대에게 넘겨주기 전에 최대한 밝게 타게 할 것이
> 다.[7]

이타적 행동이나 도덕적 행동은 감동을 일으키며 가슴을 울렁이게 만들지만 도덕적 가치의 실제 효과는 제한적이다. 사람은 조명에 민감하다. 우리는 무대 뒤로 가면 쉽게 도덕적이기를 포기하고 개인적 가치에 집착한다. 무대 뒤는 어둡고 다른 사람이 보지 못하니 평판에도 영향을 안 받고 처벌도 없을 터이니 자연스러운 결과이다. 협동을 위한 겹겹

의 장치가 CC-TV같이 무대 뒤까지 보고 있지 않다면(7장) 도덕적 가치만으로 도덕적인 행동을 하는 사람의 수는 '천국의 변호사 수'보다 적을 것이다.[8]

가치를 논함에 있어서 또 하나의 중요하고 객관적인 분류는 물질적 가치와 정신적 가치이다(표 12-1). 이 세상이 물질세계와 정신세계로 확연히 구분되기 때문이다. 맛있는 음식이나 생활에 필요한 갖가지 물건들은 물질적 가치가 있는 것들이며 개인적으로 가치가 있는 것들이고 경복궁이나 팔만대장경은 물질적이지만 한국 사회에게 가치가 있는 것들이다. 추억은 정신적이고 개인적인 가치이며, 도덕은 정신적이고 사회적 가치이다.

	개인	사회
물질적(유형)	음식, 건강, 재산	산업, 문화재, 국토
정신적(무형)	지식, 사랑, 예술	도덕, 역사, 문화

표 12-1 가치의 분류

개인은 초유기체적 사회의 세포이기 때문에 개인적인 가치도 따지고 보면 모두 사회적인 가치가 있다. 골동품은 개인적인 부이고 사회적으로도 가치가 있는 것이고 지적재산권도 무형이지만 개인적인 가치도 사회적인 가치도 있다. 이런 분류는 편의적이고 직관적이므로 쉽게 회색지대를 만나게 되고 무한한 논쟁의 대상이 될 수 있다. 표 12-1의 의의는 정확한 구획에 있는 것이 아니라 현저하게 구분되는 가치의 특성과 분류를 인식하는 데 있다.

진품과 가짜

　일본의 어느 고고학자는 투박한 석기들을 보여주며 일본에서 수십 만 년 전 구석기시대의 유물을 발굴하였다며 주목을 받았다.[9] 그러나 발표 며칠 전 그가 발굴 현장에 석기를 몰래 묻고 있는 장면이 카메라에 잡혔고 유감스럽게도 구석기시대의 유물은 모조리 가짜였다는 것이 드러났다. 석기는 변함없건만 사람들의 마음속에서는 보물에서 돌멩이로 변하고 말았다. 비슷한 예는 얼마든지 있다. 예수의 수의는 세상의 관심이 집중되어 있고 무수한 시험이 실행되었으며 여러 권의 책도 나왔다.[10] 만일 그것이 진품이라면 이 세상에서 가장 귀한 누더기가 될 것은 말할 나위도 없지만 그것이 가짜라면…… 일단 빨아야 할 것이다.

　골동품만이 아니라 예술품도 진품이니 아니니 하고 세간의 관심을 모은다. 유럽에서는 허다한 위작 시비가 있었고 한국에서도 저명한 화가의 그림들, 가령 박수근의 〈빨래터〉가 진품인지 아닌지 논란이 있었다. 이런 논란이 일어나는 것은 진품과 위작이 쉽게 구별이 되지 않기 때문이다. 이 전문가의 주장에도 근거가 있고 저 전문가의 주장에도 일리가 있다. 캘리포니아의 J. 폴 게티 박물관이 무려 900만 달러를 들여 수집한 고대 그리스의 젊은 남자상(쿠로스)은 온 세상의 전문가와 과학이 동원되었지만 여전히 진위가 불명확해서 그런 상태임을 명시하고 전시한다.[11] 요즘은 과학적 분석 기법들이 발달하여 육안으로는 식별되지 않는 물성이나 구조를 파악하여 가짜를 제외시킬 수 있는 분별력이 높아졌지만 일단 위작 시비가 붙으면 찜찜한 것은 정도의 문제이지 완전히 불식되기는 어렵다. 가짜와 진품이 구별되지 않는데도 진품만이 가치 있다면 가치는 어디에서 오는 것일까?

　루이뷔통 핸드백은 한국에서 '3초 백'이라고 불린다. 길에 나서면 3초에 한 번씩 볼 수 있기 때문이다. 짝퉁 핸드백 제조업자들이 명품 핸드백의 대중화를 이끈 셈이다. 이 말은 진실을 담고 있다. 그냥 무늬만 같은 유사품이라면 명품이라고 할 수 없지만 짝퉁이 진화하여 품질까지 짝퉁이 되면, 품질이 좋아서 명품이라면 짝퉁도 명품이다. 소문에 의하면 한국에서 만든 어떤 우수한 복제품은 진품과 식별이 되지 않아 파리의 본사에서 애프터서비스 차원의 수리를 해주었다고 한다. 사람에 따라서는, 특히 진품의 소유자는, 아무리 진품과 구별할 수 없더라도 짝퉁은 짝퉁이라고 주장한다. 진품의 가치는 물건의 품질이 전부가 아니라는 말이다. 핸드백에 붙어 있는 상표나 심지어는 보증서까지 있으니 물건을 안팎으로 아무리 뒤져도 진품이 아니라는 특성이 발견될 수는 없다. 그렇지만 진품은 아니다. 즉 진품의 가치는 물건 밖에 있다. 사람의 마음에 있는 것이다! 짝퉁은 제아무리 핍진하여도 진품을 찾는 여인에게는 효용이 미미하다. 진품을 찾는 여인은 똑같이 생긴 짝퉁을 혐오하면서 진품을(혹은 진품이라고 믿는 상품을) 짝퉁의 몇 배 혹은 몇십 배의 돈을 지불하고 산다. 가치가 심리적인 것임을 이보다 더 잘 증명하기는 어려울 것이다.

가치는 물질에 있는 것이 아니라 사람의 마음에 있다. 경제적인 가치도 사회적인 가치도 사람들이 부여하는 것이며 가치의 차이는 얼마나 많은 사람이 얼마나 큰 행복을 느끼느냐에 있다. 골동품도 예술품도 명품도 마찬가지다. 아무리 위조품일지라도 모든 사람, 혹은 영향력 있는 전문가를 속여 넘길 수 있다면 진품이 되는 것이며 가치를 부여받게 된다. 궁극적인 사실 여부는 알 수가 없으며 문제가 아니다. 아무리 진실이 아니더라도 마르크스의 노동가치설이나 프로이트의 리비도같이 많은 사람이 믿고 따르면 가치가 있는 것이다.

경제학의 비조인 애덤 스미스나 공산주의의 산파인 카를 마르크스 등

많은 초기의 경제학자들은 (경제적) 가치가 노동에 의해서 부여되는 것이라고 믿었다. 900원의 시설과 재료를 들여 1000원을 받고 팔 수 있는 담배를 만들었다면 100원에 해당되는 가치는 노동에서 나왔다고 보는 것이 자연스럽다. 사람의 노동이 개입되지 않고 시장에 나오는 상품은 없으니 가치가 노동으로 인해 생긴다고 보는 것은 직관적인 설득력이 있다. 그런데 이익금 100원의 대부분을 시설과 재료를 공급한 자본가가 가져가니 부당한 것이며 노동자들은 단결해서 자본가가 수탈해가는 이익을 환수해야 마땅한 것이다.

그러나 수렵채취 사회가 아닌 다음에야 노동으로 세상의 가치나 상품의 가격을 설명할 수는 없다. 담배는 비흡연자에게는 땔감도 못 된다. 아무리 많은 농민들이 담배를 재배하느라 수고하였더라도 비흡연자만 있는 시장에서는 담배는 가치가 없다. 한국 정부는, 설에 의하면, 세수 부족을 느끼면 담뱃값을 올린다. 담뱃값은 노동에 달린 것이 아니라 정책 결정자의 마음먹기에 달린 것이다. 1000억 원을 호가하는 노르웨이 화가 뭉크의 〈절규〉에 붙여진 가격이 뭉크의 붓 노동이나 액자 제조에 들어간 노동 탓일 수는 없다.[12] 어린이날 나누어주는 풍선에 헬륨 대신 공기를 넣으면 같은 노동이 들어도 아무도 안 갖는다. 노동가치설은 미인박명美人薄命같이 호소력은 있지만 생자필멸生者必滅 같은 진실은 아니다.

가치는 노동과는 아무런 관련이 없다. 담배의 예가 말해주듯이 아무리 많은 노동을 쏟아부었다고 해도 필요를 느끼는 사람이 없으면 상품은 무가치하다. 노동자는 노동을 대가로 돈을 받기 때문에 일을 한다. 상품이 시장에서 어떻게 팔리는지는 노동자의 손을 떠난 소비자와의 문제이며 전혀 다른 사건이다. 소비자는 자신의 필요를 충족시켜주는 상품을 구입하고 행복을 느낀다. 경제학자들은 가치는 노동에서 나오는 것이 아니며 효용效用/utility이라고 결론을 짓는다.[13] 노동자와 소비자가 느끼는 가치는 각자가 느끼는 행복의 크기이다. 두 사람의 여인이 서로 다른 애인에게서 느끼는 행복같이 비슷한 현상이지만 완전히 별개의 것이다.

그렇지만 누가 뭐라 하든, 영화 속의 주인공을 연모하듯이, 노동가치설을 신봉하고 리비도 이론을 믿을 수는 있다. 이런 이론들은 객관적인 사회적 가치는 상실했다고 할 수 있지만 개인적 가치는 있는 셈이다. 개인적인 가치는 그 사람에게는 진리이지만 다른 사람에게는 사실이 아니기 때문에 왕왕 갈등의 원인이 된다. 남진이 더 멋있다 나훈아가 더 멋있다고 싸우는 아줌마도 있고 이 집 평양냉면이 진짜다 저 집 평양냉면이 더 잘한다고 다투는 아저씨도 있는 것이다. 마찬가지로 서로 다른 사회가 느끼는 가치도 다르다. 경복궁은 조선인의 마음에 독립 국가를 상징하는 유형적 가치이고 한글은 한국인의 무형적 자신감이지만 조선을 정복한 제국주의 일본인의 마음에는 무가치하며 심지어는 정복 작업을 방해하는 통증의 원인이다. 반대로 천황이나 신사는 일본인에게 유형의 사회적 가치이고 부시도武士道는 무형의 사회적 가치이지만 외국인에게는 일본 토속문화의 흥미로운 현상에 지나지 않는다. 서로 다른 사회가 느끼는 가치는 많은 경우 인류 사회의 차원에서 보면 개인적 가치에 해당된다. 각국이 자국의 문화나 관습을 유네스코 인류문화유산으로 지정받으려고 애를 쓰는 것은 개인적 가치를 인류 전체 사회의 가치로 승격시키려는 시도다.

골동품이나 문화재, 예술품 혹은 스타의 가치는 매우 주관적이고 개인별 차이가 크다. 이런 대상에 가격이 매겨지는 것은 상품으로 나왔기 때문이다. 가격은 사고파는 두 당사자 간의 가치를 맞추는 것이라고 할 수 있겠다. 가치는 주관적인 것이지만 가격은 가치를 객관화한다. 고려자기가 박물관에 보존되어 있을 때는 사회적 가치만을 가지고 있고 가격은 없지만, 경매에 나오면 수집가 간에 효용을 맞추며 양쪽이 행복을 느끼는 지점에서 가격이 결정된다. 부자 나라의 예술품들은 가난한 나라의 예술품보다 훌륭해서가 아니라 살 사람이 부자이기 때문에 고가품이 된다. 어떤 대상이든지 한 사람의 마음속에서는 서로 가치를 비교할 수 있고, 두 사람이 교환을 하면 가격이 정해진다.

경 제 학 과 가 치

경제학에 의하면 가격은 수요와 공급에 의해서 결정된다. 노벨경제학상 수상자인 밀턴 프리드먼은 경제학은 실증주의에 입각한 과학이기 때문에 가치나 규범은 배제되어야 한다고 주장하였다. 프리드먼의 가치는 물론 도덕적 가치이다. 미국의 연방준비위원회가 이자율을 1/4%씩 높였다 낮추었다 하면 주가가 오르내리고 고용률이 호흡을 맞추고 경기가 적당한 온도를 유지하는 것을 보면 경제에 도덕적 가치가 끼어들 여지는 없어 보인다.

그러나 2008년 세계적 금융위기는 프리드먼의 주장과는 달리 경제가 도덕성에 의해서 깊숙이 영향을 받고 있음을 적나라하게 보여주었다. 금융위기는 적어도 상당 부분 일부 경제학자들과 경제 주체들의 사기에 가까운 비도덕적인 행위가 만들어놓은 것이다.[14] 금융위기보다 10년 전 외환위기가 닥쳤을 때 장롱 속에 꼭꼭 아껴놓았던 금붙이들을 헐값에 내놓는 한국인들의 행동은 합리적인 호모 에코노미쿠스Homo economicus의 형질이 아니다. 세월호 사고로 한국 경제가 전반적으로 침체되는 따위의 현상은 경제학의 한계를 명백히 보여준다.

미국 경제학회 회장을 역임한 리처드 세일러는 경제학의 대부분의 이론은 실험적 데이터가 아니라 '합리적 선택'이라는 공리에서 유추된 것이라고 설명한다.[15] 가격 결정에 대한 수요 공급의 법칙은 경제학의 기초라고 할 수 있겠지만 현실에서는 그런 현상을 보기 어렵다. 새로 나온 짬뽕면이 잘 팔린다는 것은 수요가 급증한다는 말이지만 가격은 그대로다. 2015년 원유값은 바닥을 기었는데 수요가 증가할 기미가 없다. 가격이 떨어지면 공급이 줄어야 하는데 산유국들은 서로 네가 줄이라고 버티고 있고 미국의 경제 봉쇄에서 풀려난 이란의 가세로 공급량은 늘어나고 있다. 장기적으로 보면 수요 공급이 가격을 결정할지 모르겠지만 일상생활에서 체험하는 가격은 경제학적 원리와는 상관이 없어 보인다.

도덕적 행위는 대가를 기대하지 않는 행위이기 때문에(제3장 참조) 돈으로 교환될 수 없으니 경제학은 원리적으로 도덕적 가치를 포함할 수 없다. 게다가 경제학에 포함되어 있지 않은 것은 도덕적 가치만이 아니다. 표 12-1의 무형적 가치에는 문화나 예술도 있고 사랑이나 지식도 포함된다. 그러나 이런 대상들은 경제와 무관한 것이 아니라 깊은 영향을 주는 요인들이다. 한류는 좋은 예가 된다. K-POP을 듣다가 한국 상품을 구매하고 한국 음식과 한국 문화의 소비자가 된다는 것은 상식이 되었다. 불과 300명 정도가 사망한 세월호 사고가 0.1%의 GDP 감소로 이어지고(교통사고 사망자는 매년 5000명 이상이다) 단지 30명이 사망한 메르스 사태도 비슷한 효과를 낳는 현상은 현재의 경제학으로는 설명이 안 된다.[16] 경제학은 경제 현상의 본질을 그리는 형이상학이라고 할 만하다.[17] 프랑스의 경제학자 베르나르 마리스는 경제학이 역술같이 과거를 그럴듯하게 설명할 뿐 미래를 예측할 능력은 없다고 단언한다.[18] 마리스는 경제학은 자연과학에서 물리학이 차지하고 있는 지위를 사회과학 분야에서 얻고자 하였으나 실패하였으며, 수학과 전문 용어로 포장하여 대중의 접근을 피하고 지배 계층과 리더들을 위해 봉사하고 있을 뿐이라고 한다. 마리스는 인간이 호모 에코노미쿠스가 아니라 훨씬 복잡하고 예측하기 어려운 존재이기 때문에 경제학은 인류학, 역사학, 정치학, 심리학 등 인간에 대한 다양한 지식들이 포함되어 다루어져야 역술적 한계를 벗어날 수 있을 것이라고 주장한다. 미국 듀크대학교에서는 수년에 걸쳐 미국 대기업의 재무책임자CFO들에게 S&P 기업들의 수익률에 대해 설문조사를 수행했다. 수집된 답변은 총 1만 1600건이었다. CFO들의 주식시장에 대한 단기 전망치와 실제 주가의 상관계수는 0이었다! 경제전문가인 CFO들의 전망은 전문적이기는커녕 동전 던지기보다 나을 것이 하나도 없다는 말이다.[19] 마리스의 주장이 지나친 과장 같지도 않다. 경제학은 물리학보다는 의학에 가까워 보인다. 대상이 수많은 변수가 작용하는 복잡계이다 보니 원리는 (이해하고) 있지만 현상은 예측이 어렵고 대응의 정밀성은 떨어진다. 중앙은행은 분기마다 이자율을 조금씩 올릴까 말까 눈치를 본다. 열이 나면 얼음찜질을 해주고 추워하면 이불을 많이 덮어주는 것이다. 시민들은 흔히 정부의 '뒷북행정'을 질타하지만 경제를 미리 보고 행정이 앞서간다는 것은 거의 불가능한 일이다. 어쩌다 선제적 조치를 취하면 예산 낭비나 과잉 행정이 되기 십상이다.

이 책에서 전개된 자유의지 모형의 관점에서 볼 때 현재의 경제학은 전제가 불충분한 매우 한정적인 지식 체계이다. 경제학의 합리적 인간의 전제는 일단 자유의지에 대한 이해가 없다. 합리적 인간이라는 전제는 사람을 단순한 (이성적) 프로그램으로 통제되는 로봇으로 가정하는 것이다. 경제학이 경제학자들의 이상과 같은 물리학적 예지 능력을 가지려면 합리성은 물론, 도덕적 가치를 넘어 사람의 욕망을 모두 포착하고 수량화한 수학적 모형이 있어야 한다.

10장의 마지막 절에서는 사람의 미래는 사람의 수준에서는 (미시적으로는) 불확정적이라고 하였다. 사회 자체에서 일어나는 일에 확률성이 크게 영향을 미친다는 말이다. 개개인의 행동을 신뢰성 있게 예측하는 것도 거의 불가능하다. 하나의 자극을 놓고 생각해도 하나의 욕망이 아니라 여러 욕망이 발현될 수 있고 사람마다 경험과 지식이 다르니 어떤 행동으로 이어질지 예측하는 것은 불가능해 보인다.

그러나 하나하나의 분자의 운동을 예측할 수는 없어도 용기 전체의 압력이나 온도는 알 수 있듯이 사람의 개체군 혹은 사회의 집합적인 욕망의 표출을 다루는 것은 가능할 것이다. 사람 간의 차이는 평균 속에 묻혀버린다. 8장에서 보았듯이 다루어야 할 욕망의 레퍼토리가 한정된 것이고 그림 10-1의 자유의지의 회로가 타당한 것이라면 타당성 있는 예측이 가능할 수 있다. 많은 연구가 필요하겠지만 사람의 행동 결정을 좀 더 현실감 있게 묘사할 수 있는 빅 데이터에 의한 패턴이 제대로 성숙된다면, 세월호 사고나 메르스 사태 같은 변수가 가져오는 경제적 파급효과를 비교적 정확히 예측할 수 있을지도 모른다. 아이들의 죽음과 가족들이 겪는 고통의 크기와 한국 같은 동질성이 강한 사회의 대중적 공감계수를 추정할 수 있을 것이며 이어지는 보호욕의 좌절, 부정부패로 물들어 있는 정부에 대한 공격욕, 군중심리 등에 대한 파장을 추정하고 소비의 부진이나 위락적 소비의 감소 등을 추정하고 경제 흐름의 변화가 계산되는 것이다. 그것은 침체의 늪으로 빠지는 당시의 정서를 극복하고 대체할 수 있는 대안적 동기 부여의 방법을 찾는 길도 된다. 경제학의 물리학적 이상의 추구는 진화생물학적 인류의 이해가 더해지면 좀 더 현실성을 가질 수 있을 것이다.

사실과 가치

조지 무어는 "최대 다수의 최대 행복이 선"이라는 공리주의의 모토를 자연주의적 오류라고 하였다. 자연주의적 오류는 사실을 가지고 가치로 착각하는 비약을 범했다는 말이다.[20] 최대 다수의 최대 행복은, 측정할 수 있든 없든 세상에 존재하는 어떤 양이다. 그러나 선은 정신적인 가치이다. 사실은 물질계에 속하고 가치는 정신계에 속하니 같은 것일 수 없고, 오류이다.

자연주의적 오류의 기원은 흄에 있다. 흄은 이성이 도덕의 원천이 아니라는 논증을 하면서 사람들이 흔히 범하는 비약을 지적했다.[21] 가령, '여자는 육아를 한다'는 사실을 얘기하다가 어느 순간에 가서는 '여자는 육아를 해야 한다'로 비약한다는 것이다. 근친상간 같은 행위를 생각해 보자. 근친상간은 사람이 아닌 동물에게서는 흔히 볼 수 있는 일이고 근친상간을 한 개를 비난하는 일은 없다. 근친상간이라는 사실 자체에는 도덕성이 없는 것이다. 그러나 사람은 근친상간을 해서는 안 되며 근친상간은 나쁜 행위로 치부된다. 여기에는 비약이 있다. 흄에 따르면 "당신이 어떤 행동이나 성격을 부덕하다고 주장할 때, 당신은 그 행동이나 성격을 보는 데에서 당신 본성의 (생리적) 구조에 따라 비난의 느낌이나 소감을 갖는다는 것을 뜻할 뿐이다." '이다is'에서 '이어야 한다ought to'로, 사실에서 가치 판단으로 넘어가는 것은 감성 때문이라는 주장이다. 무어의 '자연주의적 오류'는 흄의 '이다-이어야 한다'의 비약을 도덕적 명제에 적용한 것이다.

자연주의적 오류는 흔히 과학과 윤리학을 나누는 울타리로 여겨져 왔다. 미국의 윤리학자 싱어는 아무리 과학이 발달해도 (공리주의의) 공리의 원리라든가 칸트의 정언명령에 영향을 줄 수 없을 것이라고 한다.

"진화론, 생물학, 과학 일반 중 궁극적인 윤리적 전제를 제공할 수 있는 것은 없다. 윤리에 대한 생물학적 설명은 소극적인 역할, 즉 우리가 자명한 도덕적 진리로 간주하지만 사실상 진화론적으로 설명이 가능한 도덕적 직관을 재고해보도록 하는 역할을 맡고 있음에 불과하다."[22] 과학은 사실의 기술이며 '이다'의 영역을 다루는 학문이고 도덕은 가치의 문제이며 '이어야 한다'의 영역을 다루는 학문인 것이다. 언뜻 지당한 지적인 듯이 보이지만 그렇다면 '이어야 한다'는 왜 생기는지 물어야 한다. '이어야 한다'가 사람과 관계없이 존재하는 무엇으로 인해서 생기는 것이라면 이런 구분이 성립할 수 있겠지만 결국 사람에서 비롯된 것이라면 '이다'와 연관된 것이 아닐 수 없다. 사회생물학자 윌슨은 "우리의 뇌에는 무의식 속에서 윤리적 전제에 깊이 영향을 주는 선천적인 검열관과 선동자가 있다"고 주장한다.[23] 윌슨은 철학자들의 직관이나 통찰이 뇌에 깊숙이 숨어 있는 검열관과 선동자임을 알게 될 것이라고 한다.

10장의 자유의지 모형은 윌슨의 검열관과 선동자의 한 구체적인 (가설적인) 모습이다. 물질세계가 보낸 자극은 욕망의 신경회로에서 정신의 세계로 들어간다. 아기를 보면 사랑스럽고, 보호욕이 발동하며 아기를 안고 있는 엄마의 모습은 행복을 느끼게 한다. 아기를 가장 잘 보호하고 사랑할 수 있는 것은 엄마이므로 우리는 아기와 같이 있는 엄마를 원한다. 이런 감성은 선동자이며 이내 '여자는 육아를 해야 한다'의 규범으로 발전하는 것이다. 근친상간의 생각은 대부분의 사람에게 혐오감을 일으키며 도피욕이나 공격욕을 발동시킬 것이며 성욕을 소멸시켜버린다. 이런 감성과 욕망은 검열관에 해당된다. 우리가 하지 말아야 할 행동에 대해서 정서적인 거부감을 일으키고 대응에 필요한 적절한 욕망을 가동시킴으로써 통제하는 것이다. 자극이 주어지면 자동적으로 욕망이 발생한다는 기제는 그 자체가 자연주의적 오류를 내포한다. 욕망 중심 모형은 윤리학적 자연주의의 오류가 생물학적으로는 물질에서 정신으로 들어가는 뇌-정신 도약Brain-Mind Leap 현상이라고 설명한다.

그림 10-1의 자유의지의 회로는 행동과 사고의 자동화 또는 고정관념을 설명할 수 있었다. 고정관념도 욕망과 더불어 뇌-정신 도약에 기여한다. 대부분의 남자들이 군에 복무하는 사실은 "남자는 군대에 가야 돼!"가 되고, 마지막 가부장들은 "무릎이 치마 밖으로 나오면 안 돼!"라고 단언한다. 이런 현상은 화제를 불문하고 나타난다. "부자가 세금을 많이 내야 돼!", "거지에게 돈을 주면 안 돼!", "내각제를 해야 돼!", "전부 돈을 바라고 저러는 거야!" 등등. 뇌-정신 도약에는 고정관념이 된 개인적 선호나 문화와 습관이 영향을 미친다. 일상적이고 개인적인 고정관념과 벤담의 "최대 다수의 최대 행복이 옳은 거야!"의 자연주의적 오류가 다른 점이 있다면 벤담의 의견에 대해서는 많은 사람이 동조를 하지만 보통 사람의 일상적인 고정관념의 토로에 대해서는 동조하는 사람이 훨씬 적다는 것이다. 같은 비약이라도 많은 사람이 동조하는 비약과 그렇지 않은 비약이 있다는 것은 자연주의적 오류에는 개인적인 오류와 사회적인 오류의 두 분류가 있다는 것을 시사한다. "거지에게 돈을 주면 안 돼!"라고 선언하는 것은 개인적인 자연주의적 오류이고 사우디아라비아의 여성 운전 금지는 사회적인 자연주의적 오류이다. "여자는 육아를 해야 돼"가 사우디아라비아에서는 "여자는 운전을 하지 말아야 돼"로 확장된 것이다. 사회적 수준의 자연주의적 오류는 그 사회의 규범이 된다. 종교의 기초가 되는 신념이나 사회 간의 문화적인 차이에서도 자연주의적 오류를 느낄 수 있다. 기독교에서도 이슬람교에서도 신탁에 의해서 이교도의 배척은 사실로부터 가치로 비약한다. 영국에서는 남녀평등이나 '레이디 퍼스트'가 교양이고 중동에서는 남녀유별과 부르카 착용이 교양이지만 이 역시 관습이나 문화적 현상에서 가치로의 비약이

아닐 수 없다. 신념이나 도덕규범이 보여주듯이 자연주의적 오류의 산물은 일단 자리를 잡으면 깨는 것은 매우 어렵다. 개인적 자연주의적 오류의 극복은 개인의 고정관념을 깨야 하는 것이고 사회적 차원의 자연주의적 오류는 많은 사람의 고정관념을 타파해야 하기 때문이다.

가 치 의 충 돌

싱가포르의 독재자였던 리콴유 수상은 서양적 가치와 다른 동양적 가치를 주장하였다. 그는 서구의 자본주의를 적극 수용하였지만 민주주의가 최선은 아니라고 생각했으며 독재로 일관하며 싱가포르를 아시아 최고의 번영을 누리는 도시국가로 일구었다.[24] 중국도 서양적 가치를 거부하며 자본주의와 병행하는 공산당 독재의 끈을 놓지 않고 있다.

민주주의와 자본주의로 상징되는 서양적 가치는 인류 보편적인 가치에 가까이 가는 것은 틀림없다. 그러나 이런 가치를 구현하는 것은 한 개인의 마음먹기에 따라 되는 것이 아니라 많은 사람들의 참여가 필요한 일이기 때문에 사회의 역량이 문제가 된다. 민주주의의 기치를 높이든 방만한 인권의 조장은 포퓰리즘 정치를 낳고 공유지의 비극을 초래한다. 반대로 준비되지 않은 민주주의의 설치는 무늬만 민주주의이고 실제로는 왕조 사회를 낳는다. 권력을 움켜쥐면 리더는 개인적인 가치를 추구하기 위해서 사회의 자원을 남용하기 마련이고 초유기체의 프랙털적 지배와 종속의 구조는 개인을 고립시키고 무력화하며 일개미가 될 것을 강요한다. 리콴유는 비교적 개인적인 가치와 사회적 가치를 일치시켰고, 독재를 하였지만 개인적 적합도를 키우기보다는 사회적 적합도 제고에 매진하여 눈부신 경제 성장을 일구어낼 수 있었다. 이것은 플라톤의 철인정치나 공자의 인의정치와도 맥을 같이한다. 진화생물학적 고찰도 리콴유적 독재를 지지한다. 사심 없고 현명한 리더만 보장된다면 독재나 과두정치는 중우를 초래하기 쉬운 민주주의보다 효율적이고 훨씬 좋은 결과를 낼 수 있다.

그러나 독재는 밀폐된 방같이 시간이 갈수록 갑갑함을 느끼게 만든다. 유교적 혹은 가부장적 제도로 상징되는 동양적 가치가 소득이 어느 수준 이상으로 높아진 뒤에도 지속될 수 있을지는 의문이다. 생존의 문제가 해결되면 모방욕, 발표욕, 합리욕, 표현욕 같은 욕망이 중요해지며 대중의 자유에 대한 욕구는 압제와 충돌한다. 다 자란 청소년들이 부모의 간섭을 거부하는 것같이 가부장적 지도와 일사분란을 추구하는 억압이 달갑지 않아지는 것이다. 가부장적 정치는 순종과 내집단 의식을 기반으로 어질고 현명한 독재를 전제한다. 사심 없는 독재가 무한히 지속되기는 어렵다. 개인적 가치보다 사회적 가치를 우선한다는 것은 거의 반동물적이기 때문이다. 독재는 오류와 부패를 낳기 마련이다. 독재는 한정된 기간에 사회적 적합도 추구를 목표로 할 때만 쓸모가 있다.

민주주의와 독재는 둘 중 하나를 선택하면 다른 하나는 자동적으로 버리는 효과를 낳으므로 선택과 더불어 문제는 종료된다. 정말로 골치 아프고 항구적인 가치의 문제는 자유와 평등의 충돌에 있다. 이사야 벌린은 자유와 평등이 근본적으로 충돌하는 가치이며 타협될 수 없는 이질적인 것으로 보았다.[25] 영국의 현대 윤리학자 버나드 윌리엄스도 이에 동조하며 세상에는 절대 해결될 수 없는 갈등들이 존재한다며, 현대의 철학자들이 세상을 너무 단순화해서 생각하는 것이 문제라고 비판했다. 자유가 문제를 일으키는 것은 사회 구성원들 간의 차이가 존재하기 때문이다. 사회 구성원들은 모두 같지 않다. 사람은 서로 리더가 되기 위해서 경쟁하고 리더에게는 대중과 차별된 보상이 주어진다. 사회가 경쟁을 내포하고 있다면 자유의 이면은 자연스럽게 불평등이 된다. 독재와 달리 경쟁은 인류 사회에서 제거될 수 없는 속성이다. 한편으로는 자유와 경쟁이, 다른 한편으로는 사회계약적 평등이 보장되어야 하니 인류 사회의 근본적 가치들이 충돌하며 영원한 숙제를 준다.

그러나 자유와 평등이 상충하며 타협하기 어려운 가치들이라는 것이 자유와 평등의 현실적인 공존이 불가능하다는 말은 아니다. 이미 자유와 평등은 적당히 버무려지면서 우리 사회를 지탱하고 있다. 그것은 수학적인 공식에 의한 배분 같은 것이 아니라 역동적이고 미묘한 배합을 구현하는 평형이다(이 문제는 15장에서 자세히 논의한다). 세상의 모든 갈등은 그 외양이 무엇이든지 간에 근본적으로는 생존경쟁이며 각자의 행복을 극대화하려는 욕망에서 나온다. 인류 사회의 모순적 가치 추구는 공존이 어렵게 느껴지지만 자연선택과 적합도라는 원리에서 바라보면 불안정한 경계면 자체가 속성이라는 것을 느끼게 된다.

가 치 있 는 삶

갤럽이 매일 1000명의 미국인을 상대로 연 인원 45만 명의 데이터를 얻어 분석한 바에 의하면, 가난은 인생을 고달프게 만들고 부는 삶의 만족을 높인다![26] 그러나 사람이 살면서 느끼는 '체험적 행복감'은 부에 의해서 크게 영향을 받지 않는다는 것이 발견되었다. 체험적 행복감은 매 순간 즉각적으로 느끼는 행복이다. 지나고 난 뒤에 평가하는 '기억적 행복'과 구별된다. 부자가 죽을 때 자신의 인생이 만족스러웠다고 평가하는 것은 기억적 행복이고 지금 고픈 배를 채우며 느끼는 것은 체험적 행복이다. 대니얼 카너먼은 DRM Day Reconstruction Method이란 방법으로 체험적 행복을 측정했다.[27] 실험 참여자들은 하루의 기억을 되살려 여러 개의 에피소드로 나눈다. 각 구간에서는 가장 주의가 집중되었던 활동을 하나 선택하여 0~6으로 채점한다. 여러 날에 걸친 이런 데이터는 사람들이 일상적으로 얼마나 행복하게 지내는지 훔쳐볼 수 있는 창구가 된다. 갤럽의 DRM 조사에 의하면 대도시같이 생활비가 많은 드는 지역에서 가족의 연 수입이 7만 5000달러 정도가 되면 체험적 행복감이 최대치에 올랐으며 추가의 수입이 기여하는 바는 미미하였다. 카너먼의 해석에 의하면, 추가의 수입은 좀 더 많은 쾌락을 구매할 수 있게 하지만 늘어난 수입이 삶의 다른 즐거움을 빼앗아간다. 지구를 반 바퀴 돌아 알프스에서 스키를 타는 것은 행복을 줄 수 있겠지만 동네 놀이동산에서 썰매를 타는 것도 상당히 즐거운 일이다. 행복이 돈과 비례하지 않는 것을 경제학에서는 한계효용체감의 법칙이라고 한다. 용이 승천할 때는 가파르게 오르지만 일단 하늘에 오르면 옆으로 날 수밖에 없고 비상의 짜릿함은 없어진다. 돈이 많아질수록 단위당 행복의 증가폭은 점점 작아진다.

한계효용은 증가율의 감소를 넘어 화장실 갔다 온 뒤의 배설욕같이 아예 없어져버리기도 한다. 사람은 어떤 행복에도 이내 익숙해지고 행복은 잦아든다. 여신 같은 배우와 결혼한 행운의 남자도 바람을 피우고 이혼한다. 몇 번의 고배를 마신 취업 준비생은 합격 소식에 뛸 듯이 기뻐하며 두통도 생리통도 다 잊어버리겠지만 출근하는 회사원에게 직장을 다니고 있다고 상기시켜봐야 짜증만 내기 쉽다. 행복의 계단에서는 아무리 올라가봐야 제자리로 돌아온다. 이런 현상은 '한계효용소멸의 법칙'이라고 할 수 있겠다.

삼천 궁녀와 아방궁은 환상적이지만 진시황이 가장 행복한 사람이었다고 보기는 어렵다. 진시황의 혈액 속에는 쾌락을 상쇄할 스트레스 호르몬이 밤낮없이 치솟아 있었기 십상이다. 국사란 수많은 사람들의 이해가 엇갈리는 현장이니 갈등과 소음이 일상사일 것이며 비록 현대의 국회 같지는 않을지라도 보고 있는 자체로 편치 않았을 것이다. 권력이 크면 자신의 의지를 마음대로 실행할 수 있다는 만족도 있겠지만 대신 사소한 역린에도 불쾌함을 느끼기 쉽고 지속적인 유혹에 시달리며 고통을 자초하기도 쉽다. 권력과 돈이 많으면 농담도 주고받을 수 없고 조언에 분노하며 비만이나 당뇨에 걸릴 가능성이 높다는 말이다. 이것은 '한계효용과부하의 법칙'이다.

부나 권력은 커다란 만족을 주는 효율적인 도구이지만 만능은 아니다. 진시황도 질병과 노쇠를 피해 갈 수 없다. 독일의 식물학자 슈프렝겔과 리비의 '최소양분의 법칙'은 아무리 많은 영양분이 있어도 단 한 가지 필수 양분이 모자라면 식물이 제대로 자랄 수 없다는 것이다.[28] 그것은 동물에도 적용되고 마음에도 적용되는 보편적 원리이다. 하나의 고통으로도 행복은 쉽게 깨져버린다. 치통이나 발기부전을 겪었다면 진시황의 DRM 성적은 형편없을 것이다.

진시황의 일생에 걸친 체험적 행복 합계와 진나라 하급 관리의 체험적 행복 합계는 별로 차이가 크지 않을 것이다. 체험적 행복을 의식하고 '한계효용체감의 법칙', '한계효용소멸의 법칙', '한계효용과부하의 법칙', '최소양분의 법칙' 따위를 고려한다면 굳이 진시황같이 싸움을 밥 먹듯이 하며 많은 사람들에게 고통을 주고 승자가 되려고 애를 써야 하는가 하는 의문이 생긴다. 현자들은 진시황 같은 승자의 길이 참다운 행복으로 인도하지 않는다고 가르친다. 그리스의 철학자 에피쿠로스는 고통이 없이 마음이 잔잔한 호수 같은 아타락시아가 사람이 얻을 수 있는 최선이라고 주장한다.[29] 《채근담》은 "마음이 쉬면 문득 달이 뜨고 바람이 부나니 인세人世가 반드시 고해 아니로다"라고 한다.[30] 경쟁에 휘말리지 않으면 많은 고통에서 벗어날 수 있고, 마음먹기에 따라서 혹은 능력에 따라서는 공짜인 달과 바람에서도 행복을 찾을 수 있다. 그리하여 기산에 은거하던 중국의 은자 허유는 요임금이 왕위를 물려주려 하자 기겁을 하고 더 깊은 산속으로 도망치고 지방장관을 맡아달라고 부탁을 하자 귀가 더럽혀졌다고 냇물에 귀를 씻는다.[31] 소를 끌고 가던 소부는 허유가 귀를 씻어 냇물이 더럽혀졌다고 소를 끌고 상류로 올라가 물을 마시게 했다. 이 정도면 충분할 텐데 석가모니는 그것도 부족하다고 한다. 석가모니는 경쟁은 물론 아예 육식이나 섹스 등 동물성을 포기하고 식물이 되는 것이 고통에서 벗어나는 길이라고 가르친다.

그러나 아무리 현자들이 탐욕을 벗어던지고 평정한 마음에서 행복을 찾으라고 가르쳐주어도 대부분의 사람들은 그렇게 살 수 없다. 로마의 현인 세네카는 부잣집에 초대받아 갔다 와 혼란스러운 마음을 이렇게 기록했다.

검약함에 철저하게 익숙한 내게 진수성찬이 보란 듯이 그 호화찬란함을 사방팔방에서 발산하고 있었습니다. 덕분에 내 눈길은 자꾸만 허공을 떠돌아야만 했습니다. 진수성찬을 앞에 두고 그것을 직시하고 마음을 여는 것은 쉬운 일이 아니었습니다. 집으로 돌아갈 때의 마음이 올 때보다 무거워지지는 않았지만 왠지 쓸쓸한 마음에 호화찬란한 집 안을 돌아다니면서 이전처럼 어깨를 쫙 펴고 당당하게 행동하지 못한 채, 어쩌면 저런 사치스러운 생활이 훨씬 더 바람직한 것이 아닐까 내심 부끄러운 생각과 의문을 품었습니다. 이 모든 것들 중에 어느 하나도 내 마음을 바꾸지는 못하였지만 그것들 모두가 내 마음을 동요시키지 않는 것은 없었습니다.[32]

도덕적 가치만을 추구하는 삶은 자신의 생존과 번식을 지상목표로 해야 하는 사람의 본능을 끊임없이 극복해야 하는 어려운 일이며 고통을 수반하는 일이다. 중국인들은 대중이 결코 도달할 수 없는 이상을 추구하기보다는 절충적 대안인 중용을 발전시켰다. 중국인의 이상형이라 할 군자는 현실에 머물면서 중용을 추구한다.[33] 군자는 모든 일에 지나침이 없다. 사람들 틈에서 살면서 사회생활의 경쟁에서는 한 걸음 떨어져 있다. 예를 숭상하고 학문을 즐기며, 음식이 눌어붙지 않는 고급 프라이팬 같이 더럽혀지지 않는다. 그러나 군자의 상은 쓰레기를 발생시키지 않는 요리 같은 것이다. 대차대조표가 맞지 않는다. 현실에서는 먹으면 배설도 해야 하고 섹스 없이 자식을 얻을 수 없으며 아무리 좋은 프라이팬도 조금 묻는다.

군자의 이미지는 비현실적이지만 중용의 에센스는 개인적 가치와 도덕적 가치 어느 한쪽만 추구하지 않는 것이다. 두 가치는 종종 충돌을 일으키게 되어 있지만 사람은 두 가지를 모두 추구해야 한다. 사회적인 동물에게 중용은 필수품이다. 그것은 허유나 소부 같은 무관심이나 고립일 수 없고 참여와 협동이 바탕이 된다. 무기력하거나 협동을 떠나 고립된 세포는 암세포는 아니지만 초유기체에게 필요가 없다. 참여하는 가운데 개인적 가치의 추구는 필연적으로 경쟁과 고통을 낳지만 인내하고 적절히 소화시켜야 한다. 사회생활에서 오는 스트레스를 완전히 피해 가는 것은 인간에게 허용되지 않는다. 그리스의 현인 솔론은 "인간은 살아 있는 한 결코 행복하다고 할 수 없다"고 하였다.[34] 솔론의 말은 인생에 행복이 없다기보다는 고통을 피할 수 없다는 얘기일 것이다. 무리해서 사회생활의 고통을 피하려는 노력은 생쌀만 먹는 것처럼 대체 고통을 가져올 뿐이다.

진화생물학적인 가치 있는 삶은 행복한 삶이며 행복은 욕망의 충족에서 온다. 그것은 무조건적인 도덕적 가치를 추구하는 데서 얻어지지도 않고 개인적 가치 추구에 몰입한다고 얻을 수 있는 것도 아니다. 행복의 내용은 모든 사람에게 똑같은 것일 수도 없고 완전한 것일 수도 없다. 행복은 현실의 생존경쟁을 헤쳐나가면서 조금씩 높아지는 개인과 사회의 적합도에 따라 느끼는 것이다. 인류의 진화 방향에 지능이 포함된 것은 아마도 때때로 충돌하는 욕망을 동시에 추구하며 사회의 적합도와 개인적 적합도의 어느 것도 포기하지 않는 줄타기를 해야 하기 때문일 것이다.[35]

13장

윤리

ETHICS

통섭의 진통

에드워드 윌슨은 개미의 사회를 인간적으로 표현하면 다음과 같은 흥미로운 특징이 있다고 한다.

> 나이 매기기, 더듬이 의식, 몸 핥기, 달력, 식인, 계급 결정, 계급 법, 군체 설립 규칙, 군체 조직, 청결 훈련, 공동 유아원, 협동 노동, 우주론, 구애, 분업, 수컷 통제, 교육, 종말론, 윤리학, 에티켓, 안락사, 불 지피기, 기피 음식, 선물, 정부, 인사, 몸단장 의례, 친절, 주택, 위생, 근친상간 금기, 언어, 양육, 법, 의학, 변태 의례, 상호 구휼, 보모 계급, 교미 비행, 양분 공급용 알, 인구 정책, 여왕에 복종, 거주자 규칙, 성 결정, 군인 계급, 자매 연대, 지위 분화, 불임 노동자, 수술, 공생 생물 관리, 도구 제작, 교역, 방문, 날씨 조절 등등.[1]

'더듬이 의식'이나 '몸 핥기' 같은 것은 인류에게는 낯선 행위들이지만 달리 생각해보면 악수나 키스라고 할 수 있고 변태 의례는 성년식이라고 볼 수 있겠다. 이런 특성들이 모두 하나의 개미 사회에서 관찰되는 것은 아니지만 어쨌든 개미라는 미미한 곤충 사회의 특징인데, 믿을 수 없을 만큼 사람의 사회와 비슷하다. 윌슨이 개미 사회에서 얻은 원리들이 다른 동물들의 사회, 더 나아가서 사람의 사회에도 적용될 것이라고 생각한 것은 무리가 아니다. 윌슨은 동물행동학, 개체군 유전학, 생태학 등의 방대한 지식을 융합하여 1975년 《사회생물학: 새로운 종합》이라는 책을 출간했다. 윌슨은 이 책의 마지막 장을 "사람: 사회생물학에서 사회학으로"라는 제목으로 인문사회학을 사회생물학의 영역 속으로 잡아넣었다. 이 장에서는 이타와 협동, 성, 계급과 분업, 소통, 윤리, 종교 등 인류 사회의 특성들을 진화적 원리에 입각해서 검토했다. 윌슨의 결론은 단순명료하다. 어떤 선입관이 없이 자연사의 관점에서 보면 인간은 다양한 동물 중 하나이고, "역사, 전기, 소설 등은 인류 행동학의 연구 방법이 되고 인류학과 사회학은 인류 종에 대한 사회생물학의 분과가 된다"는 것이다.[2] 윌슨은 인문사회학의 지식에 대해서 냉정하게 말한다. "사회학에서 이론이라고 하는 대부분의 것들은 자연사의 수준에서 보면 예상되는 현상과 개념의 이름일 뿐이다. 기본 단위가 불분명하거나 실제로 존재하는 것이 아니기 때문에 과정은 분석하기 어렵다. 종합이라고 해야 좀 더 상상력이 풍부한 사상가들에 의해 제시된 은유나 개념들을 지루하게 상호 참조하는 것에 불과하다."[3] 윌슨은 윤리학에 대해서는 특히 "과학자들과 인문학자들은 이제 윤리학을 일시적으로나마 철학자들의 손에서 떼어내어 생물학화해야 할 때가 아닌지 함께 고민해야 한다"고 주장했다.[4] 윌슨은 윤리적 전제가 본능에서 나오는 것이며 인문학과 사회과학이 생물학과 결합함으로써 새로운 지평을 열게 될 것이라고 예언한다.

우리의 뇌에는 의식하지 못하는 가운데 윤리적 전제에 깊숙이 영향을 미치는 검열관과 선동자가 있다. 이런 뿌리로부터 도덕성은 본능으로 진화하였다. 만일 이런 깨달음이 맞는 것이라면 머지않아 과학은 모든 윤리적 선언과 많은 정치적 관행의 출발점이라고 할 수 있는, 인간이 느끼는 가치의 의미와 기원을 조사할 수 있는 위치에 서게 될 것이다.[5]

미국의 윤리학자 피터 싱어는 윌슨의 주장을 반박하기 위하여 《사회생물학과 윤리》(1981)라는 책을 냈다. 싱어는 "사회생물학이 윤리에 정확히 어떤 전환을 가져오게 하는지에 대해서 명확히 밝히고 있지 않다"고 지적하고 "어떻게 윤리를 '모든 차원에서' 해명할 수 있는가에 대해서 말하고 있는 바가 없다"고 비판했다[6](싱어의 이런 비판은 정당한 것은 아니다. 윌슨은 사회생물학적 연구가 윤리를 모든 층위에서 설명하게 될 것이라고 예고했지 지금 당장 모든 것을 알고 있다고 한 것은 아니다). 싱어는 진화론이 윤리학에 상당한 기여를 한 것은 틀림없지만 자연선택으로는 절대로 설명할 수 없는 윤리의 문제들이 있다고 자신한다. 싱어는 다음과 같은 세 가지 수수께끼를 열거했다.[7]

- 윤리 이론은 가치판단을 전제로 하는 것이기 때문에 아무리 많은 생물학적 지식이 더해져도 바뀔 수 없다. 인간의 신경계에 윤리적 전제들이 있다는 주장은 사실에서 가치로 비약하는 자연주의적 오류를 범하는 것이다.
- 낯선 사람에게 친절을 베풀 수 있는 우리의 선택은 유전자가 아닌 나 자신에 의한 것이기 때문에 어떤 과학도 생물학적 본성에서 윤리적 전제를 발견할 수 없을 것이다.
- 윌슨의 주장은 윤리적 판단에 관여하는 또 다른 핵심 요소인 이성을 간과하고 있다. 변연계에 깊이 내재되어 있는 윌슨식 도덕적 본성은 윤리학적 정서주의와 크게 다를 바가 없으며 아무런 객관성을 가지지 못할 것이다.

만일 싱어의 주장같이 윤리의 전제를 자연선택의 진화론으로 설명할 수 없다면 어디서 오는 것이라는 말인가? 윌슨은 윤리가 "인간 밖에 존재하는 어떤 초월적인 문제인가 아니면 인간의 문제인가?"라고 질문을 던진다.[8] 전자는 증명할 수 없는 것이며 신념에 대한 것이며 증거나 논리로 갑론을박할 성질의 것이 아니므로 더 이상 얘기할 필요가 없다. 인간의 문제라면, 인간이 진화의 산물이라면, 윤리적 전제가 진화 밖에 존재할 수 있다는 주장이 성립될 수 있을까? 인간의 정신은 진화의 범위 안에 있으며 궁극적으로 과학적으로 이해가 될 수 있는 대상이다. 윤리도 다른 어떤 지식과 마찬가지로 자연과학의 원리에서 조명되어야 하며 실험적으로 풀어나가야 한다. 이런 생각은 조금씩 확산되고 있다. 가령, 런던경영대학의 셸린 케세비르는 초유기체의 개념이 도덕성, 공유의지, 규범준수, 권위에의 복종, 사회 주체성 과정, 종교성 등 사람의 제반 문화와 행동을 통일성 있게 볼 수 있는 패러다임을 제공한다고 주장한다.[9] 이 책에서와 같이 인류가 조건부 초유기체라고 주장하는 것은 아니지만 윤리와 관련된 제반 특성들이 인류 사회를 초유기체로 볼 때 정합적이라는 생각이 드는 것이다.

이 책을 순서대로 읽으면서 여기까지 온 독자라면 싱어의 세 가지 수수께끼들은 모두 앞에서 해명되었음을 느낄 것이다. 싱어의 첫 번째 지적은 자연주의적 오류인데 12장의 가치에 관한 논변에서 다루었다. 사실과 가치의 갭은 건널 수 없는 심연이 아니라 '뇌-정신 도약' 현상이며 자연선택이 설치해놓은 뇌의 신경회로에 의한 강박이며 제약이다. 자극(사실)은 감성의 신경회로를 거치면서 가치가 된다. 두 번째의 '낯선 사람'은 두 가지 모순적 요소로 구성되어 있다. 하나는 '낯선'이고 다른 하나는 '사람'이다. 낯선 사람에게 윤리적일 수 있는 것은 '사람'이라고 인식하기 때문이다. '사람'이라는 인식은 이미 내집단을 의미한다. 단지 그 내집단은 사람에 따라 선명한 것일 수도 있고 희미한 것일 수도 있다. 어떤 사람에게는 '사람'은 잘 보이지 않고 '낯선'이 판단의 관건일 수 있고 다른 어떤 사람에게는 그 반대이기도 한 것이다. 제3자가 보았을 때는 똑같이 생기고 비슷한 문화를 가졌음에도 불구하고 아프리카의 !쿵족이나 아마존의 야노마미족에게 이웃 마을의 사람들은 '낯선' 외집단이었다.[10] 이들에게 '낯선 사람'은 잠재적인 적이고 사냥감이다. 내집단의 외연이 매우 탄력적임을 생각하면 낯선 사람에 대한 친절도 공격도 하등 수수께끼가 아니다(4장 참조). 지구 저편의 낯선 사람을 위해서 기부금을 내고 몸소 봉사하기 위해서 날아가는 것은 진화적 이변이 아니라 인류를 내집단으로 여기기 때문이다. 낯선 사람을 위해서 목숨을 던지는 일은 놀랍고 감동적이고 생물학으로 도저히 설명될 수 없는 현상 같이 생각되지만 5장에서 본 바같이 사람에게는 공감 능력이 있으며 타인의 위기 상황을 자신의 위기 상황같이 느끼기도 한다. 심지어는 사람이 아닌 다른 종의 동물의 위기에도 반응하며 더 나아가서 기하학적 도형이 연출하는 위기에도 똑같이 반응한다.[11] '낯선 사람'으로 인한 도덕적 특수성은 행위자와 관찰자의 인식의 차이에 불과하다.

세 번째의 이성의 역할은 10장의 자유의지에서 설명되었다. (도덕적) 자유의지는 욕망과 이성과 행복 게이트가 같이 엮어내는 결정이다. 욕망은 행동을 촉구하고 이성은 구체적인 행동을 계획하며 행복 게이트는 가장 큰 행복을 줄 시나리오를 선택한다. 윌슨의 선동자와 검열자는 추상적인 이름이고 명확하게 정의된 개념이 아니다. 단지 우리의 뇌에는 어떤 행동을 촉진하고 어떤 행동은 억제하도록 신경회로가 자리 잡고 있다는 뜻이다. 그림 10-1의 자유의지 회로를 참고하면 이런 특성이 반드시 감성적인 것이거나 이성을 배제하는 것일 이유는 없다.

윌슨은 인류 중심적 선입관에서 벗어나 인류 사회를 동물 사회의 연장선에서 볼 때 윤리학은 새로운 발전을 할 수 있으며, 윤리학은 인간에 대한 과학적인 이해를 바탕으로 탈바꿈한 윤리과학이 되어야 한다고 주장하였다.[12] 윤리학자들은 한편으로는 라식 수술을 마친 환자 같은 기대를 가지고 다른 한편으로는 사회생물학에 치를 치료비를 걱정하면서 진화생물학자들에게 숙제를 던졌다. 공주와 결혼하고 싶다면 응당 수수께끼를 풀어야 한다. 컬럼비아대학교의 철학자 필립 키처는 진화생물학으

로 도덕성을 설명할 수 있다면 다음과 같은 4가지 질문에 답을 해야 할 것이라고 주문하였다.[13]

1. 진화생물학은 사람들이 어떻게 도덕적 관념을 습득하고, 자신과 다른 사람들에 대해서 도덕적 판단을 하며 또 도덕 원리의 시스템을 구성하는지 설명해야 한다.
2. 진화생물학은 현재 우리가 수용하고 있는 도덕적 원리들과 연관하여서 아직 평가되지 못한 규범 원리들을 유도할 수 있게 해주는 인간에 대한 지식을 가르쳐줄 수 있을 것이다.
3. 진화생물학은 윤리가 도대체 무엇인지 설명하고 또 윤리의 객관성에 대한 전통적인 질문들에 대해서 답을 줄 수 있을 것이다. 말하자면 진화 이론은 메타윤리학의 열쇠이다.
4. 진화 이론은 단지 위 둘째 질문이 말하는 바와 같은, 새로이 유도되는 명제를 수용하게 만드는 것을 넘어 새로운 기초적인 규범 원리들을 가르쳐줄 수 있을 것이다. 말하자면 진화 이론은 단지 사실의 원천일 뿐만 아니라 규범의 원천이어야 한다.

요컨대 윤리학이 진화생물학적 기반 위에서 튼실하게 자리 잡을 수 있다고 주장하는 것이 사실이라면 윤리학의 모든 것을 설명하라는 말이다. 키처의 주문은 윤리의 사회생물학적 통섭을 도모하던 사람들이 건너야 하는 넓은 해자를 분명히 보여주었다. 윌슨과 플로리다주립대학교의 철학자인 마이클 루스는 공동연구를 도모했지만 아직 사회생물학/진화심리학/진화윤리학이 윤리의 모든 면을 설명할 지식이 없었다. 이들은 "진화가 우리의 뇌에 도덕적 전제를 부여할 프로그램을 설치"했을 것이며 "이로 인한 옳고 그름의 감정이 윤리적 기준을 세우는 데 충분"

할 것이라고 설명할 뿐이다.[14] 키처는 이런 주장은 윤리학 이론의 하나인 정서주의의 단순한 형태에 불과하다고 폄하한다.

윤 리 의 목 적

이 책의 앞부분에서는, 키처의 주문을 의식하지는 않았지만, 그의 질문에 대해서도 모두 답을 한 셈이다. 1~4장의 내용들을 요약해보면 이렇다.

사람은 개별적으로 생식하면서 사회생활을 하는 동물이다. 사람은 다른 사람들과 동종 간의 생존경쟁을 하면서 동시에 사회의 차원에서 다른 사회와 그룹경쟁을 한다. 윤리는 사람의 기본적인 이기성을 극복하고 협동하게 만드는 정신적 장치이다. 윤리에는 약자를 돕는 희생과 봉사, 예의, 그리고 상호호혜적 협동과 공정한 경쟁이 포함된다. 그룹선택은 윤리적 본능이 내집단 안에서만 작용해야 한다는 것을 말해준다. 내집단은 심리적 인식이며 사람마다 또 상황에 따라 포함되는 범위가 달라진다.

이 요약은 우선 키처의 4가지 질문 중 세 번째를 설명한다. 윌슨과 루스도 비슷한 지적을 했지만 윤리의 목적은 사회의 적합도를 높이는 데 있다. 윤리는 초유기체인 사회가 세포인 개인들을 종용하여 이타적인 개미로 만드는 장치라고 할 수 있다. '객관성'이란 모든 사람이 동의하는 데서 얻어진다. 도덕 감정의 원인인 여러 가지 욕망이 이미 사람의 뇌에 본능으로 각인되어 있기 때문에 윤리의 원리는 객관성을 갖는다. 표 8-1의 욕망의 레퍼토리와 표 8-2의 욕망 조합은 윤리적 행위를 가능하게 하는 본능의 설명이다.

도덕관념의 습득

키처의 첫 번째 질문은 사람들이 어떻게 도덕관념을 습득하고 판단하는지 묻는다. 우리가 어떻게 옳고 그른 것을 알며 그런 지식들이 어떻게 짜여 도덕 체계를 구성하는지 설명하라는 것이다.

칸트는 우리의 정신에는 선험적이고 절대적인 도덕 기준이 있다고 믿는다. 하우저는 도덕 기준 자체보다는 도덕적 판단을 쉽게 학습할 수 있는 능력이 있다고 주장한다. 윌슨은 자연선택이 우리 뇌의 깊숙한 부분에, 해야 할 행동을 촉진하는 선동자와 해서는 안 될 행동을 하지 못하게 하는 검열관을 설치해놓았을 것으로 상상한다.[15] 도덕적 행위를 가능하게 만드는 정신 속의 원인에 대한 이런 이론들은 선험적 도덕 기준 → 선험적 도덕 학습 능력 → 유전적 행위 조절 메커니즘으로 선험성을 기반 삼아 점점 더 구체화된 모습을 보인다.

이 책에서는 한 걸음을 더 나아갔다. 표 8-1의 욕망의 레퍼토리와 그림 10-1의 자유의지 모형은 윌슨의 선동자와 검열관의 구체적인 모습이라고 할 수 있다. 욕망의 레퍼토리에서 바로 도덕적 관념은 찾아볼 수 없지만 표 8-2에서 설명한 바같이 보호욕이나 형평욕 등 여러 욕망들이 조합되어 선행과 협동의 행위를 만들어낸다. 보호욕은 약자를 돕게 만드는 선험적인 선동자라고 할 수 있고 형평욕은 공정하지 못한 행동을 하지 못하게 만드는 선험적 검열관이라고 할 수 있다.

아이들은 쉽게 이기적 욕망을 따르며 다른 사람의 이익이나 권리를 침해하기 쉽다.[16] 교육은 이런 원초적 본능을 억압하며 제3자적 관점을 가르친다. 아이들은 자신이 많은 사람들 가운데 하나이며 모든 사람이 똑같은 욕망을 갖고 있다는 것을 점차 깨닫는다. 사회생활은 예의, 질서, 친절, 양보 등의 도덕적 개념들을 습득하게 만들고 직간접적 경험 데이터를 축적시킨다. 자유의지의 회로에는 자동적인 도덕적 행위가 가능하도록 포장도로가 만들어진다.

도덕관념의 습득이 각별히 어렵거나 신기한 일일 이유는 없다. 다른 아이도 내가 원하는 것을 나와 똑같이 원하기 때문에 나의 욕망을 억제하고 나누어야 한다는 것을 이해하는 것이 거의 전부이다. 옳고 그름의 판단 기준은 대부분 관습적인 것이고 고정관념이다.

같 은 규 범 다 른 규 범

키처의 두 번째 질문은 도덕규범들에 대한 것이다. 우리가 알고 있는 도덕규범을 원리에 맞추어 설명하고 아직 낯선 규범에 대해서도 예언적 설명을 하라는 것이다.

도덕규범은 마땅히 해야 할 행동과 하지 말아야 하는 행동들에 대한 언명이다. 불교와 기독교의 계율이 거의 같다는 데서 예상할 수 있듯이 계율을 포함하여 도덕규범은 어느 사회나 공통적인 것이 많다. 플라톤의 4주덕인 정의, 용기, 절제, 지혜는 맹자의 인의예지 4단과 본질적으로 차이가 없다. 국가나 군주에 대한 충성도 어느 사회에서나 볼 수 있는 공통적 규범이다. 개인적 부의 축적은 폄하되고 거짓말이나 배신은 어디서나 경계의 대상이다. 표준적인 도덕규범들은 결국 악의 억제이고 선의 구현이며 3장에서 논하였듯이 사회의 적합도를 높이는 행동의 가이드라인이다.

도덕규범은 이미 구체적인 행동에 대한 지침이기 때문에 각 사회가 처한 환경이 반영된다. 불교에서는 술을 금하지만 십계명에는 술 얘기가 없고 이슬람교에서는 술을 금하면서 돼지고기도 금한다. 기독교에서는 다른 신을 믿지 말라고 엄중 경고하지만 불교에는 그런 말이 없다. 가부장적 사회인 사우디아라비아에서는 여성이 운전을 할 수 없지만 여성이 남자와 동일한 인권을 확보한 유럽에서는 남자가 할 수 있는 일이면 여자도 다 할 수 있다.[17] 아마존의 야노마미족은 죽은 자의 재를 먹고 난 뒤라야 장례가 끝나지만 대부분의 인류는 재는 묻고 끝낸다.[18] 가부장적 남성 중심의 사회에서는 여자의 처녀성에 커다란 가치를 두지만 여성이 남성과 동등한 사회에서 처녀성은 미성년증 비슷하게 취급된다. 이런 차이들은 멀리는 해당 사회의 자연적 배경과 연관하여 가장 잘 이해되고 가까이는 역사적 맥락에서 설명이 된다. 모든 도덕규범은 사회의 적합도 제고를 위한 지침이다. 사회를 초월하여 공통적으로 관찰되는 규범은 인류 사회의 공통적 특성에 기인하는 적합도 제고를 위한 행동 지침이고 사회마다 다른 규범은 해당 사회의 특수성을 반영하는 적합도 제고의 지침이다. 낯선 도덕규범에 마주친다면 그 사회를 역사적·문화적 맥락에서 파악해야 하며 자연환경을 검토할 일이며 그런 규범들이 사회의 적합도 향상에 어떻게 기여했을 것인지 분석해야 한다. 때로는 적합도 향상에 능동적으로 기여하기보다는 우연의 산물일 수도 있을 것이다. 자연선택은 유전적 변화를 일으키고 새로운 형질은 환경과 반응하면서 특징적인 행동과 문화를 낳는다. 그것은 내집단을 규정짓는 특성이 되며 다시 환경의 일부가 되어 자연선택의 파도를 타고 그룹의 유전적 형질 변화에 영향을 주며 문화와 유전의 공진화共進化/coevolution를 낳는다.[19]

미래의 도덕규범

키처의 네 번째 질문은 아직 등장하지도 않은 미지의 규범을 설명하고 진화가 규범의 원천임을 증명하라는 주문이다. 예측을 하려면 물리학의 법칙 같은 보편성이 있는 모형이 있어야 하고 충분한 데이터가 있어야 하므로 미래의 도덕규범을 예언하는 것은 가당찮은 일이다. 그러나 또 한편 생각하면 자연선택은 어떤 사회에서든지 규범의 외연을 한정하기 마련이니 전혀 불가능한 것은 아닐지도 모른다. 키처의 주문은 도발적인 것이지만 미래의 도덕규범을 논한다는 것은 윤리학이 과학으로 환골탈태하는 상징성을 가질 것이니 가까운 미래의 도덕규범을 상상해보자.

도덕규범은 고정된 것이 아니라 시대를 따라 변한다. 사라지는 도덕규범은 반면교사로 새로운 도덕규범에 힌트를 준다. 여기서도 말의 뜻을 분명히 할 필요가 있다. 윤리나 규범은 진화적 산물이고 본능적인 것이기 때문에 사라질 수는 없다. 사라지는 것은 자기가 익숙한 규범이다. 정확히 말하면 규범의 내용이다. 때때로 윤리의 실종을 개탄하거나 사회의 타락을 토로하는 것은 사회환경의 변화에 따라 달라지는 규범에 유연하게 적응하지 못해서 생기는 현상이다. 어떤 사람이든 자기가 학습하고 생활의 기준으로 삼아온 도덕규범의 내용을 쉽게 바꿀 수는 없다. 어려서 궁핍한 환경에서 자라 평생 절약하며 자수성가한 부자는 돈이 넘쳐도 내핍의 규범을 버리지 못한다. 더군다나 자신이 전통적 도덕규범의 직접적 수혜자라면 더욱 그렇다. 유교적 윤리 속에서 평생을 지낸 사람이 연공서열을 민주화의 적같이 파악하는 젊은이를 만나면 도덕의 실종을 느끼지 않을 수 없을 것이고 아기는 원하지만 혼인은 거부하는 여성을 만나면 세상의 종말을 예감하지 않을 수 없을 것이다.

폭발적인 문명의 발달은 급격한 규범의 변화를 가져온다. 시대별 규범이 다른 것은 물론이고 한 사람의 일생에서도 서로 다른 규범에 적응하며 살아야 한다. 저자 같은 한국인은 어릴 적에는 삼강오륜을 배우다가 성년이 되어서는 여필종부를 갖다 버리고 노년기에는 장유유서를 비롯하여 가부장적 윤리규범을 통째로 갖다 버리게 생겼다. 급기야 《공자가 죽어야 나라가 산다》는 책이 서점의 매대를 점령하는 것을 보기까지 하였다.[20]

윤리적 차원에서 미래 사회로 향하는 커다란 흐름은 자유와 인권의 향상이고 국가에 의한 억압의 퇴조이다. 간통은 더 이상 범죄가 아니고 동성애는 병적인 현상이 아니라 소수자의 성적 취향이다. 좀 더 멀리 보면 국가가 혼인에 대해서 간섭하는 것이 원천적으로 배제될 것이다. 결혼이라는 사적인 일에 국가가 윤리적 잣대를 들이대며 가부를 결정하는 일은 난센스일 수 있다. 일부일처 사회에서도 부자나 리더들은 흔히 법이나 제도를 적절히 비틀며 이혼과 재혼 및 간통을 반복하며 실질적으로 복수의 배우자를 갖는다. 미래의 사회에서는 가부장적·성적 도덕규범이 소멸될 것이고 결혼은 전적으로 사적인 일이 되며 일부일처는 단지 옵션이 된다. 중국의 나Na족(혹은 모수오족)은 드문 경우이지만 모계사회로 존속하고 있다.[21] 나족은 모계사회가 인간에서 불가능한 시스템이 아니라는 것을 증명한다. 소설이지만 《아내가 결혼했다》는 일처다부의 가정을 그리고 있다.[22] 사람의 성적 취향은 다양해 보이며 안정된 사회에서는 성적 자유를 구속하는 도덕규범의 당위성을 찾기는 힘들 것이다. 미래의 성적 도덕규범은 사람의 다양한 성적 본능을 수용할 것으로 보인다.

성매매도 비슷한 파도를 타게 된다. 성매매의 매도는 일부일처 가부장 사회의 자기모순적인 규범이다. 가부장 사회의 남자들은 겉으로는 반대하는 척하지만 성매매의 소비자이다. 남자들이 반대하는 것은 근친상간 거부 본능의 영향권 안에 들어오는 여자들의 성매매이고 외집단 여자는 어떻게 해서든지 접근하려 든다. 임신이 유리된 성행위 서비스는 다른 노동적 서비스와 차별하기 어렵다. 성매매 문제의 핵심은 본능적 거부감에도 불구하고 성매매를 해야 하는 경제적 소외와 성매매를 불법으로 규정함으로써 생기는 갖가지 부작용에 있다. 생물학적 관점에서 보면 성행위 서비스보다 훨씬 심각한 것은 대리모나 정자, 난자의 매매다. 자궁을 빌려주는 행위가 허용될 수 있다면 성매매를 불법이라고 규정할 수는 없다. 또 자궁을 빌려주는 것이 허용될 수 있다면 장기매매라고 해서 금지할 이유도 없다. 한국에서는 더 이상 매혈을 허용하지 않지만 매혈은 흔히 불법이 아니다. 정상적인 성인의 신체에 대한 자결권은 사회가 간섭할 범주를 벗어난다. 이런 간섭과 통제는 생존경쟁의 벼랑 끝에 몰린 사람들이 최후의 수단으로 신체를 포기하는 상황을 막기 위한 것이다. 경제적 여유가 생기면 이런 간섭의 당위성이 없어진다. 미래의 사회가 경제적으로 더욱 풍족하고 사회보장이 더 확충된 사회라면 지금과 같은 형태의 성매매나 장기매매는 저절로 사라질 것이고 자연히 자기 신체 활용에 대한 사회의 간섭이나 도덕규범도 소멸될 것으로 전망할 수 있다.

마약에 대한 국가의 통제 역시 비슷하게 생각된다. 현재는 자칫 마약을 소지했다가는 사형도 당할 수 있지만 과연 국가가 그렇게 시민들을 어린아이같이 감독하고 훈육해야 하는지는 의심스럽다. 국가가 마약에 대해서 강력하게 대처하는 것은 마약이 초유기체적 사회에 치명적인 독이라고 믿기 때문이다. 독은 다룰 줄 모를 때는 치명적이지만 잘 다룰 수 있게 되면 보툴리늄 톡신botulinum toxin(보톡스)같이 훌륭한 약이 될 수 있다. 포르투갈 정부는 마약 단속에 지쳐 2001년 발상의 대전환을 일으컸다.[23] 마약 사용자들을 처벌하는 대신 의료 서비스를 제공하기로 선회한 것이다. 모든 사람이 일정량의 마약을 휴대하는 것을 허용하고 처벌 대신 누구나 원하면 마약 전문 자원봉사자들의 도움을 청할 수 있게 되었다. 많은 우려에도 불구하고 마약 사용은 줄어들었고 불결한 주삿바늘로 인한 에이즈 감염도 현저하게 줄어들었으며 마약범죄가 거의 사라져버렸다. 비슷하게 미국 콜로라도 주에서 마리화나를 합법화하자 마약범죄는 줄어들었고 마리화나를 기반으로 한 새로운 산업이 흥하면서 주정부의 세수가 늘고 이 돈은 다시 보건복지를 강화하는 데 사용되어 사회 전반에 긍정적인 효과를 가져왔다. 우려되던 청소년의 마리화나 복용 등의 탈선도 오히려 줄어들었다.

미래의 도덕규범은 사회의 일사분란함을 고수하려는 규율과 개인적 욕망을 극대화하려는 인권이 갈등을 빚으며 균형을 맞추는 곳에서 자리잡을 것이다. 갈수록 신장되는 인권은 생경한 규범과 문화를 만들겠지만 이런 변화의 파장은 피상적이고 지엽적인 것에 지나지 않는다. 사회 생활의 본질적인 특징은 변할 수 없고 사회의 적합도를 훼손하는 규범은 오래 존속할 수가 없다.

진화생물학적 윤리 체계

키처의 첫 번째 질문의 일부는 윤리 체계morality를 설명하라는 것이다. 윤리 체계는 윤리의 헌법조문같이 표현할 수 있지 싶다. 앞에서 전개해온 이론들을 바탕으로 진화생물학적 관점에서의 윤리 체계를 만들어보면 다음과 같은 모양이 될 것이다.

진화생물학적 윤리 체계

제1조 윤리는 공동체의 초유기체적 적합도를 높이고 구성원들의 행복을 제고하기 위하여 구성원들이 지켜야 할 바람직한 규범의 총체이다.

제2조 공동체는 하나의 초유기체로서 다른 공동체와 생존경쟁을 하는 사람의 집단을 말한다.

제3조 공동체의 구성원은 똑같은 인권을 갖는다.

제4조 공동체의 구성원은 고통받는 다른 구성원이 있으면 고통을 덜어주도록 노력해야 한다.

제5조 공동체의 구성원은 공동의 이익을 위하여 협력하여야 하며 참여한 모든 사람이 기여한 만큼 보상을 받도록 노력해야 한다.

제6조 공동체의 구성원들은 다음 각 호의 규범을 지켜야 한다.

　　1. 지켜야 할 규범은 다음과 같다.

　　　　가) 고통받는 사람을 도울 것.

　　　　나) 도움을 받았으면 갚을 것.

　　　　다) 공공의 이익을 위해 협력할 것.

　　　　라) 어려운 일에 앞장설 것.

　　　　마) 경쟁에 적극 참여할 것.

　　　　바) 규칙을 지킬 것.

　　2. 모든 사람은 다음과 같은 비윤리적 행위를 하지 말아야 한다.

　　　　가) 다른 사람을 해치지 말 것.

　　　　나) 속이지 말 것.

　　　　다) 빼앗지 말 것.

　　　　라) 남의 배우자를 탐하지 말 것.

부칙

제1조　인류는 잠재적인 공동체이다.

이 윤리체계를 보면 맹자의 사단이나 플라톤의 덕이 의미하는 바도 좀 더 분명해진다(15장 "정의와 윤리" 참조). 덕은 규범을 지키기 위한 것이며 그에 맞는 정신적 능력을 함양하는 지침이라고 할 수 있겠다. '인'은 고통받는 사람을 돕는 것이고 '의'는 어려운 일에 앞장서는 것이며 '예'는 받은 것을 갚고 규칙을 지키는 것이고 '지'는 얻은 것을 나누고 공공의 이익을 도모하는 것이다. 현대의 대표적인 처세술 내지는 자기계발서의 하나인 스티븐 코비의《성공하는 사람의 7가지 습관》도 이 윤리체계 속에서 설명이 된다.[24] "주도적이 되라"는 어려운 일에 앞장서는 것이고 "목표를 확립"하는 것은 경쟁에 참여하는 것이며 "상호이익의 추구"나 "시너지"는 협동으로 공동의 이익을 추구하는 것이다. 그 밖에 "소중한 것부터 하라"든지 "심신을 단련"하는 것은 스스로의 경쟁력을 높이는 구체적인 조언이다. 코비가 역설하는 것은 현대적 덕이며 결국 '윤리 플러스 알파(개인적 열정과 능력)'인 사람이 사회적으로 성공한다는 얘기다.

키처의 4가지 주문은 전통적·철학적 윤리학과 진화생물학이 끊임없이 하나의 지식체계로 통합되기 위한 필요충분조건을 요약한 것이라고 볼 수 있다. 진화적 관점에서 접근하며 인간 사회가 초유기체적 성격을 가진 생존경쟁의 한 단위임을 인식하게 되면 선, 윤리, 규범, 덕 등 윤리의 핵심적 개념들을 보다 명료하게 정의할 수 있으며 윤리의 체계를 잡는 것은 별로 어렵지 않다. 윤리의 문제가 사실은 이해의 충돌이고 생존경쟁에서 유래하는 것이라고 인식하게 되면 윤리적 상대성이나 딜레마는 사라진다.

'옳다'는 '선하다'이며 '선'의 형용사이다. '옳음'의 의미가 정해지지 않은 채 '옳은가?'라는 질문을 던지면 혼란에서 헤어나기 어렵다. '옳고 그른 것은 없다'는 말은 뒤집어보면 옳고 그름을 모른다는 말이다. '옳은가?'는 '누구의 적합도를 높이는가?'라는 질문이 되어야 한다. 만일

'북한이 핵무기를 갖겠다고 주장하는 것은 옳은가?' 혹은 '〈샤를리 에브도〉의 테러는 잘못된 것인가?'라는 질문이 있다면 이것은 '북한이 핵무기를 갖게 되면 어느 내집단의 적합도가 높아지고 어느 내집단의 적합도가 낮아지는가?' 혹은 '〈샤를리 에브도〉 테러로 어느 내집단의 적합도가 높아지는가/낮아지는가?'라고 물어야 한다. 낙태를 허용해야 되는가라는 문제를 놓고 윤리적인 해답을 구한다고 한다면 허용했을 경우와 허용하지 않았을 경우에 국가 사회가 얻는 이익과 손실, 이익이나 손실을 보는 아집단의 아이덴티티 등을 계산해봐야 한다. 진화생물학적인 도덕의 체계는 전통적 윤리학의 모호함을 던져버리고 갈등을 생존경쟁의 문제로 환원시키면서 현실적으로 접근할 수 있게 해준다.

윤 리 와 경 쟁

천국의 이미지는 사랑과 평화이다. 그것은 반대로 현실이 적개심과 싸움으로 가득하다는 얘기이다. 한편으로는 초유기체인 국가 간에 죽고 죽이는 전쟁이 쉴 새 없이 벌어지고 있고 다른 한편으로는 공동체 안에서도 수위경쟁과 서열경쟁이 치열하게 벌어지고 있으니 사람은 지치고 두려움에 떨며 천국을 그리게 된다. 그러나 정말 천국에 살게 된다면 사람들은 머지않아 속세로 보내달라고 사정할 것이다. 사람은 경쟁하고 이겨야 만족하는 본능을 가지고 있다. 무제한의 사랑과 평화는 겪어보지 못한 또 다른 지옥이 될 것이다. 지친 사람은 침대에 누울 때 편안함을 느낄 수 있겠지만 침대에 영원히 누워 있어야 한다면 끔찍한 일이 아닐 수 없다.

현자들은 경쟁을 피해야 행복할 수 있다고 가르치지만 사회는 경쟁을 포기할 수 없고 인류는 경쟁과 평화를 함께 얻는 방법을 개발해냈다. 국가 간의 충돌에서는 적나라하게 생존경쟁이 벌어지지만 공동체 내에서는 경쟁에 윤리가 깊숙이 관여한다. 스포츠는 윤리와 경쟁의 조화를 보여준다. 선수들은 각자 최선을 다해서 자신을 지키면서 상대에게 손실과 고통을 주며 승리를 추구한다. 그러나 침해는 약정된 규칙의 범위 안으로 한정된다. 상대를 다치게 하거나 경기 규칙이 허용하지 않는 손해를 끼쳐서는 안 된다. 사람은 경쟁욕이 있고 이기기만 하면 만족하기 때문에 공을 옮겨놓는 따위의 행위로 승리를 인정하여 상징적으로 승패를 가르도록 하는 것이다. 생존경쟁의 차원에서 본다면 완전히 무의미한 행동이지만 현대인은 공동체가 와해되는 손실이 없이 스포츠를 통해서 경쟁욕을 충족시킨다.

윤리는 경쟁의 결과물인 승리와 패배로 인한 부작용을 최소화한다. 승자는 이익과 쾌락을 얻지만 패자의 고통을 생각하며 승리의 과실을 나누고 패자는 승자를 리더로 인정하며 다음 단계에서의 협력을 약속한다. 경기에 참여하는 양쪽은 외집단이면서 내집단이기도 하다. 이기기 위해서 상대편에게 고통을 가하는 만큼 외집단이지만 윤리와 규범을 지키기 때문에 내집단인 것이다. 스포츠는 침해이면서 협동이다. 경쟁은 햇볕이 되고 윤리는 빗물이 되어 건강한 초유기체를 키운다. 스포츠의 경쟁은 공동체 안의 모든 경쟁의 모범이며 가이드라인이라고 할 수 있을 것이다.

과 학 으 로   인 한   도 전

제2차 세계대전 중 최고 지휘관의 한 사람이었던 오마 브래들리 장군은 "조심해서 지혜롭게 기술을 발전시키지 않으면 언젠가는 하인이 주인을 죽이는 일이 생길지도 모른다"라고 경고했다.[25] 원자탄을 주고받는 전쟁의 위협은 이제 수면 아래로 가라앉고 오히려 원자력발전소가 더 두려움을 주고 있지만 과학과 기술은 이미 일 잘하는 하인의 경지를 넘어 언제 배신할지 모르는 천하무적의 여포가 되어가고 있다. 인류는 이런 위협을 깨닫고 현명하려 들지만 쉬운 일이 아니다.

정부는 과학기술에 대한 윤리위원회를 설치하고 과학적 연구의 초기 단계에서부터 윤리적 판단을 내리려 애를 쓴다. 수정란을 사람으로 취급하고 일체의 인위적 조작을 금지해야 하는가? 유전자 변형을 허용해도 되는가? 개인정보를 어디까지 사용할 수 있도록 허용해야 할 것인가? 사이버 공간에서 포르노나 도박을 금지해야 하는가? 정부는 윤리 전문가들로 윤리위원회를 조직하고 이런 난감한 질문에 대하여 믿고 의지할 만한 답을 주기를 기대한다. 그러나 윤리위원회는 아무런 인상적인 조언을 하지 못한다. 기껏해야 매 건에 대해서 상식적인 판단에, 참여한 사람들의 편견이 반영된 의견을 더하여 내놓을 뿐이다. 미국의 한 유전학 잡지의 논설은 윤리위원회의 활동에 대해서 불만을 털어놓는다.

전통적인 윤리학의 중심에서 철학과 이론가들은 우리가 직관적으로 옳고 도덕적이라고 느끼는 행동의 배후에 있는 동기들을 이해하는 데 도움을 주어왔다—그들 덕택에 우리는 옳은 것이라든지 의무들에 대해서 더 잘 이해하게 된다. 그러나 이런 접근은 우리가 유전체학이나 다른 기술들을 개발하면서 향후 어디에 초점을 두어야 할지 등에 관한 실용적인 결정을 하는 데 필요한 방향 제시나 이해를 주는 데는 도움을 주지 못하고 있다.[26]

미국의 국립유전체연구소 윤리위원회가 과학기술의 연구나 적용에 대하여 근원적인 지침을 제시하지는 못하면서 고작 사람을 클론해서는 안 되느니, 개인정보를 유출해서는 안 되느니 하면서 특정 연구과제에 대해 제동이나 걸고, 그런 행동에 대해서 딱히 설득력 있는 근거를 제공하지 못한다는 완곡한 비판이다. 법적으로 요구되고 있는 기관별 윤리위원회의 역할은 도덕적 지침을 준다기보다는 연구나 의료행위가 풍파에 휩쓸리지 않도록 자문해주는 처세 상담에 더 가까워 보인다.[27] 좀 지난 일이지만 미국의 부시 행정부는 윤리적 논란 끝에 줄기세포의 연구지원을 금했다.[28] 미국은 가장 종교적인 나라 가운데 하나이다. 기독교적인 교리가 직접적으로 정부의 정책에 큰 영향을 미친 것이다. 20세기 줄기세포 연구의 추진 여부를 2000년 전 팔레스타인에 거주하던 《성경》 저자들의 세계관에 기대어 결정한다는 것은 시대착오적 오류를 낳는다. 결과적으로 미국의 줄기세포 연구는 (잃어버린 몇 년의 기억을 만들고) 정권이 바뀐 뒤에 다시 추진되었다.

과학적 연구에 대해서 윤리적으로 옳은가 그른가로 접근해서는 오판을 초래하기 쉽다. 윤리위원회는 고작해야 위원들의 주관적 감정이나 견해를 바탕으로 논쟁을 펴다가 다수결로 찬반을 정할 수밖에 없다. 인류의 미래 혹은 국가의 경쟁력을 목표로 과학이라는 괴물을 다루기 위해서는 윤리학자나 종교인이 결정권을 갖는다든가 대중의 투표로 결정해서는 안 될 것이다. 과학을 사용하는 올바른 접근 방법은 막연하고 상식적인 의견이나 종교적 신념에 의존하는 것이어서는 안 되고 어떻게 접근해야 사회의 적합도를 높일 것인가 하고 묻는 것이어야 한다. 추상적이거나 직관적인 것이어서는 안 되고 구체적이고 계획적이어야 하는 것이다. 그것은 지식과 기술의 파장을 예측하는 것이며 미래 인류 사회의 청사진을 기반으로 하는 것이어야 한다. 피퍼나 샌델이 천명하였듯이 윤리학은 생각을 명료하게 하도록 도와줄 뿐이지 어떤 행동을 하라고 조언하지는 못한다. 원자탄에 대한 안목 있는 견해는 아인슈타인과 물리학자들한테서 나왔다.

딜 레 마 게 임

> 브레이크가 고장난 기차가 시속 180km의 속도로 달리고 있다. 그런데 멀찌감치 기찻길 위를 5명의 사람들이 가고 있다. 이대로 가면 기차는 5명의 사람을 치고 말 것이다. 다행히 기차와 사람들 사이에 갈라지는 지점이 있어서 기관사는 기차를 옆 레일로 돌릴 수 있다. 그러나 옆 레일에도 1명의 사람이 걷고 있는 것이 보인다. 기관사는 레일을 바꾸어야 하는가?[29]

심리학자들은 인간 심리의 모순을 파고들며 곤혹스러운 문제를 만들어낸다. 이런 문제가 던져지면 우리는 난감함을 느끼며 1명을 죽이고 5명을 살려야 한다고 찜찜한 결정을 한다. 그러면 교활한 질문자는 문제를 살짝 비튼다.

> 브레이크가 고장난 기차가 시속 180km의 속도로 달리고 있다. 그런데 멀찌감치 기찻길 위를 5명의 사람들이 가고 있다. 이대로 가면 기차는 5명의 사람을 치고 말 것이다. 당신은 기찻길을 가로지르는 육교 위에서 이 위태로운 상황을 보고 있다. 그런데 육교 위에는 당신 외에도 몸무게가 200kg은 됨직한 거인이 난간에 기대어 철길을 바라보고 있다. 만일 이 사람이 떨어져 철길을 가로막는다면 기차를 멈출 수 있고 5명의 생명을 구하게 된다. 당신은 이 사람을 밀쳐서 선로에 떨어뜨리고 5명의 사람을 구해야 하는가?[30]

어차피 공리주의에 의지하여 5명보다는 1명이 죽는 게 낫다고 결정을 내렸다면 이제 적극적으로 살인을 하라고 옆구리를 찌르는 것이다. 기관사가 방향을 바꾸어 1명을 죽이는 것과 내가 육교 위의 사람 1명을 죽이는 것은 미묘하게 다른 뉘앙스를 갖고 있다. 한 가지 더 보자.

소피는 두 아이와 함께 나치의 강제수용소에 감금되었다. 어느 날 나치 간수가 소피에게 다가와 제안을 한다. 소피가 두 아이 가운데 하나를 죽이면 다른 한 아이는 살려주겠다. 죽이지 못하면 두 아이는 모두 죽는다. 나치는 소피에게 24시간의 시간을 주고 선택을 하라고 한다. 소피는 어떻게 해야 하는가?[31]

하버드대학교의 심리학과 교수 마크 하우저는 이런 문제를 놓고 도덕적 관념이 어떤 것인지 찾으려 든다. 동 대학교의 신경과학자이며 심리학자인 조슈아 그린은 기차 문제가 도덕적 마음을 연구하는 데 20세기 유전학의 핵심적 도구이던 초파리 역할을 한다고 손뼉을 친다.[32] 그러나 이런 유의 문제가 나와서 회자된 지 수십 년이 지났어도 도덕적 관념이든 윤리적 원리든 새롭게 밝혀진 것은 별로 없다. 이런 문제는 사람들의 도덕적 감정과 판단을 조사하는 탐침이라기보다는 티저teaser 광고에 불과하다. 관중을 심리적 궁지에 몰아넣고 심리학이 기상천외한 답이라도 얻어줄 듯이 시선을 끌어들이는 것이다. 그러나 틀린 길을 가면 아무리 가도 목적지에 도착하지 못한다.

이들 딜레마에서 소수의 희생을 선택하면 공리주의의 함정에 빠지게 된다. 5명 대신 1명을 희생시키는 것은 공리주의에 합당하지만 1명이 이유도 없이 죽어야 한다는 것은 우리의 도덕 감정이 거부하며 불편하게 만든다. 육교 위의 사람을 밀어 5명을 구하는 것도 공리주의적 합리성이 있지만 명백히 의도적인 살인이므로 악행이다. 그렇다고 공리주의를 포기하고 5명이 죽게 만들 수도 없다. 기차 문제는 공리주의적 합리성과 도덕 감정 혹은 도덕관념 사이의 모순에 자리 잡은 것이기 때문에 어떤 답을 해도 딜레마를 피해 갈 수 없다.

기차 문제나 소피의 딜레마는 우리가 늘 겪는 도덕적 딜레마를 극단적으로 과장한 것이다. 회사의 형편이 어려워져 직원들의 급여를 50%씩 삭감해야 하는데 만일 10명을 해고시키면 정상적인 급여를 유지할 수 있다. 회사는 직원 10명을 해고해야 하는가? 같은 반 학생 전체가 모의하여 시험 중 부정행위를 하다가 들켰다. 발각된 현장의 두 사람의 일로 끝내면 두 사람이 정학을 당하고 나머지 학생들은 안전하지만 30명 전원의 모의라고 하면 모두 학생부에 기록이 남는다. 두 사람의 행동으로 할 것인가 아니면 사실대로 전체가 개입한 것이라고 해야 할 것인가? 어머니와 아내가 물에 빠졌다. 한 사람만 구할 수 있다면 누구를 구해야 하나?

예일대학교의 심리학자인 폴 블룸은 기차 문제에서 연고를 고려해야 할 것이라고 지적한다.[33] 다리 위의 거한이 자식이라면 5명의 이방인을 구하기 위해서 자식을 밀어 던질 부모는 없다. 거한이 매일 자릿세를 뜯어가는 동네 조폭이었다면 다가오는 기차는 좋은 기회가 될 것이다. 애인을 찾아 불속에 뛰어들어간 사람은 다른 사람들이 보이지 않으며 자기 애인을 찾아 정신없이 헤맨다. 뉴욕의 심장부를 향해 자살폭탄으로 돌진하는 비행기가 발견된다면 누구나 추호의 의심 없이 비행기를 격추시킬 것이다. 티저들이 제시하는 상황이 벌어질 수도 있겠지만(그러나 철길을 걸으면 감방행이다) 막상 상황이 벌어지면 도덕이 아니라 어떤 것이 당사자에게 가장 큰 행복을 준다고 판단하는가에 따라 행동이 결정된다. 옳고 그름이 아니라 공리의 원리 혹은 표 8-1과 그림 10-1에 의해서 행동이 이루어진다는 말이다. 다만 그 행동의 결과에 대해서 사회는 자신의 관점에 따라 도덕적이었는지 비판할 수 있고 법에 저촉되는지 따져서 처벌을 할 수도 있을 것이다.

14장

종교

RELIGION

선 과 신

소크라테스는 에우티프론에게 "어떤 행위가 도덕적이기에 신은 그 행위를 명하는가 아니면 신의 명령이 그것을 도덕적으로 선하게 만드는가?" 하고 물었다.[1] 전자라면 도덕은 신에게서 독립된 것이다. 신은 선을 창조하는 것이 아니라 의식하는 것이며 신과는 무관하게 도덕을 기술할 수 있게 된다. 다만 신은 모든 것을 창조했다고 주장하기 어렵게 된다. 후자라면 도덕은 자의적인 것이 된다. 신의 뜻이라면 살인도 선이 될 수 있고 친절도 악이 될 수 있다. 신이 직접 대중 앞에 현신하는 일은 없으니 신의 대변인은 선을 규정한다.

영국의 철학자 흄은 신과 악마가 같이 존재하는 것이 사실이라면 신은 전능하지 않거나 신의 선함이란 인간의 선함과는 다른 성질의 것이어야 한다고 지적했다.[2] 신과 악마의 공존은 이미 우주적 G2 체제를 의미하는 것이다. 그렇다면 미국 주도의 아시아개발은행에 가입하는 나라도 있고 중국 주도의 아시아기간시설투자은행에 가입하는 나라도 있듯이 신을 따를 수도 있고 악마를 따를 수도 있고, 혹은 양다리를 걸칠 수도 있을 것이다. 신의 선함이 인간의 선함과 다른 것이라면 도덕은 설 자리를 잃게 된다. 소크라테스는 신과 선 사이의 모순을 지적하였고 흄은 신이 허구임을 인정하라고 비사치고 있다. 진화생물학자 리처드 도킨스는 인간이 신의 피조물이 아니라 신이 인간의 피조물이라고 주장한다.[3]

내 집 단 의 화 신

소크라테스는 신과 선 가운데 누가 먼저인가 하고 심각하게 따졌지만 발단은 신과 선이 표리같이 붙어다니는 데 있다. 소크라테스의 문제 제기는 종교를 진화적 관점에서 통찰할 좋은 창구를 제공한다. 도덕이 초유기체의 적합도를 높이기 위한 그룹선택의 산물이라면 종교 역시 그러할 가능성이 높다. 종교에는 초월적인 능력의 신이 있고 신과 인간은 종속관계를 갖는다. 여기에 숨겨진 자연선택의 설계는 무엇일까?

미국의 심리학자 폴 블룸은 종교가 인지 능력 진화의 부산물이라고 설명한다.[4] 스스로를 인식하는 능력은 대부분의 사람들이 데카르트같이 영혼이 존재한다고 믿는 이원론자가 되게 한다. 신체와 별개인 영혼의 존재는 곧 사후세계로 확장된다. 한편 우리 행동의 원인으로 의지가 있듯이 세상의 모든 현상이 있기 위해서는 누군가의 의지가 있어야 한다. 자연을 설명하기 위해서는 창조자가 필요한 것이다. 보이지 않는 창조자와 사라지지 않는 영혼은 초월적인 세계를 낳는다. 종교는 직관의 끝에서 합리적인 설명으로 탄생한다.[5]

종교가 탄생한다고 반드시 번성하는 것은 아니다. 인류의 역사에는 수많은 씨족과 부족이 있었고, 그 수만큼이나 많은 종교가 있었지만 거의 모두 사라졌고 현재는 마이크로소프트나 구글같이 세계화된 몇 개의 종교가 팽팽히 세력을 겨루는 상태다. 일단 세계적 갈등의 초점에 있는 3개의 아브라함 종교에 집중해보자. 기독교의 야훼는 원래 유대인 한 부족의 수호신이고 현재도 유대 민족의 신이다.[6] 예수는 유대교에서 나와 유대 민족 간의 사랑과 도덕의 규범을 모든 사람에게 개방하였다. 그것은 마치 19세기 조선의 쇄국과 일본의 개국만큼이나 차이 나는 결과를 가져왔다. 유대교는 여전히 유대 민족의 종교이지만 기독교는 민족과 인종을 초월한 인류의 종교가 되었다. 그러나 기독교는 유대교의 경전을 그대로 이어받았고 《구약성경》의 이교도 배척은 여전히 신의 주문사항이다. 기독교의 영향을 크게 받은 이슬람교 역시, 야훼가 알라로 대체되었고 외모는 달라졌지만 골격은 그대로이다. 기독교와 이슬람교는 신을 받아들이는 자는 모두 구제해준다는 교리로 민족의 경계를 뛰어넘어 거대한 초유기체로 성장하였다. 이 세 종교는 똑같이 유일신을 받들면서 매우 배타적이고 서아시아와 유럽에 살던 인류의 여러 민족들을 뚜렷하게 갈라놓았다. 도킨스는 종교가 "내집단과 외집단을 가르는 지배적인 꼬리표"라고 했다.[7]

인류를 그룹선택의 관점에서 보면 아브라함 종교의 신은 인류 정도의 지능을 가진 동물에게는 필연적인 결과로 생각된다. 동족의 영혼을 거두고 다스리는 신은 곧 공동체의 주인이다. 유일신은 씨족이나 부족 같은 공동체의 형상화인 것이다. 리더는 무리를 이끌 수 있지만 언제나 도전받으며 오류에는 책임을 져야 한다. 그러나 초월자로서 신은 인간의 마음속까지 들여다보고 사후의 삶까지 관장하면서 절대적인 충성을 보장받고 생명을 내던지게 만들 수 있다. 그룹 구성원들의 잠재력을 최대한 발휘하게 만들고 협동을 조장하기 위해서 이보다 더 좋은 장치는 없다.[8] 로마의 정치가며 철학자인 세네카는 "종교는 대중들에게는 진실로 여겨지고 현자들에게는 거짓으로 여겨지며 통치자들에게는 유용한 것으로 여겨진다"고 했다.[9]

신의 명령으로 각색된 그룹선택의 비정함은 같은 종에 대한 본능적 인지와 친애의 욕망을 극복하고 먹이사슬이 요구하는 무자비함을 행사할 수 있게 만든다. 11세기 아랍의 시인 아불 알라 알 마리는 인간에 두 종류가 있다고 하였다.

세상 사람들은 두 종류로 나뉜다.
한편은 머리는 가졌으나 종교를 갖지 못하였으며,
종교를 가진 자들은 머리를 갖지 못하였다.[10]

종교는 합리적이고 객관적인 판단을 마비시키고 리더인 신의 명령에 따라 동종에 대한 행동이라고 볼 수 없는 일들을 수행하게 만든다. 팔레스타인 지역이 이슬람교의 지배에 들어가며 성지 순례에 어려움을 겪게 되자 로마의 교황 우르바누스 2세는 1095년 유럽인들에게 성전을 명령했다. 그는 십자군에 참여한 사람들의 모든 죄를 씻어준다고 보장도 하였다.[11] 십자군은 이슬람교도들을 사냥하듯이 학살했다. 십자군 전쟁과 살육은 알 마리의 통찰을 웅변으로 증명한 셈이다.

원자탄이나 화학무기, 세균무기가 갖가지 오염물질같이 익숙한 요즈음, 미국의 철학자 샘 해리스는 종교로 인해 인류의 종말을 맞을지도 모른다면서 "신앙을 집어던질 때가 되었다"고 부르짖는다.[12] 그러나 종교는 직접적인 분쟁의 원인이 아니다. 전쟁은 그룹 간의 생존경쟁이다. 척박한 삶이 화약이 되고, 이기적 욕망을 채우기 위해 인민을 가축같이 소모하려는 리더에 의해서 도화선에 불이 댕겨진다. 종교는 단지 깃발일 뿐이다. 분쟁의 본질은 신앙이 아니라 생존경쟁이다. 민중이 사회의 주인이 되고 벼랑 끝에 몰린 삶에 희망이 생겨야 전쟁이 사라진다.

도 덕 적 종 교

내집단의 형상인 신은 자연스럽게 도덕과 결합한다. 뉴욕주립대학교의 존 하퉁은 기독교의 "네 이웃을 사랑하라"나 10계명은 원래 유대인 집단에 한정된 것이었고 더 나아가서 모든 종교의 도덕성은 내집단에 한정되는 것임을 지적한다.[13] 신은 자신을 믿는 자들만이 사람이며 도덕의 대상이 될 수 있다고 선언한다. 종교는 윤리를 품에 안고 윤리는 종교에 의존하며 내집단의 적합도를 제고한다.

한 민족의 수호신을 탈피하여 여러 민족에게 전파되며 인류의 종교가 되면서 기독교와 이슬람교는 역설적으로 그 다양성으로 인하여 민족주의적 본연의 모습을 잃어버렸다. 개종으로 형제가 된다면 개종하기전 다른 종교를 믿는 사람은 잠재적인 형제이며 하나의 사람으로 취급되어야 한다. 내집단의 경계가 흐릿하고 유연해질 수밖에 없는 것이다. 과학은 여기에 강력한 뒷받침을 해준다. 현생인류는 불과 5만 년 전 아프리카에서 중동으로 이주해온 자들의 후손이다.[14] 모든 인류는 한 종이며 민족 간 인종 간의 유전적 차이는 지엽적인 것에 불과하다.[15] 모든 사람이 동등한 인권을 가졌다고 인정되는 세상에서 배타성은 자충수가 된다. 그 자체로 하나의 초유기체인 종교 내집단은 모든 인류를 잠재적 구성원으로 전제하며 부족이나 민족의 화신이 아니라 이제 도덕의 화신이된다.

보 상 자

유일신에 의한 종교는 대외적으로는 그룹 경쟁을 선도하지만 대내적으로는 사랑과 협동에 의한 결속을 조장한다. 예수는 이기적인 욕망을 부정하고 이타적으로 살 것을 촉구했다. 신자들은 스스로 신의 종임을 인정하고 왼쪽 뺨을 얻어맞으면 한 대 더 때리라고 오른쪽 뺨도 내미는 극단적인 희생을 실행해야 한다. 이런 인내는 내세와 영생으로 보답을 받는다. 예수는 가진 자들에게 베풀지 않으면 내세의 심판을 받을 것이라고 경고한다. 억압받고 고통을 겪는 사람들에게 이런 복음은 거지에게 "사실은 네가 뒤바뀐 왕자"라고 알려주는 것 같은 매력이 있다. 교리와 신화에 대한 확실한 믿음은 고통을 덜어주고 순행복을 창출할 수 있다. 또, 교우 상호 간 친애와 지원은 생존경쟁의 고통을 크게 덜어준다. 예수는 절대왕조의 체제에서 지배계급의 가축으로 전락한 대중에게 새로운 행복의 길을 선사했다.

불교는 아브라함 종교와는 전혀 다른 종교의 양상을 보여준다. 불교는 그룹경쟁에서 탄생하였기보다는 공동체 내에 굳어진 지배와 피지배 구조, 그리고 여기서 파생된 만연한 고통에서 시작된 것으로 보인다. 우리나라의 불교는 대승불교의 한 갈래로 구복신앙이 결합되어 아브라함 종교와 유사한 점이 많아졌지만 원시불교는 창조주나 전능자를 설정하지 않았고 철학적인 논리와 형이상학적 세계관에서 시작한다. 이 세상은 갖가지 형태의 지옥에서부터 생명 현상을 모두 초월한 적막한 에너지 응결체 같은 부처의 세계까지 많은 단계로 구성된 세계 가운데 하나다. 모든 생명은 나고 죽음을 반복하면서 이 여러 세계를 윤회한다. 다시 태어날 때는 현생의 업에 따라 짐승이 될 수도 있고 인간이 될 수도 있고 신이 될 수도 있다. 윤회의 인과의 법칙인 연기緣起는 현재와 과거, 미래는 물론 모든 생물과 초월적 존재를 하나의 네트워크로 엮어놓는다.

석가모니는 현재의 인생은 고해苦海라고 규정한다. 부와 권력이 줄 수 있는 행복은 지극히 한정적이며 자연이 부과하는 생로병사의 고통이 끝내는 압도하고 만다. 어떤 생명이든 목표는 최종 단계에 도달하여 윤회를 벗어나는 것이다. 그것은 고집멸도苦集滅道(욕망이 고통의 원인임을 깨닫고 욕망을 소멸시켜 영혼을 자유롭게 함)와 제법무아諸法無我(자아와 삶이 허상임)를 깨닫고 해탈解脫(윤회를 깨닫고 윤회의 다음 단계로 이행하는 것)하는 것이라고 요약할 수 있다.[16] 고집멸도는 사회적 동물인 인간에게 동물성과 사회성을 포기할 것을 요구한다. 육식의 포기는 물론 식음을 구걸하며 생존을 이어가고 다른 사람들과 경쟁을 하지 않으며 사람들과의 인연을 끊고 속세를 떠나야 한다. 석가모니의 가르침은, 진화생물학적으로 해석하면, 쾌락 자체가 환상이라는 것이며 쾌락을 느끼는 동물적 한계를 벗어나라는 것이다. 이것은 생물학적으로 불가능한 주문이며 동물더러 식물이 되라고 하는 것이다. 그러니 수행은 언제나 미완성이고 고도의 수행자가 올라설 수 있는 특이한 경지는 신경과학적으로는 신경회로의 비정상적 작동으로 인한 환각이다.[17] 석가모니의 가르침을 현실에 구현하는 것은 불가능한 일로 생각되지만 행복이 (신경계가 빚어내는) 신기루이고 (동물로 살아가는 한) 고통은 피할 수 없다는 통찰은 진리가 아닐 수 없다.

석가모니는 전문 수도승이 되지 못하는 대중을 위해 윤회의 악순환을 피해 가는 방법으로 공덕을 쌓을 것을 가르쳤다. 전문 구도자들은 열반에 이르기 위한 수련으로 공덕을 쌓고 대중은 수도승에 대한 지원과 도덕적 행실로 공덕을 쌓는다. 금생의 공덕은 다음 생에서 윤회의 상위 단계로 오르는 티켓이다. 해탈이 정도고 지름길이지만 해탈은 고통스러운 수련을 견뎌야 하는 매우 어려운 과정이다. 대부분의 사람은 엄두도 내기 어렵다. 공덕은 도덕적 행위와 수련자에 대한 지원으로 해탈을 향해 갈 수 있는 완행열차 내지는 우회로인 셈이다.

종교의 상실

종교는 그룹경쟁의 견인차 역할을 하며 대외적으로는 강력한 초유기체가 되기 위한 구심점을 제공하고 대내적으로는 희생과 협동을 조장하며 피지배자에게는 지배자에 의한 침해와 수탈을 견딜 수 있는 위로를 준다. 또한 종교는 자연에 대한 일괄적인 설명을 제공한다. 그러나 인류가 하나의 내집단이라는 인식이 점차 확산되면서 종교는 그룹 경쟁의 견인차 역할을 할 수가 없어졌다. 과학이 발달하면서 자연을 설명할 필요는 더더욱 없어졌다. 에드워드 윌슨의 말을 빌리면, "신은 여전히 궁극적인 물질의 기원이나 쿼크, 전자궤도 따위에서 찾을 수 있겠지만 (…) 종의 기원에서는 아니다".[18] 생명을 창조하고 인간사에 관심을 갖는 부성적 신은 점점 설 자리를 잃는다.

윌슨은 종교를 포기함으로써 인류는 두 가지의 딜레마에 처하게 된다고 지적한다.[19] 첫째는 인류에게 단지 진화의 한 가지branch라는 자격밖에 줄 수 없다면 인류 존재에 목적을 부여하기 어렵다는 것이다.

아브라함 종교는 신의 뜻에 부응해야 한다는 당위와 사후의 보상을 얻어야 한다는 목적을 주기는 한다. 불교는 고통으로 가득한 윤회의 바퀴에서 벗어나야 한다는 목표를 제시한다. 그러나 종교가 있다고 해서 인류 존재에 진정한 목적이 생기는 것은 아니다. 단기적으로는 천국에서 영생을 누리거나 윤회의 마지막 단계에 도달하여 아무것도 없는 적막한 세계에 도달하는 것이 목표가 되겠지만 인류의 지능은 그다음은 어떻게 되느냐고 묻는다. 천국이나 초월적 경지에 도달하는 것이 질문의 종식을 가져오지 않는다. 인간은 피조물인 주제에 신의 기원 자체에도 이유를 물을 것이다.

'목적'은 선이나 진리를 포함하여 다른 모든 말과 마찬가지로 인간의 사고에서 태어난 개념이다. 현실과 괴리가 있는 추상적 개념들은 때때로 현실에 혼란을 일으킨다. 그리스 철학자 제논은 아킬레스가 거북이를 따라 잡을 수 없다고 하였다. 한 걸음 뒤에서 아킬레스가 거북이를 잡으려면 반걸음을 가야 하는데 반걸음을 가려면 또 반의반걸음을 가야 한다. 아킬레스는 무한히 나누어지는 반걸음을 영원히 갈 수 없기 때문에 거북이를 잡을 수 없다. 무한의 개념을 발견하고 현실에 적용해보면서 사람은 개념과 자연의 불일치에서 혼란과 신비를 느낀다. 그러나 무한이라는 개념의 환영을 제거하면 아킬레스는 손만 뻗치면 거북이를 잡을 수 있다.

개미나 해파리의 행동에는 목적이 없다.[20] 이들의 행동은 신경계에 수록된 프로그램이 작동하는 것이다. 살모넬라의 독성은 인간을 죽이기 위해서 존재하는 것이 아니다. 생물계의 배후인 유전자들이 목적을 가질 수는 없다. 생명은 우주의 극히 미미한 부분의 특이한 조건에서 일어난 예외적 반응의 결과이다.[21] 인간의 한정된 지식과 경험에서 볼 때 불가능해 보이는 일이지만, 적절한 조건이 갖추어졌을 때 물질에서 생명이 탄생하고 사고하는 인간까지 진화하였다. 목적은 자연의 반응에 존재하는 방향성을 인지하는 인간 지능의 산물이다. 우리는 원인과 결과를 구분하고 연결할 수 있으며 또 스스로의 행동 배후에 자유의지를 느끼기 때문에 자연의 반응에 대해서도 목적을 상상한다. 그러나 물리적 자연에는 목적이라는 개념으로 이해할 수 있는 것은 찾을 수 없다.

인간 존재에 대한 목적이란 욕망 중심 모형에서 보면 도피욕의 변신이다. 살기 위해서 태어난(사는 것이 본능인) 인간이기 때문에 의식적 자아는 소멸하는 자신을 인정할 수 없다. 의식적 자아는 죽음을 거부하며 자신의 존재의 이유와 목적을 찾는다. 이 모순은 인류에게 부과된 원초적 의문이며 불행이라면 불행이다. 아인슈타인은 우주가 이해된다는 사실이 가장 이해할 수 없는 일이라고 하였다.[22] 우주의 물질에서 태어나 우주를 이해하는 인간의 정신은 모순적이고 아직 설명이 되지 않는다. 그러나 자신에 대해서 완벽한 이해에 도달하고 우주의 반응에 대해서 샅샅이 알게 된다고 하더라도 인간의 존재에 대한 목적이 나타나지는 않을 것이다.

종교는 고대인이 생각해낼 수 있는 인간의 존재 목적에 대한 간략한 답이다. 답이 없는 것보다는 단순한 답이라도 있는 것이 나을지도 모른다. 어쨌든 인간의 욕망을 비롯한 본능은 채취수렵시대와 크게 달라진 것이 없으니 말이다. 어쩌면 인간이 소멸하는 자신을 받아들일 수 없는 한 종교는 결코 사라지지 않을지도 모르겠다.

윌슨의 두 번째 딜레마는 인간이 스스로의 유전자를 조작할 수 있는 능력을 갖게 되었다는 것이다. 윌슨은 종교를 포기함으로써 인류가 멋대로 유전자를 만지작거리게 될 것이라고 전망하며 유전자 조작에서 불안한 미래를 본다. 자연선택은 부적응자의 도태를 의미하며 그것은 유전자의 선택으로 나타난다. 인위적 유전자 선택은 자연선택을 왜곡시킨다. 적합도가 낮은 사람이 아니라 적합도가 낮은 유전자가 인위적으로 도태되는 것이다. 물론 그 반대도 가능하다. 인위적 유전자의 도태는 인류의 유전자풀을 인위적으로 변형시키는 것이며 인류의 진화를 스스로 조절한다는 말이 된다. 모든 사람이 제각기 자신의 유전자를 변형시키고 새로 조합을 도모한다고 상상하면 작지 않은 혼란과 엽기적인 미래가 떠오른다. 미래에 대한 우려가 들 만하다.

그러나 기술적인 위험성을 떠나서 유전자의 인위적 조작이 인류의 진화나 사회생활에 큰 영향을 줄 것 같지는 않다. 도태압이 강할 때 유전자의 선발 효과가 뚜렷하듯이 인류의 생존경쟁이 치열할 때 유전자 조작의 인센티브도 강하다. 인류 사회가 모두 풍족하고 안정되면 사소한 경쟁력의 우위는 빛을 잃게 되고 적합도를 조금 높이기 위해서 굳이 유전자 조작을 원할 사람은 많지 않을 것이다. 개인의 성취나 행복은 유전자 못지않게 양육과 환경에 의해서 결정된다. 유전자 조작은 정상 생활이 어려운 치명적 유전적 결함에나 수요가 있을 것이다. 과학의 발전은 치명적인 결함에 대해서는 사전에 대처할 수 있는 보다 쉬운 방법도 제공할 것이다. 대부분의 사람은 유전자 조작이 필요 없는 정상적인 사람이다. 인간의 최대 수명 115년을 극복할 수 없는 바에야 유전자 조작이 영향을 미칠 수 있는 한계는 매우 한정된 것이 아닐 수 없다.[23] 유전자 조작은 혁명적인 의료 수단이지만 윌슨의 우려같이 인류가 스스로의 진화적 방향을 결정해야 하는 식의 심각하고 어려운 문제일 가능성은 없어 보인다.

종교의 상실은 철학자들에게는 도전적인 과제가 될 수 있겠지만 많은 사람이 종교가 없이 잘살고 있듯이 일반 대중에게는 별로 큰 문제가 아니다. 종교는 생존경쟁이 치열할 때 중요해 보인다. 인류에게 부과된 당장의 문제는 종교의 상실을 우려할 단계까지 가는 것이다. 생존경쟁에서 오는 고통을 덜고 지구 위의 인류가 동종경쟁에서 벗어나 공생공영하는 길을 찾는 것이다. 그것은 윤리와 함께 조건부 초유기체를 지지하는 한 기둥인 정의를 이해하고 구현하는 데 있다. 다음의 두 장에서는 초유기체적 인간의 정의를 살펴보겠다.

15장

정의

∼∼∼∼∼∼∼∼∼∼∼∼∼∼∼∼∼∼∼∼∼∼∼∼∼∼∼∼∼∼∼∼∼∼∼

JUSTICE

철학적 정의론

정의와 관련하여 현대의 가장 저명한 이론은 하버드대학교의 철학자 존 롤스의 '정의론'일 것이다. 롤스는 자신의 저작《정의론》에서 "제도나 사회 체제 일반의 정의를 문제 삼거나 국제법이나 국가 간의 관계에 있어서의 정의"는 논외로 제쳐두고 부의 분배에만 논의를 국한하였다.[1] 롤스의《정의론》은 사회계약을 시발점으로 한다.[2] 사회계약은 모든 사람이 평등한 원초적 입장에 있으며 '무지의 장막'으로 서로 볼 수 없는 상태라고 가정한다. 사람들은 '사다리 타기' 게임을 하는 것이다. 사회계약의 참가자들은 자신이 재벌이 될지 거지가 될지 알 수 없다. 이런 상태에서는 자신이 거지가 될 수도 있기 때문에 승자독식보다는 적당히 개평을 주도록 하는 것이 안전하다. 가장 수혜를 보지 못하는 사람에 대해서 좀 특혜를 볼 수 있게 배려하는 '차등의 원칙'이 설득력을 갖게 되는 것이다. 롤스는 자본주의가 만들어내는 낙오자들의 구제를 도모하며, 정의의 근간으로 기득권이 억제되고 약자에 대한 차등적 분배가 이루어지는 것이 공정하다고 주장한다.

롤스의 정의는 "최대 다수의 최대 행복"을 모토로 하는 공리주의의 거부이다.[3] 공리주의는, 좀 단순화하면, 잘사는 나라의 건설이 우선이다. 롤스의 정의는 '성장 우선'보다는 '분배 우선'을 강조하는 정치철학에 가깝다. 공리주의는 18세기 이후 민주주의 자본주의 사회의 보편적인 이념으로서 한 역할을 하였지만 명백한 하자가 있다.[4] 공리주의가 지향하는 행복의 최대치를 찾는 것은 이론에 불과하고 공리주의는 암묵적으로 소수의 희생을 용인한다. 롤스의 정의론은 당시까지 대세를 이루었던 공리주의적 정의에 새로운 시각을 제공했다. 자본주의에 내재된 불평등을 적시하고 이를 시정하기 위한 차등의 원칙을 정당화함으로써 자본주의를 보완하기 위한 기초를 제공한 것이다.

그러나 하버드대학교의 또 다른 철학자 로버트 노직은 롤스의 차등의 원칙은 자유주의의 기본적인 가치를 훼손하는 것이라고 반박한다. 노직은 롤스의 주장은 정당하게 획득한 자신의 노동 생산물을 점유하고 사유화하는 것까지 기본적인 자유의 목록에서 제외하는 등 사람의 근본적인 본성을 거스르는 부자연스러운 면을 포함하고 있다고 주장한다. 사람은 누구나 다른 사람으로부터 침해받지 않을 인권이 있고 인권에는 자신의 소유물을 가질 권리도 포함된다.[5] 미국의 부자가 수십억 혹은 수백억 달러의 재산을 가지고 있고 가난한 사람은 무일푼이라는 현실은 전혀 정의의 문제가 될 수 없다.

마이클 샌델은 롤스의 최소 수혜자에 대한 차등의 원칙에 기본적으로 동조하지만 롤스의 철학적 모형에 하자가 있다고 비판한다. 롤스의 계약 당사자들은 현실 세상의 인간과는 달리 서로 연고가 없는 개인들이다.[6] 사람들의 관계를 고려하지 않는 것은 회전을 무시하고 야구공의 궤적을 계산하는 것처럼 부정확하고 현실성이 없다. 샌델은 선택의 주체인 개인과 그 사람이 속한 공동체의 개별적 특수성을 배제하고 정의를 논할 수 없다는 입장이다.

정의의 논변은 정교해지기는 했지만 지금도 갑론을박하고 있고 세상은 분명한 정의의 원리를 천명하지 못한 채 정의를 추구하며 굴러가고 있다. 서울대학교의 철학자 황경식은 "정의의 문제가 해결되기 어려운 이유 중의 하나는 인간의 행위와 사회조직 속에는 지극히 복합적이고 다양한 변수가 작용하고 있으며 이 복합체를 분석, 처리할 수 있는 이론적 능력 내지 실천적 의지가 우리에게 부족하기 때문"이라고 토로한다.[7] 사회생물학자 에드워드 윌슨은 이런 지지부진함이 철학의 근원적인 약점 탓이라고 지적한다.

[철학자들은] 기원이 아니라 결과에 비추어 연구한다. 그래서 존 롤스는 《정의론》을 논쟁의 여지가 없는 다음과 같은 명제로 시작한다. "정의로운 사회에서는 평등한 시민의 자유는 보장된다; 정의에 의해 확보된 권리는 정치적 흥정이나 사회의 손익 계산으로부터 자유롭다." 마찬가지로 로버트 노직도 《무정부주의, 국가, 유토피아》를 정립된 명제로 시작한다. "개인들은 권리를 가지며, (그들의 권리를 침해하지 않고서는) 어떤 개인이나 집단도 그들에게 할 수 없는 것들이 있다. 이 권리들은 아주 강력하고 광범위해서 국가와 관료들이 무엇인가를 할 수 있다면 그것은 과연 어떤 것이어야 하는가 하는 질문을 낳는다."[8]

윌슨은 철학자들이 근거가 분명하지 않은 전제로 시작하여 자신의 학설에 대해서 편견의 속박에서 벗어나지 못한다고 지적한다. 노직의 '소유권'이나 롤스의 '차등의 원리'나, 그들이 아무리 사회현상을 잘 요약하고 설명한다 할지라도 자의적인 전제에서 시작함을 부인할 수는 없다. "기원이 아니라 결과에 비추어" 연구한다는 비판은 근거를 알지 못하면서 현상만 가지고 왈가왈부하며 보편적 원리에 입각하여 객관성 있게 설명하지 못한다는 것이다. 영국의 화학자이며 소설가인 찰스 스노는 인문학과 자연과학이라는 '두 문화'의 건너기 힘든 지식의 계곡을 지적하고 교류의 필요성을 역설한 바 있다.[9] 윌슨은 두 문화의 교류를 넘어 인문학과 자연과학의 결합이 필요하며 그렇게 될 것이라고 예언한다. 물리학자가 셰익스피어를 읽거나 역사학자가 열역학의 법칙들을 이해하는 것을 넘어 인문학이 묘사하는 사람의 마음과 활동의 원인은 진화생물학적인 기초에서 설명되어야 한다는 주장이다.

[정신에 대한] 과학의 과제는 프로그램에 의한 속박의 강도를 측정하고, 뇌에서 그것의 원형을 찾아내고, 정신의 진화사를 재구성하여 그 속박의 의미를 알아내는 것이다.[10]

윌슨의 주장은 사회생물학자들만의 주장은 아니다. 옥스퍼드대학교의 윤리학자인 리처드 헤어는 정의에 대해 논하면서 "과연 어떤 공정의 개념을 선택해야 할 것인가? 우리 사회에서 어떤 개념을 지니는 것이 최선의 결과를 가져올 것인가?" 하는 질문을 던지고 "아무래도 다른 학문을 끌어들여야 할 것 같습니다. 왜냐하면 앞서 제가 말씀드린 대로 사실이 문제가 되기 때문입니다. 그런데 저는 사실에 대해서는 하등 전문적인 지식이 없습니다. 철학자가 할 수 있는 것은 단지 문제를 명료하게 정리한 다음 '이것이 바로 당신이 해결해야 할 문제입니다'라고 조언해 주는 일뿐입니다"라고 철학과 타학문과의 연계 필요성을 지적하였다.[11]

인류가 진화의 산물이라는 것과 정신이 뇌의 활동이라는 것을 부인할 수 없다면 인간에 대한 연구는 진화생물학적 기초를 가져야 한다. 학문의 영역은 인위적인 것이다. 세상을 잘 알지 못할 때는 지식은 섬같이 여기저기 띄엄띄엄 있고 서로 상관이 없어 보이지만 지식이 충분히 확장되면 수면 아래 육지가 보이고 섬들은 연결되며 해저 산맥의 산봉우리들로 통합된 하나의 지식 체계가 떠오른다. 20세기 후반에 오면서 생물학과 인문사회학들은 새로운 융합을 도모하며 하나씩 신선한 열매들을 맺기 시작했다. 심리학자들은 인간의 배우자 선택에 대한 선호가 정자와 난자의 생물학적인 차이에 기인하며 다른 고등동물의 행동과 근본적으로 다르지 않음을 발견하였다. MIT의 심리학자 스티븐 핑커는 연관성 없이 가재도구 목록 같았던 심리학의 토픽들이 자연선택에 의해서 조명됨으로써 하나의 줄기로 모아진다고 한다.[12] 사회학자들은 계급, 내집단, 그룹 간의 폭력성, 부모의 투자, 남아선호, 영아살해, 강간 등 다양한 사회적 현상을 진화적 맥락에서 바라봄으로써 좀 더 근원적인 이해에 도달하고 있다.[13] 경제학은 '합리적인 인간'의 불완전한 패러다임에서 벗어나기 시작했고 인간의 본성에 기초한 행동경제학이 개화하면서 노벨상의 금맥이 드러났다.[14] 윤리학은 진화생물학적 관점의 유용성을 인정하며 까치발을 하고 있다.[15]

철학사에 정의에 대한 담론들은 풍부하지만 "플로리다의 얼음장수가 값을 올리는 것은 옳은가?"라는 질문에 명쾌한 답을 주는 것은 없다. 플라톤은 "정의는 자신에게 알맞은 것을 소유하고 자신에게 알맞은 일을 하는 것"이라고 하였다.[16] 정의는 오케스트라의 여러 악기들이 각자 역할을 적절히 수행하는 것과 같으며 건강하고 조화로운 사회를 만든다. 아리스토텔레스는 정의에는 크게 두 가지가 있다고 주장하였다. 첫째는 "명예나 금전이나 이 밖에 국가의 공민 간에서 분배될 수 있는 것들의 분배"에 관한 정의이고, 둘째는 "사람과 사람의 상호 교섭에 있어서 시정하는 구실"을 하는 것이다.[17] 사회계약론자들은 법이나 통치자에 의한 개인의 정당한 (지나치지 않은) 구속에서 정의를 찾고 종교인들은 정의도 신의 명령에 있다고 본다. 선현들의 통찰은 머리를 끄덕이게 하는 일말의 진리를 담고 있다. 다만 윌슨이 지적한 바같이 이론들의 뿌리가 되는 객관적인 근거가 없고 정의의 다양한 면을 설명하는 포용성이 떨어진다는 것이 문제다. 정의론의 근거 역시 자연선택과 그룹선택이라는 진화적 원리에서 뿌리를 찾아야 한다. 얼음장수를 비롯하여 인간의 인생살이가 모두 결국 생존경쟁이며 이익과 손실에 대한 것이기 때문이다.

동등의 원칙

사람이 사회생활을 하도록 진화한 것은 혼자 사는 것보다 다른 사람과 같이 살 때 더 높은 적합도를 얻을 수 있기 때문이다. 6장에서는 협동을 논하면서 한 사람이 다른 사람을 만났을 때 가능한 행동이 근본적으로 세 가지밖에 없다고 하였다. 행복(이익)을 주거나, 고통(손실)을 주거나, 효과가 없는 경우 등 세 가지이다(표 6-2). 효과가 없는 행동을 제외하면 두 사람이 주고받는 행동은 단지 4가지 유형밖에 없다. 다른 사람을 조금 도와주고 많이 받는다면 최선이다. 그러나 다른 사람도 모두 똑같은 입장이기 때문에 그런 불평등은 불가능하다. 반대로 많이 주고 적게 받는 경우는 자신의 적합도를 낮추는 것이기 때문에 굳이 사회생활을 할 필요가 없다. 준 만큼 받는 것은 사회생활의 균형점이며 모두가 동의할 수 있는 기준이 된다. 이것은 '동등의 원칙Principle of Equality'에 대한 진화생물학적 기초이다. 아리스토텔레스는 이것을 "받을 것을 받는 것"이라며 정의의 두 번째 분류에 포함시켰지만 동등의 원칙은 정의의 근본이며 대원칙이다. 동등의 원칙이 지켜지는 것이 '공정'이며 동등을 평량하여 같게 만드는 것은 '형평'이고 모든 유형의 공정을 포괄한 것이 '정의'이다. 모든 유형이라는 말은 주고받음의 양태나 맥락이 다양하다는 것을 의미한다. 도움을 주고 도움을 받는 경우도 있고 침해를 하고 처벌을 받는 경우도 있으며 아래에서 자세히 논의하겠지만 유형과 무형의 주고받음도 있고 개인 대 개인의 주고받음뿐만 아니라 개인 대 사회의 관계도 있다. 이런 모든 주고받음에서 공정한 것이 정의라는 말이다.

정의와 윤리

윤리를 한 손에 들고 정의를 들여다보면 정의와 윤리가 서로 보완하며 사회라는 초유기체를 형성하는 두 장치임을 느끼게 된다. 윤리는 두 사람이 초유기체의 세포가 되어 협동하게 만드는 적극적인 장치이고 정의는 공정을 추구함으로써 개인이 암세포로 변하는 것을 막는 소극적 장치이다. 윤리만 있고 정의가 없다면 초유기체는 오래가지 못한다. 배반당하거나 보상되지 않는 이타는 지속될 수 없다. 윤리가 없고 정의만 있다면 초유기체는 세포의 덩어리일 뿐 시너지를 기대하기 어렵다. 침해가 복수를 부르고 싸움이 반복되면 사회는 붕괴된다.

윤리와 정의가 사회라는 초유기체의 두 장치라면 4장에서 논의한 도덕적 상대성이나 딜레마가 정의에도 그대로 나타날 것을 짐작할 수 있다. 가령 9·11테러는 알카에다에게는 정의이지만 미국에게는 불의이고 안중근의 이토 히로부미 저격은 제국주의 일본에게는 테러이지만 한국에게는 정의의 구현이다. 그것은 정의도 내집단 안에서만 작용한다는 말이며, 유동적이고 복합적인 내집단의 외연은 형평의 잣대를 어디에 놓아야 할지 갈피를 잡지 못하게 만든다는 말이다. 또 자기보전율과 자아중심률이 정의보다 상위에 있기 때문에 남의 일일 때는 정의를 내세우고 자기의 일일 때는 쉽게 무시한다는 말이다.

윤리적 딜레마에서 벗어나는 첫 단추는 "이 행동이 윤리적인가?" 하고 묻는 대신 "이 행동으로 누구의 적합도가 높아지는가?" 하고 묻는 것이다. 정의의 딜레마에서 벗어나는 첫 단추도 "이 행동이 정의로운가(옳은가)?" 하고 묻는 대신 "양 당사자가 같은 정도의 행복 또는 고통을 받는가?" 하고 묻는 것이다. 정의의 문제가 불거지는 상황을 어떤 초월적인 기준에 기대어 판단하려 드는 대신 내집단들의 생존경쟁과 이해의 충돌로 생기는 현상이라고 보면 정의의 딜레마도 상대성도 사라진다.

불 완 전 한 정 의

채취수렵 사회에서 정의는 비교적 쉬운 일이다. 한몫을 나누어주었으면 다음에는 한몫을 받으면 되는 것이고 모두 같이 사냥하고 얻은 것이면 똑같이 나누면 된다. 누군가 다른 사람을 침해했으면 그와 똑같은 침해를 주면 된다. 작고 단순한 사회에서 공정은 별로 어려울 것이 없다. 정의의 혼란은 인류의 사회가 지나치게 부유하고 비대해졌기 때문에 생긴다. 문명사회에서는 너무 많은 사람들과 주고받으며 무엇을 주고받았는지도 모르게 복잡하다. 동료에게 1만 원을 빌려주고 돌려받는 것조차도 간단하지 않다. 원금만 받을 것인지, 이자를 받을 것인지, 이자율을 무엇으로 할지, 전에 신세진 것을 고려해야 할지, 심지어는 장래의 관계까지 고려해야 한다. 서로 다른 사람의 장부는 다르기 마련이고 손익계산 방법도 다르다. 동등의 원칙은 물질의 세계(손익)를 넘어 정신의 세계(행복)도 포함한다. 완벽한 계산은 어렵고 완벽한 정의는 불가능한 것이다. 현실의 법은 언제나 가능한 근삿값을 추구하게 된다. 미국의 저명한 연방법원 판사인 러니드 핸드는 "정의는 사회의 이해 갈등을 참을 수 있는 만큼 수용하는 것"이라고 했다.[18] 이 말은 정의의 정의定義가 될 수는 없겠지만 법집행의 현실적 한계를 알려준다. 어느 범위 안에서의 차이는 같은 것으로 보고 공정한 것으로 간주하는 것이다. 그 한계는 사회의 통념이며 사회 구성원들의 합의이다. 자연히 판결이 내려진 뒤에도 불만은 남기 쉽다. 불공정의 느낌은 각자의 행복 장부에 의해서 계산되는 주관적인 것인 반면 판결은 통념을 가늠하여 내려진 공정의 근삿값이기 때문이다. 판결에 대한 불공정의 느낌은 사회생활에 내재되어 있는 필연이다. 심판의 명백한 오심에도 불구하고 승복해야 하는 운동 경기같이 불만족스러운 판결도 일종의 운이며 인내하는 수밖에 없다. (물론 부패하거나 권력에 좌우되는 사법은 논외이다.)

플로리다 얼음장수의 경우에는 그 내집단은 평상시에 기대할 수 없던 이익을 얻게 되지만 얼음 소비자들은 손해를 보게 된다. 이것은 얼핏 동등의 원칙에 어긋나는 것으로 보이지만 법의 허용 범위 안에 있기 때문에 문제가 없다. 법은 동등의 원칙뿐만 아니라 다음 절에서 다루는 공평의 원칙을 추구하며, 공평의 원칙은 동등의 원칙 위에 세워지기 때문에 법의 허용 범위 안에 있다는 것은 간접적으로 동등의 원칙에 어긋남이 없다는 뜻이다.

그러나 플로리다 얼음장수의 폭리 추구는 채취수렵시대였다면 부락 간의 전쟁이 되었을 것이다. 전쟁 대신 일부의 비난 정도로 그칠 수 있는 것은 미국이라는 상위 내집단이 법으로 정의로운 행동의 범위를 정하고 힘으로 아집단 간의 폭력을 억제하기 때문이다. 정의는 힘이 뒷받침되지 않으면 이루어지기 어렵다. (상위의) 사회는 공정을 표방하는 판단을 내려주고 압도적인 힘으로 판단에 복종하도록 만든다. 부모가 있음으로써 자식들은 형제의 윤리를 지키고 싸움을 그칠 수 있고 국가라는 상위의 사회가 있어야 노사 간이든 기업 간이든 한 국민으로서 윤리적일 수 있고 이해의 충돌이 조정된다.

국제 사회에는 아직 모든 국가를 제압하는 힘을 가지고 군림하는 초국가적 기구가 없다. 국가 간의 분쟁에 지침이 될 수 있는 국제법이나 관행이 있기는 하지만 이들의 시행을 뒷받침할 힘이 미약하다. 중국은 국제법을 무시하고 남중국해의 영유권을 주장하고 이를 거부하는 미국은 한 발을 들이밀며 당장에 한판 붙을 듯이 폼을 잡는다. IS는 서유럽에서 테러를 감행하고 서유럽은 IS의 거점에 폭탄을 쏟아붓는다. 양쪽은 내집단이 아니기 때문에 정의는 존재가 없다.

플로리다 얼음장수가 허리케인을 틈타 얼음값을 올리는 것은 핸드 판사가 말하는 "참을 수 있는 만큼"의 범위 안에 들지만 시민들은 공정하지 못하다고 느낀다. 하위 내집단으로서 자신의 적합도를 도모하는 것은 이해할 수 있지만 얼음의 구매자가 상위 내집단인 미국 사회의 구성원이라는 점에서 보면 동료가 고통을 겪는 틈을 타서 자신의 적합도를 높이려 드는 것은 제3장의 악행에 해당되며 비윤리적으로 느껴지는 것이다. 현대 사회에서 살아가기 위해서는 법이 정하는 공정의 기준, 즉 사회적 합의의 범위에 맞추어 나름대로의 적합도를 도모하는 것은 허용되는 일이다. 그러나 비윤리적인 행동은 스스로 외집단이라고 선언하는 것이며 외집단에 대한 응징이 뒤따른다. 다만 합법적이면서 비윤리적이라면 처벌 역시 법에 저촉되지 않는 방법으로 이루어진다. 법에 의한 공정을 직접적 정의라고 한다면 비법적非法的인 공정은 간접적 정의라고 할 수 있을 것이다. 간접적 정의의 추구는 평판에 의한 간접호혜와 같은 맥락의 것이며 공정하지 못한 행위를 저지른 사람에게 협조하지 않는 것이고, 여러 사람에 의해서 이루어질 수 있고, 급격하지 않고 장기간에 걸치며 심지어는 당사자가 처벌을 당하고 있는지 모를 수도 있다.

빌린 돈을 갚는 정의는 직관적이고 뚜렷하지만 행복까지 측정하는 완벽한 공정은 불확실하고 불가능하다. 이혼하는 부부가 재산을 분할하는 것은 가능하지만 부부 간의 기여도와 고통을 평가하여 공정하게 나누는 것은 불가능하다. 월급이나 수당은 법으로 규정할 수 있지만 인권의 침해까지 포괄하는 급여를 책정하기는 어렵다. 사람은 자기보전율과 자아중심률에 묶여 있어 수혜에 대한 보답에는 인색하고 침해에 대해서는 과잉 대응을 하기 쉽다. 정의가 필요하지만 정확할 수 없다는 사실은 완

충제로서 덕의 역할을 부각시킨다(13장의 "진화생물학적 윤리 체계" 참조). 전형적인 덕은 맹자의 사단四端 같은 것이다. 덕은 받은 것보다 더 깊게 만들고 덜 받을 것으로 예상되어도 주게 만든다. 덕은 다른 사람을 이해할 여유를 주고 작은 배반을 실수로 여기고 감내할 수 있게 해준다. 덕은 윤리를 구현하기 위한 이니셔티브이며 정의와 관련하여서는 윤활유가 된다.[19] 덕의 개입으로 개인과 개인의 거래는 행복 장부의 작은 차이를 흡수하면서 대체로 동등의 원칙을 살릴 수 있고 시각 차이로 인해 악순환이 될 것을 선순환으로 돌려놓는다. 정의는 윤리가 설 기반을 마련해주고 덕은 정의의 조야함을 덮어준다.[20]

공 평 의 원 칙

사회생활에는 두 가지 차원의 교환을 생각할 수 있다. 하나는 사회 구성원 간의 교환이고 다른 하나는 구성원과 사회 간의 교환이다. 개인과 아사회로 이루어지는 구성원 수준에서 일어나는 거래에서는 상대적으로 동등의 원칙을 추구하기 쉽다. 동등한 위치이기 때문에 동등한 주고받음을 명시적으로 규정하고 추구하기 쉬운 것이다. 1000원을 빌렸으면 1000원을 갚으면 공정한 것이다. 그러나 개인 대 사회의 차원에서는 주고받음의 공정은 어림짐작도 하기 어려운 경우가 많다. 전사한 군인에 대해서 어떤 보상을 하는 것이 공정한지 혹은 GE의 회장 잭 웰치에게 몇천억 원의 연봉을 주는 것이 합당한지 판단하기 어려운 것이다. 개인의 사회에 대한 기여도를 직접 측정하는 것도 난감한 일이지만 다른 사회 구성원에 대한 고려도 병행되어야 하기 때문에 문제는 더욱 복잡하여진다. 모든 구성원이 사회로부터 차별받지 않게 만드는 새로운 차원의 동등성이 요구되는 것이다.

사회가 높은 적합도를 가지고 그룹선택의 압력을 헤쳐나가기 위해서는 머리끝에서 발끝까지 모든 사람들이 다 필요하고 또 제 역할을 해야 한다. 아무리 작은 부분일지라도 결실되어서는 안 된다. 손톱 하나라도 결손되면 초유기체의 적합도는 낮아질 수밖에 없기 때문이다. 그러나 초유기체를 구성하는 각 부분의 중요성은 같지 않다. 뇌와 머리카락의 중요성이 같을 수 없다. 자연히 보상도 다르다. 사람의 뇌는 체중의 2% 밖에 되지 않지만 20%의 산소와 25%의 포도당을 소모한다.[21] 리더의 기여도는 대중보다 월등히 높기 때문에 리더에게는 보다 큰 보상이 할당된다. 그러나 얼마나 큰 보상을 해야 할 것인지 기준이 있는 것은 아니다.

그럼에도 불구하고 현실에서는 리더와 대중에 대한 보상은 다르며 사회를 이루는 각 조직이나 기관에 대해서도 차별된 보상이 이루어지고 있다. 그것은 사회가 개인을 초월한 설계도를 가지고 있기 때문이다. 사회에서 사람들을 모두 제거하고 나면 사회의 설계도가 남는다. 공무원을 모두 제거하고 나면 정부의 조직이 남는다. 대통령이라는 자리에 대해서도 미리 역할이 정해져 있고 보상도 또한 결정되어 있다. 국민은 누구든지 대통령직을 원할 수 있고 경쟁으로 그 자리를 차지할 수 있으며 자리를 차지한 사람에게는 대통령 자리에 약정된 보상이 주어지며 누구나 이것이 공정하다고 인정한다. 사회의 설계도란 사회의 약정이다. 사회 약정은 시민 모두의 합의이기 때문에 공정하다. 사회에 마련되어 있는 약정은 서로 다른 기여도와 그에 따른 불평등한 보상이 빚을 수 있는 갈등을 불식시키는 지혜로운 장치이다. 누구나 참여할 수 있고 동등한 경쟁을 허용함으로써 결과의 동등성이 아니라 과정에서 평등과 공정을 달성하는 것이다. 이것은 공평의 원칙Principle of Equity이다.[22] 공평의 원칙은 동등의 원칙 위에 세워진다.

보 험 의 원 칙

정의로운 인류 사회의 기초적인 모형은 사회계약설이다. 사회계약설은 채취수렵 사회를 연상시키는 가상적 공동체에 기반을 두고 있다. 혼자 사는 것보다 여럿이 힘을 합치면 더 많은 것을 얻을 수 있고 더 안전하기 때문에 사람들은 자유를 일부 포기하고 정부에게 권력을 부여하며 사회생활을 한다. 정부나 통치자는 모든 시민을 억압할 수 있는 권력을 갖지만 개개의 시민들은 서로 동등하다. 사회계약은 국가, 특히 민주주의 국가를 압축해서 설명한다. 그러나 사회계약설은 문명사회를 설명하기에는 부족하다. 문명사회를 명백한 선을 그어 정의하기는 어렵지만 채취수렵시대의 씨족을 넘어 구성원이 많고 빈부의 차이가 존재하는 사회라고 정의하자. 문명은 부를 낳지만, 빈부가 고르게 분배되지 않기 때문에 문명사회에는 계급이 있다. 사회계약은 국가를 통치하기 위한 통치자를 상정하지만 부의 불균등한 분배로 인한 계급을 설명하지는 않는다. 사회계약은 문명사회를 설명하기에 충분하지 못하고 문명사회를 이해하기 위해서는 보완이 필요하다.

문명사회의 한 모습인 왕조시대에는 명백히 공평의 원칙은 사라졌다. 왕족을 비롯하여 세습적 지배계급이 원천적으로 공평의 원칙을 부인하며 특별한 권리를 누린다. 현대의 자본주의 사회는 경쟁의 결과로서 부의 불균등을 용인한다. 부의 불균등은 풍요 속에서 빈곤을 만들며 사회 일부분은 생존의 위협을 받기도 한다. 왕조 국가나 자본주의 사회는 동등한 권리나 공평의 원칙을 파괴하기 때문에 정의롭지 못하다. 자본주의로 인한 불평등을 완화하기 위해서 롤스는 사회계약에 차등의 원칙을 추가로 도입해야 했다.

　미국의 진화생물학자인 피터 코닝은 '생물학적 사회계약Biosocial Con-tract'이라는 수정주의를 해법으로 제시한다. 생물학적 사회계약의 사회는 사회 구성원 모두의 생존과 번식의 욕구needs를 충족시키는 '집합적 생존 사업'이다.[23] 이 사회에서는 기초적인 필요의 충족, 능력에 따른 보상, 그리고 호혜의 원칙에 맞추어 모든 사람이 능력에 맞게 제 역할을 해야 한다는 3가지 협정을 맺는다.[24] 코닝은 이런 시스템이 인간의 본성에 부합하며 소수의 부자들 외에는 모두 받아들일 수 있는 것이고 실현 가능한 모형이라고 주장한다. 코닝은 기초적인 필요가 충족이 되어야 한다는 것을 최우선으로 내세운다. 이 위에 각자 사회에 기여한 바에 따라 추가의 보상이 이루어지는 것이다. 그러나 코닝의 모형은 현실성이 떨어지고 사회가 나아갈 방향을 제시하기에는 부족하다. 코닝이 주장하는 능력에 따른 보상은 자본주의적인 것이 아니라 사회 기여도에 비례한 보상이다. 기여도를 어떻게 측정할지도 막연한 얘기이지만 능력껏 버는 대로 갖는 것이 아니라면 사회를 이끌고 가야 할 리더들이 의기소침해질 수 있다. 사회 구성원 각자가 마땅히 해야 할 역할을 한다는 호혜의 이론은 이상적이지만 일자리는 뜻대로 주어지지도 않는다. 코닝의 생물학적 사회계약은 전통적 사회계약론에 진화생물학적 관점을 더하는 시도라는 점에서 의미가 있지만 현실과 괴리되어 있다는 비판을 면하기 어렵다.

　인류는 조건부 초유기체로 진화해왔다. 조건부 초유기체는 모든 구성원들이 자신의 적합도를 목적으로 하지만 협동하여 시너지를 얻는 것이므로 동등한 권한을 갖는다. 그러나 인류 사회는 차별된 보상을 전제로 하는 머리가 있는 초유기체이다. 인류 사회에는 동등한 권한과 차별된 보상이 같이 존재해야 하는 것이다. 상충하는 이 두 원리는 리더에 대한 차별적 보상과 낙오자에 대한 최소한의 보장이라는 절충으로 낙찰된다. 공평의 원칙은 동등의 원칙 위에 차별적 보상을 구현하지만 최소한의 보장에 대한 내용은 아니다. 최소한의 보장은 개인이 초유기체의 구성에 참여하는 동기가 된다. 롤스의 차등의 원칙이나 코닝의 '기본적 욕구의 충족'은 여기에 맥이 닿는다. 이것은 진화생물학적 관점에서는 '보험의 원칙'이라고 할 수 있겠다. 정의로운 사회에서는 동등의 원칙과 공평의 원칙에 더하여 보험의 원칙이 구현되어야 한다. 진화생물학적 이해를 기초로 한 것은 아니지만 이미 사회의 모든 구성원에게 생존을 보장할 수 있는 수준의 급여를 무조건 주는 '보편적 기초수입'의 사회복지 모형이 전 세계적으로 시험되고 있다.[25] 능력에 따라 많은 것을 차지하는 것이 인정되는 한편 경쟁에서 탈락하여도 일정 수준의 생존을 보장해야 한다는 컨센서스가 자라고 있는 것이다. 보험의 원칙은 사회의 적합도를 크게 높일 수 있다. 한계효용의 법칙은 부자가 더 부를 얻어봐야 행복의 증가가 미미하다고 말해준다. 반면 서민과 빈민 등 다수를 차지하는 사회 구성원들에게는 작은 부가 더해져도 크게 고통을 줄일 수 있다. 정의로운 사회는 플라톤의 말같이 건강한 인류 사회이고 구성원들이 행복한 사회이다. 정의로운 사회는 어떤 합격 기준이 있어서 합격점을 얻는 사회가 아니다. 사회 구성원들의 행복도가 높은 사회가 더 정의로운 사회이며 보험의 원칙은 정의로운 사회의 필수적인 요건이다.

사 회 약 정

금방 눈에 띄는 것은 아니지만 유럽의 선진 사회를 보면 정의로운 사회를 위한 다른 원리들도 찾아볼 수 있다. 선진국들은 일반적으로 후진국보다 정의롭게 느껴진다. 그것은 선진국 시민들이 태생적으로 윤리적이기 때문은 아니다. 자기보전율이나 자아중심률이 황금률을 압도한다는 것은 인간 본능의 성질이며 선진국의 시민들도 예외가 될 수는 없다. 선진국이 더 정의롭다면 사람이 아니라 사회 시스템에서 차이가 있는 것이다. 선진 사회에는 구성원들을 감시하고 통념을 벗어나는 불공정한 행위에 대해서 처벌하는 시스템이 잘 갖추어져 있다. 국민을 모두 잠재적인 범죄자로 보느냐는 질타는 위선이다. 생존경쟁의 진화생물학적 관점에서 보면 사람은 모두 잠재적인 범죄자이다. 국회의 청문회는 '털면 먼지 안 나는 사람이 없다'는 것을 보여주며 한국의 리더가 될 만한 사람들조차 모두 정도의 차이가 있을 뿐 범죄자임을 보여준다. 정의로운 사회를 구현하기 위해서는 '감시의 원칙'이 추가되어야 한다. 선진 사회의 커다란 특징의 하나는 투명성과 엄격한 법집행이다.

선진 사회에서 찾을 수 있는 또 하나의 원칙은 '약정의 원칙'이다. 약정의 원칙은 사회의 각 자리에 대한 역할과 보상이 명확히 규정되어 있다는 뜻이다. 정의로운 사회가 되기 위해서는 사회의 모든 조직과 행위에 대해서 정교한 규정이 갖추어져야 한다. 작은 틈이라도 발견하면 어김없이 비집고 자기보전율을 발휘하는 인간의 특성으로 인해 규제해야 하는 부분의 그물코는 명백하고 촘촘해진다. 사회가 발달할수록 법전은 두꺼워지고 일마다 계약서가 따라다니고 규정들은 깨알같이 많아진다. 시민들은 읽을 엄두를 내지 못하지만 이런 세밀함은 영악한 이탈자들로부터 정의를 보호하는 갑옷이 된다.

선진 사회일수록 개인이 쌓아올린 부의 많은 부분은 자선과 기부 혹은 세금에 의해서 사회로 돌려진다. 이런 현상은 정의로운 사회를 위한 또 하나의 기둥이다. 이것을 '불세습의 원칙'이라고 하자.

이 6가지 원칙들은 사회계약에서 출발하여 정의로운 문명사회를 구현하기 위한 최소한의 원리에 해당된다. 이 원칙들을 구현하는 것을 사회계약과 구분하기 위하여 '사회 약정社會約定/Social Stipulation'이라고 하자. 정의로운 사회를 받치는 사회 약정의 6원칙을 하나의 체계로서 종합적으로 검토해보자.

약정의 원칙 ─ 사회 약정의 첫 단계는 사회의 모든 조직에 대해서 기능과 보상이 명시적으로 규정되어야 한다는 것이다. 정부의 모든 조직과 자리에는 직무 규정과 보상 규정이 있고 사회의 또 다른 축인 기업에도 비슷한 규정이 있다. 이 규정들은 사회적 합의를 반영하는 것이며 누구든지 해당 자리의 역할을 맡게 되면 규정된 역할을 수행해야 하고 규정된 보상을 받는다. 이것은 플라톤이 상상하던 정의로운 사회의 모습이기도 하다. 모든 사회 구성원들이 각자의 역할을 충실히 수행하고 규정된 몫을 받는다면 사회는 조화롭고 건강할 것이며 굳이 철학자가 대통령이 되지 않아도 이상적인 국가가 될 것이다.

동등의 원칙과 공평의 원칙 ─ 사회의 모든 구성원들은 신체적 조건에서부터 양육 환경, 사회적 여건 등 여러 가지 자원이 동일하지 않고 따라서 경쟁의 출발점이 같을 수 없다. 또 사람은 본능에 의해서 자식의 양육에 헌신하도록 만들어져 있기 때문에 좋은 여건을 가진 리더의 자식은 그렇지 않은 사람보다 좋은 출발점에 설 수밖에 없다. 자식에 대한 지원은 사람의 기본적인 생식적 욕망에 근거하기 때문에 이것을 억압하는 것은 부자연스럽고 성취하기 어렵다. 그렇다고 마냥 방임하는 것은 사회계약의 정신에 어긋나며 동등한 인권과 평등을 포기하는 것이 된다(16장의 "세습" 참조).

부모의 부나 지위를 그대로 이어받는 것은 용인될 수 없다. 성공적인 리더의 자식이 다시 성공적인 리더가 된다는 법은 없으며 유능한 리더는 많은 사람들 가운데서 얼마든지 선발할 수 있기 때문에 불평등한 출발점을 방치할 이유는 없다. 동일한 출발점은 어떤 보편적이거나 객관적인 기준에 의해서 설정된다기보다는 사회의 역량과 처한 상황에 의해서 사회적 합의, 즉 법과 판결로 주어진다. 훌륭한 외교관을 선발하기 위해서 3개 외국어의 능력이 필수적이라고 전제되어 있다면 외교관을 지망하는 모든 사람들이 3개 외국어를 배울 수 있는 균등한 기회를 주는 것이 동일한 출발점을 제공하는 예가 될 것이다. 자동차 정비소에서 일하기 위해서 특정한 기술을 갖추어야 한다면 원하는 모든 사람에게 그 기술을 배울 수 있는 여건이 제공될 때 출발점의 평등은 상당히 구현되었다고 할 수 있을 것이다. 동등한 출발점은 고정되어 있는 것이 아니고 자식에 대한 보호 본능과 사회의 적합도를 높이려는 본능이 충돌하며 균형을 잡는 점에 있는 것이고 지속적으로 교정되고 조정된다.

감시의 원칙─자리에 따른 임무 수행과 보상의 집행은 감시되어야 한다. 자기보전율과 자아중심률은 황금률보다 강력하고 우선적이다. 감시가 부족하면 자리는 사회적 가치보다는 개인적 가치를 높이는 데 쓰이게 된다. 영국의 경제전문지 〈이코노미스트〉에 의하면, 2014년 중국전국인민대표회의의 부자 50명이 947억 달러를 가지고 있다.[26] 이것은 미국 의원들 가운데 가장 부유한 50명이 가진 것의 60배나 되는 부이다. 그동안 중국 공산당 간부들이 사회적 가치보다 개인적 가치를 높이는 데 매진하고 있었다는 것을 알 수 있다. 감시가 없고 독재가 횡행하는 곳에 정의는 발붙이기 힘들다. 충분히 발달된 감시 체계와 높아진 도덕적 수준은 국가의 최고 리더들조차도 일상생활이 일반 대중과 별로 다르지 않게 만든다. 자기 농장에서 트랙터를 몰며 정사를 보는 우루과이의 호세 무히카 대통령이나 퇴근 후 열차를 기다리는 스위스의 부르크할터 대통령, 슈퍼마켓에서 장을 보는 독일의 메르켈 총리는 선진 사회에서 리더의 개인적 가치와 자리에 부여된 권력이 거의 완전히 분리된 정의로운 사회의 모습을 보여준다.[27]

감시와 투명성은 흔히 개인의 사생활, 인권, 자유 등과 갈등을 빚는다. 도덕적 가치를 도모하다 보니 개인적 가치가 침해되는 것이다. 서울대학교의 철학자 황경식은 "정치가는 공인으로서 보통 시민 이상으로 사욕을 억제하고 공익을 도모할 능력을 갖춰야 한다"라며 영향력이 큰 위치의 리더에게는 특별한 도덕성이 필요함을 지적한다.[28] 도덕적 가치는 초유기체의 적합도와 관련된 것이기 때문에 감시와 투명성이 모든 시민에게 똑같이 적용될 이유는 없다. 대통령의 직무 투명성은 초유기체의 적합도에 지대한 영향을 미치며 모든 사람의 관심거리이지만 말단 공무원의 직무는 그렇지 않다. 감시는 비용이 드는 것이며 사회적 가치를 지키는 데 큰 영향을 주지 않는 개인의 사생활이나 자유 등을 침해하며 감시할 이유는 없다. 자유와 사생활을 많이 누리고 싶다면 리더가 되려 들지 말아야 한다. 정치가를 비롯하여 국가 사회의 리더들은 철저하게 검증을 받고 감시되어야 하며 비중이 큰 사회의 리더가 되기를 희망하는 사람들은 평생 개인적 가치와 도덕적 가치가 충돌할 때 개인적 가치를 추구해서는 안 된다. 아이슬란드 국민들은 그림손 대통령이 조세 피난처에 페이퍼컴퍼니를 만들었다는 것만으로도 하야를 촉구했다.[29]

보험의 원칙 ─ 인류 사회는 완벽하게 기능하는 사람들로 구성되지 않는다. 어느 순간에나 사회의 적합도를 끌어올리는 데 기여하는 사람은 전체 구성원의 일부에 지나지 않는다. 어린아이는 미숙하며 성장하는 데 시간이 걸리고 노인은 할당된 기여를 마치고 자연이 데려갈 때까지 부양받는다. 사회에는 경쟁에서 탈락한 자나 장애인이나 심지어는 감방에 갇혀 있는 범죄자도 같이 존재한다.

인류 사회의 적합도에 힘을 더하는 기여자와 많은 수의 피부양자가 공존하는 것은 잘못된 것이 아니라 그룹선택의 원리에서 나오는 것이고 인류 사회가 설계된 모양이다. 진화의 연료는 돌연변이이고 종種의 방패는 다양성이다. 사람은 누구나 많은 수의 돌연변이 혹은 흔치 않은 대립유전자를 갖고 있다. 때로는 이런 유전자들이 적응력을 높이지만 때로는 장애를 일으키며 적합도의 손상을 가져오고 개체의 생존을 위협한다. 그뿐만이 아니다. 사람의 발달과 성장은 매우 복잡하고 정교한 프로그램이기 때문에 천문학적인 정밀성에도 불구하고 종종 비정규적인 결과를 낳는다. 갖가지 유전병과 각종의 신체와 정신적 장애는 인류 존재 양식의 필연인 것이다. 경쟁은 패자를 낳는다. 사회의 모든 자리는 경쟁으로 채워지니 매 순간의 사회는 승자와 패자로 가득하다. 경쟁에 그림자같이 따라다니는 운은 때로는 재벌과 귀족을 만들고 때로는 낙오자를 낳는다.

범죄의 책임을 전적으로 범죄자에게 지우거나 장애인이나 노인의 부양을 가족에게만 맡기는 것은 사회의 안이한 책임 회피이다. 범죄를 일으킬 환경은 사회가 제공한 것이며 선천적인 원인이 있다면 그 역시 진화적 소이이고 유전자풀에서 비롯된 것이다. 초유기체인 사회는 이기적이다. 상위 사회가 없는 국가 사회는 극단적으로 이기적이다. 국가의 존망이 위험할 때 사회의 적합도에 기여하지 않고 부담을 주는 구성원들은 무시되고 폐기된다. 국가가 번영하고 힘이 있을 때라야 피부양자들에 대한 복지가 고려된다. 부양의 책임을 점차 국가가 나누어 지는 것은 한국 사회가 번영하며 커다란 힘을 갖게 되었다는 반증이고 정의로운 사회로 다가가고 있다는 증명이다.

약자의 부양을 비롯해서 모든 사람의 생존을 일정 수준 이상으로 보호한다는 것은 사회의 적합도를 크게 높이게 된다. 부자를 더 부자가 되게 만드는 것은 행복의 증가에 별 도움이 되지 않지만 궁핍의 고통을 덜어주는 것은 행복을 크게 늘린다. 최저 생활의 보장은 범죄에 대한 인센티브를 크게 불식시키게 되고 안전하고 단결된 사회를 만든다. 아무 일도 안 해도 사는 데 지장이 없다면 굳이 남을 해치고 자칫 고통스러운 영어의 위험을 질 이유가 없는 것이다. 최저 생활의 보장이 무임승차자를 양산할 것이라는 우려는 과장된 것이다. 형평욕은 '무노동 무보상'을 정의로 생각하게 만들지만 시야를 넓히면 조건 없는 최저 생활 보장은 동등의 원칙을 구현하는 것이다. 무능력으로 인한 무임승차자는 어느 정도 늘어날 수는 있겠지만 무한히 늘어나지는 않는다. 최저 생활이란 생리적·생태적 욕망을 충족시킬 수는 있지만 사회적 욕망을 충족시키는 것은 아니다. 마약을 국가가 통제하지 않고 스스로의 책임하에 사용하도록 하면 오히려 문제가 없어지듯이 놀아도 생활을 보장해준다고 하면 노는 자체가 고통이 된다. 은퇴한 사람들은 어떻게 시간을 보낼지가 가장 커다란 문제이다. 어차피 미래의 사회는 점점 일하는 시간이 줄어들고 일하는 사람은 부러움의 대상이 되지 비웃음의 대상이 되지 않는다. 또 일을 해서 돈을 번다는 것은 더 많은 자유와 즐거움으로 연결되기 때문에 여전히 일은 인센티브이고 프라이드가 된다. 대부분의 사람들에게 최저 생활 수준의 무임승차는 안전을 상징하지 안주의 조건이 되지는 않을 것이다. 생존의 위협이 없다면 모든 국민은 틀에 박힌 생활에서 벗어나 자유롭게 적합도를 극대화할 방안을 찾게 될 것이다. 그것은 창의성이 활짝 개화하게 된다는 말이며 사회의 행복과 적합도를 극대화한다는 말과 같다.

고령화 사회로 젊은이들이 노인의 부양에 더 큰 부담을 지게 된다는 이론은 잘못된 것이다. 피부양자들을 부양하는 사회의 능력은 이제까지 사회를 건설해온 모든 사람들의 기여가 합쳐져 이루어진 것이지 어느 시점에 돈을 버는 사람들이 만드는 것이 아니다(제16장 참조). 피부양자를 부양하는 것은 생산에 참여하는 현역들이 아니라 사회에 누적된 지식과 생산 시스템이다. 사람은 (해외의 인력 수입 등으로) 다른 사람으로 바꾸어놓아도 공장이든 정부든 아무 탈 없이 돌아간다. 사람이 그대로 있어도 공장이 사라져버리면 종업원들과 지역 주민들의 생계는 무너진다. 높은 생산성을 가진 선진 사회의 젊은이는 후진 사회의 젊은이들보다 높은 임금을 받으며 좋은 환경에서 일을 한다. 많은 소득도 높은 세율도 사회의 고령화도 모두 사회 발달의 결과이지 세대나 계층 상호 간의 채권과 채무이거나 부당한 부담일 수 없다.

불세습의 원칙 — 다음 장에서 자세히 논하겠지만 부의 진정한 주인은, 권력과 마찬가지로, 사회이다. 개인은 사회의 부가 다음 세대로 전달되는 과정에서 일부를 임시로 맡아 가지고 있는 것이다. 개인이 죽으면 가지고 있던 부는 사회로 돌려지는 것이 마땅하다.

사회 약정에는 롤스의 차등의 원칙이 보험의 원칙으로 그대로 살아있다. 개방적 경쟁을 전제하고 승자에 대한 보상을 인정하기 때문에 노직의 자유지상주의 역시 포용한다. 롤스의 차등의 원칙이나 노직의 자유로운 경쟁과 소유가 진화생물학적인 근거에서 수렴되는 것이다. (연결고리는 부의 집중 억제에 있다.) 차등의 정도나 자유의 한계는 사회적 합의로 정해진다. 사회적 합의란 해당 사회의 환경에 맞는 적절한 조건을 찾아야 한다는 샌델의 공동체주의도 사회 약정 속에 살아 있다는 뜻이다. 사회 약정은 자신에게 알맞은 것을 소유하고 자신에게 알맞은 일을 하는 것이 정의라는 플라톤적 정의에도 부합하고 개인과 개인, 개인과 사회 차원의 두 가지 다른 수준에서 주고받음이 동등해야 한다는 아리스토텔레스적 정의도 내포하고 있다.

사회 약정의 6원칙들은 하나의 체계로 인식되지는 않았지만 시행착오를 거치며 어느 사회에서나 어느 정도 구현되고 있고 선진화된 사회일수록 현저하다. 그것은 사회 약정이 민주주의 자본주의를 포용하며 인간 사회가 추구해나가는 정의롭고 이상적인 사회의 모습을 요약하는 모형이라는 간접적인 증거가 된다.

사회 약정의 6원칙은 민주주의와 자본주의에 대해서 비판적으로 볼 기회를 준다. 민주주의는 '동등의 원칙'을 구현하는 이데올로기이지만 대체로 비효율적이다. 자본주의는 '공평의 원칙'을 근거로 초유기체의 능력을 극대화하지만 부의 집중을 방치하고 초유기체를 열병에 시달리게 만든다. 다음 절에서는 사회 약정의 6원칙을 염두에 두고 300년 남짓 된 민주주의 체제에서 개선할 점은 없는지 생각해보고 다음 장에서는 자본주의의 필연인 부의 집중에 대하여 고찰해보겠다. 민주주의와 자본주의에 대한 비판은 이상주의의 색채를 띠고 실현 가능성에 회의를 일으키기 쉽지만 초유기체적 인간이라는 패러다임을 놓고 인간의 본능에 부합하는 사회의 개선 방향을 가늠해본다는 데서 의미가 있다.

민주주의 v.2

대의민주주의 ─ 민주주의 체제는 채취수렵시대의 생존 방식을 답습하는 것이라고 할 수 있다. 채취수렵 사회에는 리더가 있지만 공동체의 모든 사람들은 동등한 권리를 갖고 주장할 수 있다. 이견은 쉽게 조율될 수 있고 모든 것은 동등하게 나누어지기 때문에 민주주의는 어렵지 않다. 그러나 문명사회에서는 채취수렵 사회에서와 같이 민주주의가 효율적으로 작동하기 어렵다. 사람의 수가 많다 보니 이해가 다양하고 이견이 많으며, 정치적 대리인을 두게 되고 대의민주주의를 하게 되는데 부작용이 큰 것이다.

대의민주주의는 어쩔 수 없는 차선이지만 이상적인 민주주의와는 괴리가 있다. 중간 상인이 매개하는 거래의 이율이 떨어지듯이 대리인이 있는 민주주의에서 대중의 이익은 상당 부분 깎여나간다. 대리인들은 나름대로 작은 초유기체가 되어 자기보전율과 자아중심률에 의해서 지배되기 때문에 국가나 국민의 이익을 잠식하는 것이다. 대리인들은 한편으로는 머리의 독재나 독단을 방지하는 선기능을 수행하지만 다른 한편으로는 정신분열과 신체 마비를 일으키며 초유기체의 조화로운 행동을 교란한다. 대의민주주의는 대리인의 선기능을 강화하고 역기능은 억제하도록 개선될 필요가 있다.

정보통신의 혁명은 현대 대의민주주의의 비효율적인 체제를 개선할 방법을 제시한다. 이제는 광속으로 의사소통이 가능해 모든 국민의 의견도 쉽게 수렴할 수 있게 되었고 방대한 데이터를 처리할 수 있는 능력이 생겼다. 미국의 미래학자 앨빈 토플러는 수십 년 전에 이미 반직접민주주의의 도래를 예고하였다.[30] 모든 정치적 결정에 모든 국민이 관여할 필요는 없겠지만 필요하면 국민들이 직접 결정을 내리도록 제도를 만들어야 한다. 국회의원의 세비를 깎아야 한다면 중이 제 머리를 깎을 때까지 기도하고 인내하기보다는 당장에 휴대전화의 메신저로 국민투표를 실행하도록 해야 한다는 말이다. 이런 대안 내지는 견제는 정치적 대리인들이 자기보전율과 자아중심률에서 벗어나도록 효과적으로 감시하고 처벌하며 등을 떠미는 효과를 발휘할 수 있다. 더 나아가서 일정 간격으로 선출된 한정된 수의 대리인들에게 해당 기간의 모든 결정을 위임하는 현행의 제도도 개선할 수 있다. 잘못 채용한 축구팀의 감독을 신속하게 경질해야 한다면 잘못 선출한 대리인들도 즉각적으로 교체해야 한다. 대리인의 풀pool도 군이 수백 명 한 세트로 한정할 필요도 없으며 국회의사당이라는 물리적 한계를 벗어나 더 방대하고 탄력적으로 운용될 수도 있을 것이다.

국가 사회의 적합도는 이제 혁명적 정보통신의 기술을 어떻게 활용하느냐에 달려 있다고 해도 과언이 아니다. 정보통신의 혁명을 적용해서 제일 큰 효과를 거둘 수 있는 부분은 다름 아닌 초유기체의 머리와 대리인들의 관리에 있다. 최선의 적합도는, 역사가 입증하듯이, 현명한 리더를 머리로 삼고 허용되는 범위 안에서 리더가 독재를 하며 이끌어가는 데서 얻어진다. 리더의 합법적인 행위에 효율을 떨어뜨리거나 방해하기 위하여 딴죽을 거는 것은 사지가 뜻대로 움직이지 않는 장애와 비슷한 결과를 초래한다. 국민은 대리인들의 역할에 상시적인 감시를 하여 부당하게 리더의 발목을 잡아서 공유지의 비극을 초래하지 못하도록 해야 한다. 리더와 대리인들이 사심 없이 활동하도록 정보통신 기술을 활용하고 시스템을 정교하게 만드는 것은 사회의 적합도 향상을 위한 최우선 과제이다.

투표권―우수한 리더를 선출하고 정치적 대리인들을 효과적으로 통제하기 위해서는 투표의 효율을 높여야 한다. 일정한 연령에 이르면 모든 국민이 똑같이 한 표를 행사하는 시스템은 동등의 원칙을 보여주지만 또한 동등의 원칙이 무조건적인 것이 아님을 보여준다. 어린아이는 판단력이 부족하니 채취수렵시대에도 모든 사람이 일률적으로 1표를 행사하는 것은 아니다. 공동체의 의사를 결정하는 투표권은 동등의 원칙에 기초해야 하지만 합리적인 개선이 더해지는 것이 바람직해 보인다. 한 시점의 사회에는 사회의 적합도에 직접 기여하는 사람이 있고 그렇지 않은 사람이 있듯이 마땅히 결정에 참여해야 하는 사람이 있고 그렇지 않은 사람이 있다. 투박한 민주주의에서는 일률적인 나이 제한이나 성^性으로 최소한의 분별을 시행하지만 문명이 발달하여 구성원을 세밀하게 파악할 수 있는 사회에서는 굳이 전통적인 기준만을 적용할 이유가 없다. 안전하고 효율적인 교통을 위해서 운전면허가 필요하고, 자격이 있는 사람에게 면허를 부여하고, 중장비를 운용하려면 그에 맞는 전문적인 면허가 있어야 하며, 자격을 잃은 사람의 면허를 취소하듯이 투표권도 이런 개념으로 부여되어야 효율을 높일 수 있다. 가령 5년마다 투표자격시험을 보는 것도 상상할 수 있다. 민주주의 v.2의 사회에서는 투표권은 기본적으로 정상적인 지능과 도덕성을 갖춘 사람에게만 부여된다. 예를 들면 의무 교육을 제대로 이수했고 심각한 범죄 전과가 없고, 일정 기간 납세 실적이 있고, 현재의 인지 능력이 양호한 사람만이 투표할 자격을 얻는다. 모든 사람이 동등한 1표를 행사할 필요도 없다. 능력이 입증된다면 초등학생도 투표권을 가질 수 있고 필요에 따라서는 한 사람에게 10표를 행사하는 지위를 부여할 수도 있을 것이다.

사안에 따라서는 이해 당사자들은 제외한 채 제한된 전문가나 대리인들에게만 투표권을 허용하는 것이 바람직할 수도 있다. 원자력발전소 건설이나 화장시설 건설 등이 보여주듯이 아사회와 국가 사회의 적합도가 충돌할 때 매번 기준 없는 협상을 하는 것은 공유지의 비극을 초래한다. 원리적으로 어떤 아사회든지 이해 당사자가 될 수 있기 때문에 이해 당사자를 제외하는 것은 공평의 원칙에 비추어 문제가 없다. 이해 당사자에게 충분한 소명의 기회가 주어지고 정보통신의 기술에 힘입어 국민적 컨센서스를 모을 수 있다면 이해 당사자를 배제할 때 효율적이고 합리적인 결정을 이끌 수 있을 것이다.

모든 국민이 동등한 인권을 갖는다는 것은 변함없는 원칙이지만 투표권에는 동등의 원칙보다는 공평의 원칙이 적용되는 것이 바람직해 보인다. 전자는 막연한 평등을 추구하는 것이지만 후자는 모든 구성원의 정신적 능력이나 소양이 동등하지 않다는 과학적 사실에 기초하여 합리성을 따르는 것이며 사회의 적합도를 우선하고 판단 능력을 극대화한다는 분명한 목표가 들어 있다.

단체행동권 — 민주주의 사회에서 근로자는 단결권과 단체교섭권, 단체행동권을 보장받지만 민주주의 v.2에서는 아사회의 단체행동권은 적절히 수정될 필요가 있다. 파업이나 직장 폐쇄 등 단체행동권은 힘겨루기이고 아집단 간의 전쟁이며 초유기체의 입장에서는 자가면역질환이며 자해 행위이다. 근로자들이 약하고 일방적으로 착취당할 수 있던 시기에는 파업은 근로자들이 자위할 수 있는 유일하고 강력한 무기였지만 사회 약정이 구현되는 사회에서는 파업은 더 이상 필요 없다. 모든 일자리에 대해서 규정이 마련되어 있고 기여와 보상이 엄격하게 지켜지고 투명성이 보장된다면 파업을 할 이유가 없다. 근로자에 대한 부당한 처우는 사회적 감시와 처벌로 관리되어야 한다. 반대로 근로자의 입장에서는 더 많은 보수를 원한다면 스스로 그러한 일자리를 찾아야 하며 합법적인 경쟁에서 더 큰 보상이 약정되어 있는 리더의 자리를 확보해야 한다. 사회적 환경의 변동으로 근로의 조건이 변해야 한다면 충분한 정보를 공유하면서 힘겨루기가 아닌 규정된 대로의 협의와 투표에 의해서 조정하는 것이 마땅하다. 이것은 비단 노동조합에 한정되는 얘기는 아니다. 모든 단체행동은 같은 성격을 가지므로 같은 방식으로 개선될 수 있을 것이다.

16장

경제적 정의

ECONOMIC
JUSTICE

부의 주인

미국의 기업 지배구조 관련 독립연구기관인 GMI 레이팅스의 2013년 연차보고서에 의하면 페이스북의 설립자인 마크 저커버그는 월급, 보너스, 주식 보상 등으로 2012년에 대략 2조 5000억 원의 수입을 올렸다.[1] 저커버그는 좀 특별한 경우이겠지만 2013년 기준으로 미국의 CEO들은 평균적으로 종업원보다 350배나 많이 번다.[2] 자본주의 사회에서는 열심히 일을 하고 능력이 뛰어난 사람이 더 많은 기여를 하고 이에 따라 더 큰 보상을 받고 부자가 된다. 누구에게나 같은 기회가 주어졌다면 공평의 원칙에 비추어 문제가 없어 보인다.

그럼에도 불구하고 심한 빈부의 차이는 사회적 문제가 된다. 곳간에서는 곡식이 썩어나는데 사람들이 배를 주리고 있다면 무엇인가 잘못된 것임에 틀림없다. 카를 마르크스는 이것이 자본주의의 구조적인 문제라고 생각했다. 부를 창출해내는 것은 노동자인데 자본가가 노동자가 얻어야 할 이익을 가로채 극도의 빈부 차이를 만든다는 것이다. 자본가가 순순히 가진 것을 내놓을 리가 없으니 무력 혁명을 통해서 자본주의를 타파하고 공동 생산과 평등한 분배가 구현되는 이상적인 사회를 건설해야 한다.[3] 공산주의는 빈곤에 시달리던 사람에게는 달콤하게 들렸지만 인류를 위한 해법은 아니다. 자본주의를 파괴하고 공산당 독재를 실현시킨 나라에는 지상낙원의 천사 대신 인민복을 입은 악마들이 나타나 인민을 수탈했고, 모든 것이 강제되고 배급되는 사회에서 인민들은 일할 인센티브를 잃고 시들어버렸다. 공산주의 실험은 70년 만에 실패로 끝나고 말았다.[4] 공산주의는 난센스이지만 그렇다고 자본주의가 합리적인 것은 아니다. 자본주의도 난센스인 것은 마찬가지다. 부자는 돈이 넘쳐도 쓸 데가 없고 서민은 생계가 불안해 어쩔 줄을 모른다면 황당하다.

더군다나 그 부가 부자들의 것이 아니라면야 말할 나위가 없다. 부가 노동에서 나왔다는 마르크스의 주장은 옳지 않지만 부자의 것이 아니라는 지적은 진실이다.

'티끌 모아 태산'이라고 하지만 정말로 별은 우주의 먼지들이 조금씩 합쳐져 만들어지며 큰돈도 작은 돈들이 모여서 이루어진다. 부자는 어느 날 갑자기 땅속에서 큰돈을 캐내는 것이 아니라 다른 사람이 가진 돈이 자기 주머니 속에 흘러들어오게 '돈길'을 터서 만들어진다. 어느 순간 저커버그는 돈이 흘러들어오는 도랑을 파는 데 성공하였다. 그리고 빗물이 도랑을 타고 모여들어 저수지를 이루듯이 세상의 돈이 그의 주머니에 가득히 고인 것이다. 그것은 세상의 모든 거부들이 경험하는 것이다. 월마트의 창업자 샘 월턴, 철강왕 앤드루 카네기, 금융왕 J. P. 모건, 부동산 재벌 도널드 트럼프, GE의 전 회장 잭 웰치, 토머스 에디슨, 파블로 피카소, 마이클 조던 등은 어느 순간 밀려들어오는 돈의 홍수에 빠져본 적이 있는 사람들이다. 이들은 유통, 제조, 금융, 경영, 발명, 예술, 스포츠 등 부자가 되는 주요 경로에서 남다른 도랑을 파고 거부가 되었다. 많은 사람에게 행복을 주면 대중은 그 대가로 작은 돈을 지불하지만 티끌이 모여 거부를 만든다.

그러나 저커버그가 초인적인 능력을 가지고 있어서 혼자 매년 2조 5000억 원어치의 효용을 만들어내는 것은 아니다. 도랑은 많은 사람이 힘을 합쳐 만든 것이다. 페이스북이라는 도랑은 저커버그가 리더가 되어 많은 사람들을 이끌고 만든 도랑이다. 저커버그는 페이스북을 성공적으로 이끌면서 사자의 몫을 차지하여 거부가 되었다. 그러나 페이스북도 맨땅에서 이런 효용을 만들어낸 것이 아니다. 페이스북은 인터넷이라는 나무의 꽃 한 송이에 불과하다. 페이스북이 피어난 인터넷은 어떤 특정한 사람들이 아니라 미국과 유럽의 과학자들이 장기간 노력하여 이루어낸 것이며 사회의 자산으로, 인류의 자산으로 진화해온 것이다.

부자는 다른 사람들보다 더 돈이 흐르기 좋은 도랑을 판다. 돈을 흐르게 하는 도랑은 노동으로 판 도랑이 아니라 지식과 창의로 경사를 준 도랑이다. 그 지식은 인류가 쌓아온 것이고 그 창의는 인류의 유전자풀과 환경에서 나온다. 뉴턴은 자신이 거인의 어깨에 올라서 있었기 때문에 멀리 볼 수 있었다고 하였다. 뉴턴의 만유인력의 법칙도 그 앞에 코페르니쿠스, 브라헤, 케플러, 갈릴레이 같은 거인들이 있었기 때문에 가능하였다. 가장 현저한 창의도 기존의 지식 위에 쌓아올려지는 것이다.[5] 어떤 천재는 지식을 모아 놀라운 새로운 지식을 창출하고 어떤 천재는 정보를 모아 놀라운 큰돈을 만든다. 한국의 크고 작은 많은 부자는 단순히 값이 오를 땅을 선점한 덕분에 생겼다. 그것은 정보 혹은 지식의 힘이다. 저커버그도 사이버스페이스에 사람들이 사진과 이야기를 다른 사람들과 공유할 수 있는 노른자위 땅을 선점하고 가게를 연 셈이다. 저커버그가 훌륭한 리더임에는 분명하지만 그의 기여는 세상이 만들어놓은 거대한 사이버스페이스에 노른자위 공간을 인식하고 깃발을 먼저 꽂은 것에 불과하다.

길에 깃발을 먼저 꽂거나 지식의 산에 돌멩이 하나 더 얹어 부자가 되는 것은 국가 수준에서도 마찬가지다. 대한민국의 산업은 거의 전적으로 선진국에서 개발한 지식 위에 쌓은 것이다. 현대 과학이 거의 존재하지 않던 한국에 오늘의 산업을 일으킨 한국인의 성취는 놀라운 것이며 칭송을 받아 마땅하지만 그 기반이 해외에서 수입된 지식이라는 것을 부인할 수는 없다. 한국의 대표 수출품목이 된 반도체와 휴대전화, 자동차에 한국의 지식이 기여한 바는 상대적으로 미미하다. 최초의 무선 휴대전화는 이미 1973년 미국의 모토롤라가 만들었고 최초의 대량생산 자동차인 모델T는 1908년 미국의 포드에서 나왔다. 대한민국의 부는 선진국의 지식을 잘 흡수하고 또 근래에는 돌멩이 하나를 잘 얹으면서 얻은 것이다. 물론 선진국의 지식도 또한 인류의 역사를 따라 얻어진 지식의 도움을 받아 그 위에 건설된 것이다. 알파벳은 중동에서, 숫자는 아라비아에서, 0은 인도에서 만들어졌으며, 유럽의 근대를 인도한 화약과 나침반은 중국에서 만들어졌고, 화학의 원형은 중세의 중동 지역에서 찾을 수 있다.[6] 되돌아보면 지극히 당연한 얘기이지만 이 세상의 모든 지식은 인류 공동의 노력의 결과이며 역사적 산물이다.

부는 문명의 열매이니 누군가가 지금 소유한 부는 이제까지 인류가 이룩해놓은 것이며 누군가의 주머니로 흘러들어온 것이다. 한 사람의 기여도는 아무리 대단한 것이라도 인류 사회 전체로 보아서는 미미한 것이다.[7] 개개인의 기여도의 절댓값으로 본다면 누구도 거대한 부를 맡을 수 없겠지만 누가 얼마나 맡을지는 현재 살고 있는 사람들 간의 경쟁으로 결정되는 상대적인 것이다. 더군다나 생존경쟁의 엄중함은 누구나 최선의 것을 원하게 만들고 결과적으로 한쪽으로 쏠리게 하며, 제한 없는 경쟁은 호리毫釐의 차이라도 있으면 승자와 패자를 가르고 승자에게만 천지의 차이로 보상을 한다.

인류의 부가 흐르는 강은 갈수록 수량이 많아지고 인류의 모든 논밭을 적시기에 충분하건만 승자들의 저수지에 갇힌 물은 흐르지 못하고 많은 논밭이 가뭄에 시달리게 만든다. 부자나 부자 나라들은 자신들의 방대한 부가 자신들이 이룩한 것도 아니고 자신들의 소유물이 아니라는 것을 모르고 있다. 대중과 빈곤한 서민들도 마찬가지이다. 부에 대한 근본적인 착각은 부를 향한 경쟁만 치열하게 만들 뿐 적절한 분배와 회전을 어렵게 만들어 고통을 증폭시키며 금이 간 댐같이 인류 사회에 경종을 울리고 있다. 세상의 부가 인류 공동의 자산이라면 인류 공동의 행복을 위하여 잘 사용되는 것이 경제적 정의일 것이다. 먼저 갇혀 있는 부자의 저수지의 물이 어떤 문제를 일으키는지 살펴보자.

부 의   집 중 으 로   인 한   폐 단

채취수렵시대에는 부가 존재하지 않았다. 인류가 생존하고 번식하는
데 필요한 모든 것은 자연에 널려 있고 누구나 힘닿는 대로 가져다 쓰면
된다. 잉여의 물질이 쌓이면서 사유 재산이 생기고 주고받는 것을 계산
하면서 돈이 생긴다. 돈이 교환의 수단이라는 말은 돈이 채권이라는 의
미이다. 농부한테 쌀을 얻고 돈을 지불하면 농부는 구매자에 대해서 채
권을 갖게 된다. 농부는 나중에 필요한 것을 얻기 위해서 자신의 채권을
사용할 수 있다. 상호 의존적인 사회생활을 하는 모든 사람은 다른 사람
의 노동과 다른 사람들이 이루어놓은 물질 자원을 얻기 위해서 돈을 확
보해야 한다. 많은 돈을 가진다는 것은 많은 사람들을 뜻대로 움직이게
요구할 수 있는 힘을 갖는다는 말이고 돈이 없다는 것은 거꾸로 다른 사
람의 요구에 따라 자신의 노동과 삶을 제공해야 한다는 말이다. 돈이 한
쪽으로 과다하게 몰리면 이 현상이 증폭된다. 돈을 많이 가진 소수의 부
자는 다수의 빈자들을 노예같이 부릴 수 있게 된다. 거대한 부는 정부마
저도 통제하기 어렵다. 집중된 부는 나라의 경제를 흔들고 권력을 움직
이고 국민을 하인으로 만들어버린다. 부의 집중은 왕조 사회로 회귀하
는 것과 같은 효과를 낳는다. 소수의 적합도를 높이기 위해서 대중의 적
합도가 희생되는 상황을 초래하는 것이다. 프랑스의 경제학자 토마 피
케티는 시장경제로 인한 지나친 부의 집중이 "민주주의 사회를 잠재적
으로 위협하고 민주주의 사회가 기초하고 있는 사회정의라는 가치를 위
협한다"고 지적한다.[8] 부의 집중은 동등한 인권을 기본으로 하는 민주주

의와 맞지 않으며, 개인의 적합도를 높이기 위해서 사회생활을 하는 인류의 진화적 목적이나 본성에 맞지 않는다. 이것은 부의 집중이 가져오는 첫 번째 폐단이다.

부의 소유자는 바뀔 수 있다. 재벌도 망해서 무일푼이 되기도 하고 대기업도 파산하기도 한다. 그러나 부 자체는 뭉쳐지기만 할 뿐 잘 풀어지지 않는다. 재벌 그룹이 분해되어도 재벌의 부는 여전히 커다란 덩어리이고 이들은 이름만 바꾸어 다른 재벌의 일부가 되어 더 많은 부를 끌어당긴다. 한국의 유휴자금은 2004년 400조 원 규모였는데 12년이 지난 2016년에는 1000조 원이 넘도록 커졌다.[9] 돈은 가만히 은행에 넣어두어도 이자가 붙으면서 자라지만 유능한 인력과 정보력을 동원하여 더욱 증폭된 흡인력을 가지고 세상의 돈을 빨아들인다. 장래 값이 오를 부동산은 먼저 가서 점령하고 호경기에는 상품을 공급하고 불경기에는 빚을 준다. 2016년 한국의 1인당 GDP는 2만 5000달러를 넘었지만 평균값일 뿐이다. 안쪽을 들여다보면 신용불량자가 수백만 명을 헤아리고 2016년 가계 빚이 1200조 원이 넘는다.[10] GDP가 늘어도 부는 계속해서 블랙홀로 빨려들어가 사라지고 많은 한국인은 빚 갚느라고 허덕인다. 암 덩어리가 되어 흐르는 돈을 빨아들인다는 것이 부의 집중이 갖는 두 번째 폐단이다.

별은 주변의 다른 별들과 합쳐지면서 더 큰 별이 되고 마침내는 빛조차 방출되지 않는 블랙홀이 된다. 시장을 선점하면서 커진 기업은 다른 기업을 흡수하면서 대기업으로 자라고 주변의 경쟁 기업들은 사라진다. 영국의 시사주간지 〈이코노미스트〉에 의하면 시장경제의 상징인 미국에서 경쟁이 사라지고 있다.[11] 이미 미국 경제의 약 10%가 소수의 기업에 의해서 지배되며 집중은 대세가 되고 있다. 일상생활의 필수품들은 대부분 자식 이름만큼이나 익숙한 거대한 몇 개의 기업이 제공한다.

한국인은 흔히 재벌이 만든 집에서 살면서 재벌이 만든 차를 타고 재벌의 회사 또는 관련 회사에서 월급받고 재벌의 백화점에서 쇼핑을 한다. 벤처를 독려하지만 될 만한 싹은 좀 자라기가 무섭게 대기업이 M&A라는 포크와 나이프로 먹어치운다. 시장은 '보이지 않는 손'이 아니라 과점 기업들의 손에 의해서 좌우된다. 경쟁은 사라지고 있으며 시장은 점차 활력을 잃고 대중은 의식하지 못하는 사이에 보이지 않는 감옥에 갇히고 있다. 경제의 활력을 없애고 시장의 경쟁을 억압한다는 것이 부의 집중이 갖는 세 번째 폐단이다.

청소부도 재벌 총수도 하루 세 끼밖에 먹을 수 없고 수명은 모두 한정되어 있다는 동물적 한계는 부의 낭비를 초래한다. 부자는 한 끼의 밥을 먹더라도 많은 돈을 들여서 먹을 수밖에 없다. 그렇다고 같은 것을 비싸게 살 수도 없고 많이 먹을 수도 없으니 특별한 것을 먹어야 하고 많은 공을 들인 것을 먹어야 한다. 한계효용체감의 법칙은 부자에게 돈이 주는 효용의 증가속도가 떨어진다고 말한다. 그것은 거꾸로 보면 한계비용체증의 법칙이 된다. 서민은 1단위의 한계효용을 늘리기 위해 1단위의 돈을 쓰지만 돈이 얼마든지 있는 부자는 행복을 맛보기 위해서 열 단위, 백 단위의 돈을 쓴다. 부자의 혀끝을 녹일 뱃살을 얻기 위해서 더 많은 다랑어가 잡혀야 하고 부자의 휴식을 위해 더 많은 자연이 개발되어야 된다. 부자가 조금 더 편안하기 위해서 더 많은 비행기를 만들어야 하고 남극의 오존 구멍은 더 커진다. 부자들의 사치는 대중의 로망이 되고 대중도 힘자라는 데까지 따라 하면서 자연은 대책 없이 소모된다. 자연의 불필요한 훼손과 낭비는 부의 집중이 가져오는 네 번째 폐단이다.

부자 나라를 깨끗하게 만들기 위해서 가난한 나라는 쓰레기장이 되어야 하고 독극물을 뒤집어써야 한다. 심지어는 부자 나라의 안전을 지키기 위하여 더 많은 폭탄을 터뜨린다. 부자 나라의 행복을 위해서 가난한 나라의 인민들은 그들이 비호하는 독재자의 억압에서 풀려나지 못하며 고통을 겪고 죽어야 한다. 강대국과 선진국에 의한 저개발국 국민의 고통은 부의 집중이 가져오는 다섯 번째 폐단이다.

대중에게 남겨진 넉넉지 않은 부와 그로 인한 치열한 경쟁은 서열경쟁의 본능과 모방욕이 혼합되어 시너지를 발휘하며 개인은 개인대로 국가는 국가대로 부자가 되는 데 매진하게 만들고 그럼으로써 정신도 피폐해질 수밖에 없다. 사회생활은 친애보다는 경쟁으로, 윤리보다는 배척으로, 공정보다는 부정으로 채워진다. 배려는 사라지고 사람은 작은 불편이나 손해에도 관용을 갖지 못하며 사회는 깨진 유리 조각들을 담아놓은 듯이 위험해진다. 각박한 세상은 부의 집중으로 인한 여섯 번째 폐단이다.

방치된 자본주의는 부의 집중을 촉진하고 인류의 이익에 반하며 반진화적인 결과를 초래한다. 그렇다고 자본주의를 포기할 수는 없다. 사람은 잔잔한 호수 같은 평화를 원하지만 바람과 파도도 좋아한다. 자본주의를 포용하면서 행복한 사회는 불가능한 것인가? 자본주의적인 정의로운 사회가 불가능한 것은 아니다. 다만 이 둘의 중간에는 '세습'이라는 인간의 본능적 장벽이 있다.

세 습

토마 피케티는 부의 집중으로 인한 폐단을 시정하기 위해서 부자에게 고율의 세금을 매겨야 한다고 주장한다. 그러나 미국의 경제학자 그레고리 멘큐는 소유권 침해는 개인의 장기臟器에 대한 침해같이 부당한 것이라고 항변한다.[12] 재산권은 로크 이래 기본권으로 인식되어왔으니 멘큐의 주장은 설득력이 있다. 열심히 노력해서 또 남다른 재능이 있어서 남들보다 더 부자가 되었다고 더 많이 갹출하라는 요구는 부당해 보인다.

그러나 로크의 기본권은 전제군주에 의해서 부당하게 수탈당하는 인민의 권리를 생각하는 과정에서 나온 것일 뿐 어떤 근거가 있는 것은 아니다. 사회적 동물인 인류의 부의 주인은 개인이 아니라 사회이다. 도킨스는 개인은 유전자풀을 구성하는 유전자의 일시적인 조합임을 지적하며 사람은 유전자의 운반 도구라고 하였다. 같은 맥락에서 사람은 부의 운반 도구이다. 사람은 살아 있는 동안 사회의 재산을 잠시 나누어 갖고 있는 것이다. 자신에게 할당되었다고 재산을 움켜쥐고 부를 세상에서 고립시키는 것은 정의로울 수 없다. 부는 개인의 죽음과 더불어 사회로 되돌려지고 다시 배분이 되어야 한다. 부의 집중으로 인한 문제는 부가 사회의 것이라는 자각이 없어 효율적으로 재분배되지 못하는 데서 생긴다.

현실에서 부는 유전자를 따라 자식에게로 상속된다. 세습의 문제는 전제적 왕조들에 의해서 잘 드러난다. 전제적 왕조는 백성에게서 세금을 받을 뿐만 아니라 백성 자체를 가축같이 소유한다. 혼란을 잠재우고 정부를 세운 창업자로서의 왕은 사자의 몫을 차지할 타당성이 있지만 그것이 왕에 의한 국가의 소유를 의미하는 것일 수 없다. 더군다나 국가의 소유권을 자식에게 넘기는 것은 터무니없는 일이다. 왕의 자식이 부모와 비슷한 리더의 역량을 가졌다는 증거도 없고 사회에 기여를 한 바가 없으니 사자의 몫이든 소유권이든 차지할 아무런 근거도 없는 것이다. 유전자는 반만 자식에게 전해지며 배우자의 것과 매 세대 뒤섞인다. 자식은 왕의 유전자를 1/2 갖고 손자는 1/4을 가지며 좀 더 내려가면 다른 사람들과 유전적으로 별 차이가 없게 된다. 혈통은 생식 과정에서 유래된 착시 현상이다.[13] 사람은 마치 자신의 에센스가 성을 따라 영속하는 듯이 착각을 한다. 한 개체군이 생식적으로 고립되어 외부 유전자의 혼합이 없을 때만, 그것도 혈통이 아니라, 품종이 분화할 수 있다. 아무개 '정승의 10대손'이라는 말은 혈통의 자랑이지만 생물학적으로는 10세대 이전 1024명의 조상 가운데 한 사람이 정승 한번 했다는 뜻이다. 수천 년 동안 왕조에 의한 수탈을 겪은 뒤에야 사람들은 왕조를 비롯한 지배계급이 권력과 부을 세습하는 것이 잘못된 것임을 깨달았다. 17세기 계몽철학자들은 국가가 국민을 위한 것이며 왕권은 제한적으로 행사되어야 한다고 주장하였다.[14] 진화생물학적으로 보면 왕에 해당되는 리더는 필요하지만 왕조는 전혀 필요한 존재가 아니며 세습은 난센스이다.

자본주의에 의한 부의 세습은 왕권의 세습과 비슷하다. 전제 왕조 사회에서 지배계급은 지속적인 부를 창출할 토지를 자손에게 물려준다. 자본주의의 부자들은 기업이라는 형식으로 마찬가지 행태를 보인다. 전자는 지대를 받는 시스템을 물려주는 것이고 후자는 이윤을 보장하는 시스템을 물려주는 것이다. 부의 주인이 사회라면 왕의 권력이나 토지의 세습이 부당한 것과 마찬가지로 기업의 세습도 부당하다. 기업을 일으켜 세운 창업자는 사자의 몫을 차지할 근거가 있지만 기업은 혼자 땅을 파서 세우는 것이 아니며 사회의 안에서 사회의 인프라나 많은 사람의 직간접 도움으로 설립되어 존속한다. 창업자의 자식은 창업자의 유전자를 반 가지고 있다는 것 외에는 본시 사회의 것인 기업을 소유할 아무런 이유가 없다. 부적격 후손에게 기업을 넘겨주는 것은 커다란 민폐가 된다. 현명한 리더들은 진화생물학이 없더라도 이런 점을 자각한다. 한국의 대표적 재벌인 삼성그룹의 창업자 이병철은 "일정한 선을 넘어선 부는 내 것이 아니다"라고 하였으며 "관리할 수 있는 능력 이상의 재산을 자손에게 물려주는 것은 옳지 않다"고 했다.[15] 세계 최고의 부자인 빌 게이츠나 워런 버핏도, 저커버그도 비슷한 생각이며 이들은 재산의 대부분을 사회에 환원하였다. 창업자의 자식이 다시 창업자 같은 리더가 될 것을 기대하기는 어렵다. 후손은 창업자와 정신도 양육 환경도 다르고 성공의 필수 요소 가운데 하나인 운을 다시 기대하기는 어렵다.[16] 물론 기업을 물려받은 2세, 3세의 오너가 무난히 기업을 키우기도 한다. 그러나 다른 사람이 그 위치에 있었다면 더 좋았을 수도 있고 아무나 해도 그 정도는 할 수 있는 일일 수도 있다. 선조보다 뛰어난 후손은 얼마든지 있지만 위대한 부모보다 뛰어난 자식은 찾기 어렵다. 아인슈타인, 에디슨, 피카소 등 세계사를 빛낸 영웅들의 자식 이름은 찾기 어렵다. 부모가 위대하면 할수록 자식이 부모만큼 뛰어난 역량과 운의 혜택을 받을 확률은 낮아진다. 부자나 왕의 후손들이 국가나 기업을 잘 이끌어나가는 듯이 보이는 것은 비교할 수 없기 때문에 생기는 착시이기도 하고 거대한 권력이나 돈은 시스템 위에 건설되기 때문에 웬만큼만 하면 무난히 유지된다는 데 있을 것이다. 기업을 유지하고 추가의 발전을 만드는 것도 결국은 사회이다.

후손이 상속을 받을 자격이 있는지 아닌지는 핵심이 아니다. 핵심은 부의 주인이 사회이며 부는 경쟁에 의해서 재분배되어야 한다는 것이다. 경쟁이 존재하는 것은 인류 사회의 머리의 역할을 맡을 적임자를 선택하기 위한 진화적 결과이니 경쟁을 불식하고 리더의 후손이 부와 머리의 역할을 세습하는 것은 사회의 적합도 훼손을 가져오기 쉬우며 반진화적이다.

일부 경제학자들은 경제의 목적이 인간의 복지에 있다는 생각에 도달하여 부의 집중으로 인한 폐해를 막기 위해서 경제 시스템을 기초부터 다시 짜야 한다고 주장한다.[17] 부의 집중은 표면적이거나 일시적인 문제가 아니라 원인적으로 잘못된 경제 시스템에서 불거진 결과이기 때문에 자본주의를 근본적으로 수정하지 않고는 문제가 해결될 수 없다고 본다. 근본적 수정이 필요하다는 통찰은 틀리지 않을 것이다. 그러나 경제 현상을 아무리 쳐다봐도 방법을 발견하기는 어렵지 싶다. 선악을 아무리 따져봐도 윤리적 딜레마를 해결할 방법을 찾기 어려운 것과 마찬가지이다. 인간의 정신 구조에 대한 이해가 필요하다. 그것은 윌슨의 말과 같이 "정신의 진화사를 재구성하여 그 속박의 의미를 알아내는"데서 출발한다.

부자에게 고율의 세금을 매기는 것이든 새로운 판을 짜는 것이든 남의 재산에 대한 것이라면 찬성할 수 있지만 정작 자신의 문제가 되면 쉽지 않다. 경쟁에서 이겨 재산을 모으는 것이나 자식을 보호하며 자식에게 최선의 생존 환경을 제공하는 것은 다 사람의 본능이다. 불평등의 문제를 깨닫는 것은 이성이지만 자신의 재산을 지키고 자식에게 상속시키는 것은 본능이다. 흄이 말했듯이 이성은 정념의 시녀에 불과하다. 부유층을 타파하고 사회를 전복하는 것은 가능할지 몰라도 부자를 없애고 자식에 대한 보호를 포기하게 만드는 것은 불가능하다. 부의 집중으로 인한 문제를 해소하려면 인간의 상충하는 본능을 이해하고 마법 같은 조화를 찾아야 한다.

15장의 사회 약정은 자기보전율의 속박을 풀어젖히는 기초적인 환경이 될 수 있다. 약정의 원칙과 감시의 원칙은 기업의 소유와 경영의 분리를 강화하여 기업의 리더십이 세습되지 않도록 만들 수 있을 것이다. 보험의 원칙은 질주하는 자본주의에 고삐를 당긴다. 무엇보다도 리더들의 식견을 넓히는 것이 중요하다. 초유기체적 인류 사회의 개념은 리더들의 부와 성공이 갖는 의미를 새롭게 조명해줄 것이다.

문명 과잉

미국의 국립여론센터에 의하면 1950년 이후 미국인의 구매력은 세 배 가까이 증가했지만 미국인의 행복지수는 거의 변하지 않았다.[18] 구매력이 세 배나 증가했다는 것은 엄청나게 많은 소비를 할 수 있으며 부자가 되었다는 말이다. 미국인들은 훨씬 더 부자가 되었는데 더 행복하지 않은 것이다.

갤럽은 매년 세계 각국의 웰빙 순위overall well-being ranking를 조사하여 발표한다. 2014년에는 성취(일의 즐거움, 목표 추구), 관계(사람들과의 우호적 관계), 경제(스트레스 없는 경제생활), 사회(소속 사회에 대한 선호도), 건강 등 5개 항목에 대해서 총 145개국 14만 6000건의 면접 데이터를 바탕으로 각 분야 및 전체적인 평가를 내렸다.[19] 대체로 서유럽과 중남미 국가들이 상위권을 차지하였는데 아시아에서는 미얀마가 20위로 상위에 올랐다. 미얀마는 이 5개 분야 가운데 3개 분야 이상에서 풍족한thriving 사람의 비중이 31.7%였다. 겉으로는 풍요로워 보이는 한국인의 풍족한 사람의 비중은 9.4%에 불과했고 웰빙 순위는 무려 117위에 그쳤다.

부는 행복의 결정권자가 아니다. 부의 궁극적 원인이 문명에 있으니 거시적으로 문명도 행복에 기여하는 바는 제한적이다. 미국의 2000년대 사람들이 1900년대 사람들에 비해서 더 행복할 리가 없고 채취수렵 시대의 사람들이 문명사회의 사람들보다 고통스럽게 살았다는 증거는 없다. 행복이 자연에 의해서 설계된 것이라면 문명이 없어도 불행할 리가 없다. (돼지나 침팬지도 사람보다 덜 행복할 리가 없다.) 그것은 반대 방향으로 생각해보아도 명백하다. 만일 문명과 더불어 행복이 증가한다면 문명의 폭발을 경험하고 있는 현대의 인류는 모두 행복 포화상태에 이르렀을 것이다.

부나 문명이 행복과 직접적인 연관성이 없다는 것은 욕망 중심 모형에서 설명을 찾을 수 있다. 쾌락과 고통의 근본적인 원인이야 자극과 감각에 있겠지만 그림 10-1을 보면 욕망이 직접적인 원인이다. 행복은 욕망이 채워질 때 느끼는 것이고 불행은 욕망이 채워지지 못할 때 느껴진다. 욕망은 생존과 번식을 추구하도록 자연이 설치해놓은 것이니 문명이 없어도 발생하고 채워진다. 먹고사는 게 안정되고 몸이 건강하고 이웃들과 잘 지낸다면 불행할 이유가 없다. 휴대전화나 멋진 자동차가 없어도 얼마든지 행복할 수 있다.

그렇다면 우리는 왜 돈을 좇고 문명의 발전에 매진할까?

문명은 사람이 자연선택의 파도를 헤치고 '지구의 지배자'가 되게 해준 힘이다. 문명은 사람의 적합도를 높여준다. 70억 인구는 인류의 적합도를 단적으로 표현해준다. 인류는 자신을 잡아먹던 포식자는 물론 인류를 괴롭히던 대부분의 미생물에 의한 질병을 정복하고 더 나아가서 모든 생물을 자신을 위해 봉사하도록 만들 수 있는 힘을 갖게 되었다. 인류는 자연 상태로서는 견딜 수 없는 환경을 극복하며 서식지를 열대의 초원에서 지구 전체로 확장하는 데도 성공했다. 인류의 자손들은 제한 없이 폭발적으로 늘어나고 있다.

그런데 인류는 현대에 와서 문명이 가져다준 높은 적합도에 당황하고 있다. 기하급수적으로 늘어나는 인구가 지구라는 한정된 공간을 비좁게 느끼게 만들고 통제되지 않는 인류 자신의 적합도 증가에 공포가 느껴지는 것이다. 그뿐만이 아니다. 문명은 지구의 환경조차 바꾸고 있고, 그룹 경쟁의 본능에서 벗어나지 못한 인류는 문명으로 스스로의 적합도를 일거에 파괴할 완벽한 준비를 갖추어놓았다. 문명의 날카로운 발톱은 언제 인류 자신의 동맥을 절단할지 모른다. 인류의 문명은 무시무시한 양날의 칼이 되고 말았다. 그런데도 인류는 '문명 중독'에서 벗어나지 못하고 마치 문명이 무한한 행복을 줄 것같이 더 고도화된 문명에 열을 올리고 있다.

문명이 아무리 발달해도 인류는 동물적 한계를 벗어날 수 없다. 물리학적 진리는 인류가 태양계 정도의 스케일을 넘어 밖으로 나갈 수 없다는 것과 과거로 돌아갈 수 없다는 것과 죽음을 피할 수 없다는 한계를 설정해준다. 과학자들은 쌍둥이 지구를 찾아내고 마치 무궁무진한 우주를 개척할 듯이 기염을 토하고 무병장수의 환상을 달성할 듯이 위세를 부리지만 이것은 거의 판타지에 가깝다. 아니, 판타지이다. 지구를 놓아두고 달과 화성에서 살 사람이 몇이나 될까 모르겠다. 그 척박한 곳에 식민을 한다는 것이 무슨 의미가 있는가? 인간을 복제한다는 것은 뒤집어보면 사람다운 유성생식 대신 세균 같은 무성생식을 하는 것이다. 무성생식이 가능해져도 무성생식을 원할 사람은 본능 도착자 외에는 없을 것이다. 암을 정복하고 치매를 치료한다고 인간이 노화를 피할 수 있는 것은 아니다. 그것은 다시 젊어지는 것이 아니며 단지 다른 암에 걸리고 다른 고통을 겪을 기회를 늘려주는 것이기 쉽다. 기껏해야 한 고통을 다른 고통으로 대체하고 유예하는 것에 불과하다.[20] 그것도 거의 한계에 온 것으로 보인다.

과학은 자가촉매적自家觸媒的/autocatalytic인 지식의 증식과 그로부터 파생되는 산업의 고도화(혹은 경제적 성장)에 맹목적으로 매진하고 있다. TV는 점점 더 선명한 화질을 보이고 통신은 더욱 빨라지며 컴퓨터는 인공지능으로 진화한다. 첨단의 문명은 새로운 행복의 도래를 광고하지만 행복은 광고를 벗어나기 어렵고 그림자같이 따르는 공포와 고통은 간과된다. 이대로라면 시간이 갈수록, 문명이 발달할수록, 세상의 부는 증가하고 부자는 더욱 부자가 되고 빈부의 차이는 더욱 커질 것이다. 그것은 정체된 행복과 늘어나는 고통을 의미한다. 지구촌의 차원에서는 이미 행복의 상승세는 멈추어 섰고 고통의 곡선이 행복의 곡선을 따라잡는 느낌이다. 정보통신의 혁명에 힘입어 얄팍한 아이디어로 거액을 끌어모으는 것은 누구나 쉽게 벼락부자가 될 수 있는 듯한 착각을 주지만 결국은 많은 사람들의 주머니를 털어서 누구에겐가 몰아주는 것이다. 벤처로 일확천금하는 일이 많아질수록 문명에 속박된 시민들의 주머니는 얇아진다. 로봇과 자동화는 채취수렵시대의 본능을 간직하고 있는 인간으로부터 일을 빼앗고 일을 하지 못하는 시간을 스포츠와 오락과 TV가 보여주는 문명의 싸구려 환각에 젖어 보내게 만든다. 그것은 노동의 고통에서 해방시켜주고 쾌락을 주는 것같이 선전되지만 어쩌면 쾌락중추에 전기 자극을 주는 것 같은 가짜 행복이며 무료한 생존일 수 있다. 부자들조차 돈은 많지만 행복에 갈증을 느낀다. 행복에 목마른 부자들을 위하여 요리사는 유별난 재료로 기이한 요리를 만들어내고 호텔은 5성을 너머 7성급으로 10성급으로 럭셔리를 창출하며 여행은 지구를 떠나 태양계를 향하고 있다. 과학은 부자를 죽지도 못하게 연명시키고 심지어는 무덤을 유예하는 냉동고도 만든다. 조금만 떨어져서 보아도 이 모든 것은 문명으로 인한 환각이며 문명의 낭비이며 인류의 적합도를 높이지도 행복을 증가시키지도 않는 헛된 짓이다.

문명은 본시 인류의 고통을 덜고 이종 간의 생존경쟁에서 승리자가 되기 위한 수단이었지만 이제는 목표를 잃고 자가발전을 하고 있다. 문명 과잉 상태에 이른 것이다. 그룹선택의 본능에서 벗어나지 못한 인류는 다른 나라보다 더 많은 문명을 달성하지 못하면 마치 도태되기라도 할 것같이 착각하며, 이미 갖고 있는 넘치는 문명을 제대로 쓰지도 못하면서 더 많은 문명을 얻기 위해 매진한다. 그러나 더 이상의 인류의 적합도는 불필요하고 더 이상의 부의 생산도 필요하지 않다. 문명도 부의 집중도 인류의 본능의 산물인지라 완전히 억제할 수는 없겠지만 고삐를 좀 당길 필요는 있어 보인다. 문명의 진보보다는 문명의 의미부터 다시 생각해볼 때가 된 것 같다.

지구촌

선진국에서는 빈부의 차이가 심해도 생존의 위협을 느끼는 사람은 극히 적다. 그러나 지구촌으로 눈을 돌리면 빈부의 차이는 진폭을 넓히며 극단으로 간다. 하버드대학교를 졸업한 파란 눈의 불자佛子 현각은 미국의 풍요 뒤에 있는 저개발국 국민들의 고통을 직시한다.

> 내가 속한 사회는 수많은 가난한 나라 사람들의 희생 속에서 만들어진 것이었다. 예를 들어 미국에서 내가 사 먹는 바나나와 오렌지는 풍부했고 질 좋은 청바지는 매우 쌌다. 그 이유는 미국 정부의 지원을 받은 남미 독재 정부가 자국 농부들에게 저물가를 강요했기 때문이었다. 내 삶은 오로지 그들의 고통을 기반으로 형성된 삶이었다. 물처럼 펑펑 마셔대던 코카콜라에 사용되는 설탕의 원료인 사탕수수는 알고 보니 중남미의 자메이카나 도미니카공화국 농부들의 저임 노동에서 나온 것이었다. 어쩌면 내가 하는 모든 행동, 나를 둘러싼 모든 경제적 행위가 이처럼 다른 사람의 고통에서 비롯되었고 갈수록 그들의 삶은 더 비참해지고 있는 것은 아닐까. 싼 콜라를 마시면서 갈증을 해소할 때마다 나는 그들의 뺨을 때리고 있는 것 같았다.[21]

왜 어떤 사람은 한여름에 얼음을 넣어 시원한 콜라를 들이켜고 어떤 사람은 폭염 속에서 낫을 들고 사탕수수를 잘라야 할까? 불과 5만 년 전

같은 조상에서 나와 똑같은 본능과 지능을 갖는 인간들이 아무런 과오도 없이 한 사람은 천국 같은 쾌락을 즐기고 다른 사람은 지옥 같은 고통을 견디고 있다면 너무 불공평해 보인다.

인류의 총 GDP는 2014년 기준 78조 달러이다.[22] 인구를 72억 명이라고 치면 1인당 1만 달러가 넘는다. 한국의 1인당 GDP가 1만 달러를 넘은 것은 1990년이다. 이 GDP의 상당 부분은 소수 부자들의 것이므로 실제 대중의 부는 훨씬 적다. 그래도 당시 한국인의 부는 대중이 자가용 차를 가지고 있고 해외여행을 할 수 있는 수준이었다. 인류 평균으로 보면 지구상의 모든 사람들이 1990년대 한국 수준의 삶을 영위할 수 있는 수준에 도달한 것이다. 만일 세상의 부를 모든 인류가 고르게 나누어 갖는다면 천사들이 지구로 이민 올 것이 틀림없다.

유감스럽게도 2012년 기준으로 보면 하루에 1.9달러에 못 미치는 수입으로 사는 지구 위 극빈자 수는 9억 명에 달한다.[23] 빈국의 일이 먼 나라의 일이라고 무감각해지기에는 세상은 너무 좁아졌고 서로 엮여 있다. 먼 나라의 재앙은 쓰나미같이 조용하지만 천천히 거대하게 다가온다. 눈앞에 닥친 뒤에 생각해보기에는 하나뿐인 지구의 수는 너무 작다. 나와 내 후손이 행복하기 위해서는 나의 적합도뿐만 아니라 인류 모두의 적합도 같이 끌어올리지 않으면 안 된다. 다행히 그것은 인류의 능력의 문제가 아니라 협력하려는 의지의 문제다. 미국의 경제학자 제프리 삭스는 인류에게 충분한 힘이 있으며 이제는 극단적인 경제적 불평등을 시정할 때가 되었다고 주장한다.

부자는 이미 가난을 종식시킬 수 있을 만큼 충분히 부자이다. 그렇지만 우리는 또한 모든 것을 망가뜨릴 능력도 가지고 있다. 우리의 많은 문제들은 인류 역사상 아직 이루어진 적이 없는, 지구 규모의 대협력을 할 수 있는가

하는 우리의 역량 주위를 맴돌고 있다. 우리는 아직까지 해본 적이 없는 것을 하지 않으면 안 되는 것이다.[24]

삭스의 주장은 고무적이고 도덕적이지만 힘이 없다. 실현 가능성에는 회의가 일어나고 효율은 미미할 것으로 생각된다. 멘큐는 부자의 부를 빼앗을 수 있다면 부국의 부도 역시 빼앗아 빈국에 분배할 수 있을 것이라고 하였다.[25] 멘큐는 자본주의의 원리를 거스르는 부의 강압적 재분배에 항변하는 것이지만 부자와 부국은 전혀 다른 상황이다. 부자 개인과 부자 나라는 세포와 초유기체의 차이가 있고 인류 사회는 아직 완성된 공동체가 아니며 그룹 경쟁의 수준에서 헤매고 있다. 인류 역사의 수많은 전쟁이 보여주듯이 사회와 사회는 수단과 방법을 가리지 않고 투쟁을 하고 정복해나간다. 세계의 각 나라들은 여전히 무력을 과시하며 여차하면 한판 붙을 듯이 으르렁거린다. 아직은 국가라는 초유기체들이 자기보전율에 의하여 행동하는 것은 정당하게 여겨지는 것이다. 국제 사회에서 도덕은 힘이 없다. 부자 나라의 부를 덜어서 가난한 나라를 돕는 데는 진화생물학적인 한계가 있다.

국제 사회에서는 사회 약정도 물론 적용될 수 없다. 사회 약정의 세밀한 약정, 공평한 경쟁, 투명성과 감시는 국제 사회에서 별로 의미가 없다. 국가들은 국제 사회에서 어떤 역할을 맡고 보상을 받지 않는다. 국가 간의 협동은 개인 간의 협동과 같이 동등의 원칙을 따른다. 경제적 협력은 말할 나위도 없고 정치적인 협력 역시 양자가 동등하고 만족할 만한 것을 주고받는다는 전제하에 이루어진다. 그러나 갈등이 생기면 힘이 센 나라는 동등의 원칙조차 쉽게 무시한다. 국제 사회에서는 느슨한 인류 공동체의 의식에 기대어 보험의 원칙만이 어느 정도 힘을 발휘하고 있다.

인류 전체 사회가 그룹 경쟁에서 아직 벗어나지 못한 상태이니 지구촌 수준에서 경제적 정의는 요원하다. 그러나 갈 길이 멀다고 가지 않을 수는 없는 것이며 가기 싫어도 갈 수밖에 없다. 뒤처진 인류 사회를 도우면서 인류의 적합도와 행복을 늘리는 것은 선택 사항이 아니다. 선진국들이 발 벗고 나설 것을 당장에 기대하기는 어렵지만 미래의 인류 공동체를 지향한다면 두 가지 접근 방향이 떠오른다. 첫째는 인류가 하나의 종이며 공존만이 유일한 선택이라는 각성 하에 인류 공동체 차원에서의 보험의 원칙을 최대한 구현해나가는 것이다. 제프리 삭스가 선도하고 있듯이 지나치게 가난한 나라들과 그 안에서도 생존의 위협을 받는 사람들을 도와서 고통을 줄이고 빈국들을 스스로 설 수 있는 초유기체가 되도록 도와주는 것이다. 선진국들은 2005년 절대 빈곤의 퇴치를 위하여 GNP의 0.7%를 내놓자는 데 합의를 했다(일부 나라만 실행했다).[26] 삭스는 선진국들이 후진국들을 지원하는 데 더 적극적이고 더 많은 재원을 제공해야 한다고 강조한다. 극빈자들을 구제하는 프로그램이나 국제적인 노력에 더 깊은 관심을 가지고 좀 더 체계적이며 뚜렷하고 장기적인 비전을 가지고 추진해야 한다는 것이다.

둘째는 낙후된 국가들이 정의로운 사회 시스템을 갖출 수 있게 돕는 것이다. 미국의 경제학자 대런 애스모글루와 제임스 로빈슨의 《국가는 왜 실패하는가》는 경제적 실패의 원인을 정치에서 찾는다.[27] 지배계층에 의한 수탈적인 정치제도가 사회의 정체와 빈곤을 낳으며 결국 국가의 실패에 이르게 만든다. 후진국에 만연한 지배계급에 의한 수탈은 그나마 빈약한 부를 국민들에게서 빼앗고 대부분의 국민이 비참하게 연명하는 노예 사회를 만든다. 자국의 이익을 위하여 후진국의 독재 정권을 지원하고 지배계급이 시민들을 약탈하는 행위들에 눈을 감고 강 건너 불구경하듯이 하는 것은 결국 선진국의 자충수가 된다. 유럽의 열강이 아랍인들의 행복에 대해서 진지하게 관심을 가졌더라면 알카에다나 IS가, 아니 이들의 발육을 위한 자양분이 된 독재 정권들이 생기지 않았을 것이다. 선진국들 혹은 강대국들이 후진국의 사회를 정의로운 사회가 되도록 목표를 공유하고 국가 수준의 자기보존율을 조금 절제하면서 적절히 참섭하여 나간다면 그 자체가 직접적인 경제적 원조보다 더 큰 효과가 있을지도 모른다. 아쉽게도 아직은 강대국들도 때로는 독재와 부패에서 벗어나지 못하고 있으며 리더들이 자기보전율에 사로잡혀 인류는커녕 제 나라의 적합도를 잠식하고 있으니 뻔한 길도 가기가 쉽지는 않아 보인다.

독재는 개발 초기의 국가들에게 효율적인 옵션이지만 그것도 독재자가 도덕적 가치에 매진한다는 전제가 충족될 경우에 한정된다. 이런 행운이 보장될 수 없다면 일단은 개발도상국에 민주주의가 정착되게 촉진하고 사회 약정이 구현되게 만드는 것이 인류 차원의 경제적 정의를 실현하는 첫걸음일 것이다.

본 능 의 극 복

영국의 경제학자 케인스는 1930년대에 100년 후를 바라보면서 부와 도덕에 대한 관념들이 변할 것이라고 전망했다.

부의 축적이 더 이상 높은 사회적인 중요성을 갖지 못하게 되는 때가 되면 도덕 원리에도 커다란 변화가 생긴다. 가장 혐오스러운 인간성을 가장 높은 덕으로 치부하게 만들며 지난 200년 동안 우리를 괴롭히던 여러 가지 거짓 도덕 원리들을 던져버릴 수 있게 된다. 우리는 돈에 대한 동기를 있는 그대로 바라볼 수 있는 위치를 차지할 것이다. 인생 자체와 즐거움을 추구하기 위한 수단으로서의 돈에 대한 사랑과는 달리 단지 돈을 소유하는 자체에 대한 사랑은 진저리를 치며 정신과 의사를 찾게 만드는 반쯤 범죄성이고 반쯤은 병리적인 성향의 혐오스러운 병증으로 간주하게 된다. 자본의 축적을 촉진하는 데 결정적으로 필요하기 때문에 지금 당장에는 역겹고 부당하더라도 어떻게든 유지하려고 애를 쓰고 있지만 부의 분배를 비롯하여 경제적 보상과 처벌에 영향을 주는 모든 유형의 사회적 관습과 경제 활동들은 결국에는 다 갖다 버릴 수 있게 될 것이다.[28]

케인스는 사람들이 생존의 위협에서 벗어날 때가 되면 더 이상 부를 축적시키는 것은 무의미하며 맹목적으로 부를 추구하는 '혐오스러운 인간성'은 퇴출될 것이라고 예견하였다. 케인스의 낙관적인 전망은 장기적으로 유효할 것으로 생각되지만 케인스는 인간의 본능을 고려하지 않았다.

적자생존은 끝없는 경쟁을 예고하며 경쟁에서 이길 것을 주문한다. 아무리 돈이 많아도 부자는 더 부자가 되기 위해서 노심초사한다. 인류는 그룹선택에 적응되어왔고 인류 사회는 아직 하나의 그룹이 되지 못하고 그룹 경쟁의 상태에 있다. 같은 종으로 공동체인 듯하면서 다른 나라는 여전히 경쟁의 상대이기도 한 것이다. 경제적 불평등이나 정의의 문제는 생각만 바꾸면 한순간에도 해결될 수 있는 쉬운 문제이지만 우리의 생각과 행동은 본능의 지배를 벗어나지 못하기 때문에 해결이 어렵다.

본능을 극복한다는 것은 솟아오르는 분노를 참는다든지 고정관념을 탈피하는 것이 보여주듯이 쉽지 않은 일이지만 또 이런 예가 알려주듯이 불가능한 것은 아니다. 더군다나 사람은 낯선 사람에게도 살갑게 대할 수 있는 관대함이 있고 다른 사람의 고통을 함께 느낄 수 있는 능력도 있으며 불합리한 것을 고치고자 하는 합리욕도 있다. 세계 최고의 부자들을 비롯하여 수많은 부자들은 부가 자신들의 것이 아니라는 생각에 스스로 도달하며 인류의 보편적인 행복을 끌어올리기 위해서 그들이 쌓아올린 부를 사회로 환원한다. 자기보전율이나 자아중심률을 극복하고 합리적인 관점을 갖고 도덕적 판단을 따르는 것이 불가능하지 않은 것이다. 국제 사회의 리더들은 비록 행동이 뒤따르지는 못할지언정 이론적으로는 인류 공동체의 행복을 목표로 천명하고 있다. 인간의 정신에 대한 과학적인 이해가 보편화되고 인류 사회의 목표에 대한 공감대가 형성된다면 본능을 극복하는 것은 공중도덕을 지키는 것처럼 그다지 어려운 일이 아닐 수도 있다.

어떤 길을 가든지 시간의 문제일 뿐 인류의 미래에는 하나의 인류 공동체 외에 다른 것은 없어 보인다. 인류가 선택할 수 있는 것은 본능을 슬기롭게 극복하며 고통이 적은 경로를 가는가 혹은 본능에 끌려다니면서 허덕이며 힘들게 가는가이다. 비록 당장에 삭스가 꿈꾸듯이 인류의 리더들이 새로운 지구적 결의를 하기는 어렵겠지만 인류가 자신에 대한 이해를 높여나가면 어쩌면 부의 집중으로 인한 부조리와 고통은 빠르게 불식될 수도 있을 것이다.

* 본문에 등장하는 일부 학술적 어휘와 개념들의 상호 연관성과 의미

> **진화생물학**evolutionary biology, **사회생물학**sociobiology,
> **진화심리학**evolutionary psychology, **진화윤리학**evolutionary ethics

진화생물학은 다윈-월리스의 자연선택설에 기초하여 생물의 진화 현상을 연구하는 학문이고 사회생물학은 진화생물학에 기초하여 동물의 사회생활과 행동을 연구하는 학문이다. 사회생물학은 1970년대 출범 초기에 유전자결정론 내지는 우생학적 사회다윈주의Social Darwinism와 혼동되는 등 대중의 오해를 사면서 미국의 학계에서는 다소 기피하는 이름이 되었다. 진화심리학이나 진화윤리학은 전통적인 해당 분야의 과제를 진화생물학적 관점에서 접근하는 분야이다. 이들은 개념적으로 인간에 대한 사회생물학의 한 부분이라고 할 수 있다.

> **사회**society, **초유기체**superorganism, **공동체**community, **내집단**in-group,
> **유전자풀**gene pool

채취수렵 사회에서와 같이 생활과 생존을 같이하는 일군의 사람들은 공동체를 이룬다. 사회는 유기적 관계를 형성하며 사는 사람들이 모임이다. 이 책에서 사회는 느슨한 의미의 공동체로, 공동체는 이해를 같이하는 면이 강한 사회를 뜻하는 것으로 사용하였다. 채취수렵 사회는 공동체라고 표현하기 적합하고 문명사회는 공동체라기보다는 사회이다. 내집단은 심리적인 공동체에 해당되며 이해가 충돌할 때 같은 편에 속하는 사람들이다. 사회가 단순할 때는 내집단은 대체로 물리적

인 공동체와 같지만 이해에 따라서 얼마든지 달라진다. 사회 수준의 이해 충돌이 생기면 내집단의 구성원들은 힘을 합쳐 하나의 거대한 동물, 즉 초유기체같이 작용한다. 한 사회를 구성하는 모든 사람들의 유전자는 생식을 통해 마치 통pool에 담겨 있는 잡곡들같이 뒤섞인다. 유전자의 차원에서 보면 사회는 곧 유전자풀이다. 인류는 궁극적으로 하나의 유전자풀이지만 그룹선택은 공동체끼리 경쟁하고 싸우게 만든다.

적합도 fitness

자연선택은 환경에 잘 적응한 개체가 보다 많은 후손을 남기는 현상이며, 결국 종의 변화와 진화로 귀착된다. 후손의 증가 혹은 유전자의 빈도 증가는 적합도를 나타내며 진화생물학에서 핵심적인 매개변수이다. 사람을 포함하여 모든 동물의 행동은 적합도를 높이기 위한 것이라고 요약할 수 있다. 인류 사회에 대해서 진화생물학적으로 접근한다는 것은 사람의 행동이나 사회 현상을 적합도의 관점에서 본다는 뜻이다.

개체군 population, 아집단 subpopulation, 아사회 subsociety

진화생물학 혹은 개체군유전학에서 말하는 개체군은 백두산 천지의 산천어 무리같이 지리적 요인 등에 의해서 고립된, 같은 종에 속하는 다수의 개체들을 말한다. 교배는 주로 개체군 안에서 이루어지기 때문에 개체군은 유전자풀에 해당되며 다른 개체군으로부터 장기간 고립되면 돌연변이가 누적되어 새로운 종으로 진화하게 된다. 민족은 인류의 유전학적 개체군을 보여준다. 개체군은 영어로는 population이며, 보다 보편적으로 인류의 추상적 집단을 표현하는 말로 사용되기도 한다. 가령 한국의 미혼 여성이나 군인은 각각 population이다. 이들은 한

국 사회 전체의 수준에서 보면 아집단이다. 아집단은 때로 공동의 이익을 위하여
사회 내의 작은 초생물로 작용한다. 아사회는 지역 사회나 기업같이 구성원들이
유기적인 관계를 갖는 아집단이다.

뉴런neuron, 흥분excitation, 시냅스synapse

뉴런은 신경세포를 말하며 대체로 풍선같이 생겼다. 뉴런의 세포막에는 안팎으로
전위차가 있다. 다른 뉴런에 의해서 자극이 전달되면 접촉 지점에서 세포막의 전
위차가 변한다. 전기적 변위는 접촉 지역에서 시작해서 사방으로 퍼져나가 하나
뿐인 풍선의 구멍에 도달한다. 이것이 뉴런의 흥분이다. 뉴런의 풍선 구멍은 (보
통 끝에서 갈라져 많은 수의 구멍을 만든다. 구멍은 비유적 표현이며 진짜 구멍이 있는 것은
아니다) 다른 뉴런이나 근육세포 등에 닿아 있으며 자극을 전달한다. 뉴런과 뉴런
이 맞닿는 지점이 시냅스인데, 뇌에는 1000억 개 정도의 뉴런이 있고 뉴런마다
1000개 이상의 시냅스를 가지고 있다. 새로운 정신 활동은 새로운 시냅스를 만든
다. 정신의 활동은 수많은 뉴런이 흥분하여 빚어내는 현상이다.

시상視床, Thalamus, 시상하부視床下部, Hypothalamus, 뇌간腦幹, brain stem

대뇌는 브로콜리를 닮았다. 브로콜리의 줄기에 해당되는 부분을 뇌간이라고 한
다. 망막을 출발한 시신경이 뇌간과 합쳐지는 부분이 시상이다. 시상의 바로 아랫
부분은 시상하부라고 부르는데 이 지역에 (뉴런들이 집중된) 신경핵들이 다수 있고
쾌락 중추가 있다고 생각된다.

DNA, 유전자gene, 염색체chromosome

유전물질 DNA는 염기가 연결된 가는 지퍼 모양인데 세포분열을 할 때는 여러 단계로 응축되어 흔히 현미경 사진에 보이는 X자 막대기 모양의 염색체가 된다. 한 종의 DNA가 반드시 한 조각으로 되어 있지 않고 여러 조각으로 나뉘어져 있기 때문에 염색체도 여러 개가 관찰된다. 유전자는 일정한 범위의 DNA 염기서열에 해당된다.

멘델 유전학Mendelian Genetics, 대립유전자allele

멘델의 법칙은 붓꽃의 색깔이라든가 완두콩의 색깔 등과 같이 하나의 형질에 하나의 유전자가 대응하여 유전되는 현상을 설명한다. 특정 유전자는 여러 가지 변형이 있을 수 있으며 대립유전자(allele, 알릴)라고 부른다. 붓꽃의 색깔을 결정하는 것은 특정 유전자이지만 흰색이나 빨간색은 특정 대립유전자 때문이라는 말이다. 많은 형질은 멘델의 법칙으로 설명할 수 있지만 또 많은 형질은 멘델 유전학으로는 설명되지 않는다. 가령 키는 다수의 유전자에 의해서 영향을 받는다. 어떤 유전자는 환경에 따라서 발현되는 정도가 다르다.

권두언

1 Hume(1740a), p.21.

머리말

1 Tofilski et al.(2008).

0. 프롤로그 마음

1 de Waal(1983).

2 Wong(2014).

3 Strickburger(2000), pp.597-600은 진화의 속도와 비약적인 진화Punctuational Evolution에 대한 이론을 소개하고 있다. "Evolution, The Human Saga", *Scientific American*, September issue(Special Evolution Issue)(2014)는 인류 진화에 대한 최근의 리뷰이다.

4 Smith et al.(2011).

5 Smith & Zielinski(2014).

6 Edgar et al.(2011).

7 Bshary(2002).

8 Bshary & Grutter(2006).

9 상상을 초월하는 물고기의 정신세계를 Bshary et al.(2008)에서 더 볼 수 있다.

10 Leahey & Harris(2000)는 정신을 정보처리장치라고 간주하고 접근하는 인지과학의 깊이 있는 리뷰이자 교과서이다. Cornman et al.(1992), Chapter 4는 정신과 육체에 대한 주요 철학적 이론들을 설명하고 있다. Blackmore(2004), Chapter 1은 심리학에서 다루는 의식에 대한 이론들과 정신과 육체 사이에 놓인 깊은 미스터리를 간략히 설명하고 있다.

11 Damasio(2003), pp.66-68.

1 허도산(2001), pp.127-128. 처칠이 1940년 영국 하원에서 한 연설. 원문은 https://www.nationalchurchillmuseum.org/blood-toil-tears-and-sweat.html.

2 Maurois(1978), pp.21-97.

3 최근에는 발달된 생명과학의 기술에 힘입어 영국인의 유전학적 계통분석이 이루어지기도 했다. Leslie et al.(2015).

4 Wheeler(1911). 19세기 영국 철학자 허버트 스펜서는 인간 사회를 영양, 순환, 조정, 생식 등의 기관을 가진 유기체라고 믿었다(Durant, 1970, p.443). 사회를 나름의 유기체로 보는 스펜서의 견해는 사회를 초유기체로 보는 저자의 견해와 상통하는 바가 있다. 그러나 초유기체로서의 사회는 사회가 여러 장기 기능을 하는 기관들로 구성되어 있다는 주장이 아니고 사회가 하나의 개체같이 이기적으로 자신의 생존을 도모하며 다른 사회와 생존경쟁을 벌인다는 것이다.

5 Hölldobler & Wilson(2009), pp.29-31.

6 Wilson(2012), p.27; 사람이 생식을 양보한다는 생리적 증거도 있다. Foster & Ratnieks(2005).

7 '조건부 facultative' 생존 양식은 다양한 형태로 관찰된다. 그에 더하여 '조건부'라는 말 자체도 생물의 생존 양식을 넘어 다양한 의미로 사용된다. https://en.wikipedia.org/wiki/Facultative.

8 Roberts & Westad(2013), pp.776-781.

9 "Balkans War Crimes, One Brought to Justice, Many at Large", *The Economist*, February 7, 2002; "Bosnia War Dead Figure Announced", BBC, June 21, 2007. 보스니아 전쟁의 자초지종은 https://en.wikipedia.org/wiki/Bosnian_War.

10 Sanderson(1995), pp.179-181; 채취수렵 사회의 평등에 대해서는 Diamond(1997), p.269.

11 늑대와 들개는 Wilson(1974), pp.505-513, 침팬지는 같은 책, pp.539-546.

12 Fox(1972).

13 Sanderson(1995), pp.116-117.

14　Diamond(1997), pp.98-103.

15　Sanderson(1995), pp.124-125.

16　Diamond(1997), p.273; 영국의 철학자 토머스 홉스도 사회계약의 기원을 "만인에 의한 만인의 투쟁"을 방지하고, 자는 동안 살해당하지 않도록 보호해줄 정부의 필요성에서 찾았다. Hobbes(1651).

17　Sanderson(1995), pp.186-191; Diamond(1997), Chapter 14. 채취수렵 사회가 band, tribe, chiefdom, state의 네 단계로 확장, 발전하였다고 보며 점차 수탈적 왕조국가로 이행되는 것을 설명한다.

18　Bernstein(2004), pp.50-53.

19　톨스토이는 지도자란 "역사의 노예"라며 어떤 특정한 지도자는 그 자신이 특출하다기보다는 이미 결정되어 있는 역사의 흐름에서 배역을 맡는다고 주장한다[미국의 역사가 아서 슐레진저의 《지도력에 관하여》에서 재인용. Tachau(1987), pp.9-11]. 민주주의의 등장, 제국주의 시대, 러시아의 공산당 혁명 등은 역사적 필연을 주장할 만한 예가 되며 존 로크나 크리스토퍼 콜럼버스, 카를 마르크스 등은 예정된 역사적 산물이라고 볼 수 있겠다. 그러나 그리스 북쪽의 작은 도시국가 마케도니아에서 출발한 알렉산드로스나 몽골의 버려진 마을에서 시작한 칭기즈칸을 인류사에 예정된 배역이라고 보기는 어렵다. 이들은 우연히 발생한 뛰어난 개인이 세계사에 큰 영향을 준 경우라고 보아야 할 것이다. 그렇다고 이들로 인해서 석기시대와 왕조시대를 거쳐 오늘에 이르는 커다란 인류 역사의 흐름이 바뀐다고 생각되지는 않는다. 역사의 대세는 인류의 진화적 필연이며 리더의 영향은 진화적 관점에서 보면 잔물결이다. 물론 어디까지가 큰 흐름이고 어디까지가 잔물결인지는 측정도 불가능하고 해석은 자의적이겠지만 큰 흐름 속에 예측 불가능한 잔물결이 있는 것은 분명한 듯하다. 또 큰 리더는 역사를 꽤 흔들어놓을 것이며 작은 리더는 약간의 진동만 줄 것도 예상된다. 결정론과 임의성에 대해서는 10장에서 더 논의한다.

20　Weatherford(2004).

21　Zerjal et al.(2003).

22　이계황(2015), pp.52-55는 임진왜란을 일본의 역사적 배경과 엮어서 설명하고 있다. 소설이지만, 야마오카 소하치의 《도쿠가와 이에야스(대망)》에서 히데요

시가 처한 상황과 그에 대한 생각과 대처를 엿볼 수 있다.

23 Kahneman(2011), Chapter 23. 내부자는 흔히 객관적이지 못하고 최선의 상황을 가정하며 집착을 버리지 못한다.

24 Tachau(1987).

25 Cunningham(1997), pp.146-148.

26 프랙털fractal은 매 수준에서 같은 패턴이 반복되는 현상을 말한다. 가령 눈snow의 육각형 결정의 한 귀퉁이를 확대해서 보면 다시 육각형 패턴이 나오고 그 한 귀퉁이를 확대해서 보면 더 낮은 수준의 육각형이 나타나는 현상이다. 사회는 리더와 구성원으로 이루어지는 계급 구조라는 면에서 매우 프랙털적이다. http://www-history.mcs.st-andrews.ac.uk/HistTopics/fractals.html에서 프랙털의 수학적 표현을 포함하여 간략한 역사와 전형적인 예들을 볼 수 있다.

27 Strickberger(2000), p.534.

28 Diamond(1997)는 자연 환경의 차이가 어떻게 인류의 역사와 문명에 차이를 가져오는지 보여준다. Diamond(2005)는 종말을 가져온 인류 사회를 추적하여 그 근저에 극심한 가뭄이나 자원의 고갈 같은 자연 환경의 변화가 있었음을 밝히고 있다.

29 Atzmon et al.(2010)는 유대인 반수체 지도Jewish HapMap 작성 프로젝트 연구 결과이고 Ostrer(2012)는 유대인에 대한 종합적인 리뷰이다.

30 Xing et al.(2009)는 27개 인류 개체군에 대해서 24만 개의 단일염기변이SNP를 조사하여 분석한 논문이며 개인 간 민족 간 인종 간 유전적 차이와 분포를 정량적으로 추정하였다.

31 Baten & Blum(2012). 19세기 이후 전 세계 156개 민족의 키의 비교를 볼 수 있다.

32 Jorde & Wooding(2004)은 세계 각지의 주민들을 유전학적으로 조사한 연구 보고서이다. 각 지역의 주민들은 조상의 차이로 인한 고유한 특성을 보인다. 그러나 형질의 변화는 매우 폭이 넓고 인근 지역 주민들은 특성은 서로 중첩되며 연속적이기 때문에 인종이나 민족의 개념이 유전학적으로는 별로 유의하지 못함을 알 수 있다.

33 Ostrer(2012), pp.217-218. '배달의 민족'이나 '단군의 자손'같이 한국민을 가

리키는 말은 유전학적으로 성립될 수 없다. 한국인 개체군이 외국과 전혀 교류가 없었다면 고립된 유전자풀을 상정할 수 있겠지만 그렇지 않기 때문에 한국인의 고유한 유전자풀은 없다. 한국인이라는 말은 유대인이라는 말과 마찬가지로 같은 문화적인 정체성을 가진 사람들을 일컫는 말이 된다. 미국에서 태어나 자란 한국 교포 2세는 외모는 한국인이겠지만 정신적으로 문화적으로 미국인이기 쉽다. 귀화를 거부하며 일본에서 한국인으로 정체성을 갖는 교포들은 사회문화적 정체성과 정치적 정체성이 다른 하이브리드이며 유럽의 유대인들과 비슷하다고 할 수 있겠다.

34 Kesebir(2012); 오스트러는 반유대주의가 유대인을 한 민족으로 존속하게 만든 한 동력일 것이라고 한다. 아인슈타인도 비슷한 말을 했다. Ostrer(2012), p.163, p.201.

35 동유럽 출신 유대인은 IQ가 높다고 한다. 이것은 IQ 측정 자체에 내재되어 있는 불규칙성 때문일 수 있고 이들 유대인 아이들의 조숙성으로 인한 것일 수도 있겠다. 전자의 효과 즉 Flynn Effect에 대해서는 Ostrer(2012), pp.166-167.

36 "Israel and the Jewish Diaspora, Come Home Right Now", *The Economist*, February 21, 2015.

37 "German NeoNazis, A Stabbing Pain", *The Economist*, December 18, 2008.

38 "Hate Speech in Japan, Spin and Substance, A Troubling Rise in Xenophobic Vitriol", *The Economist*, September 27, 2014; "South Africa Protests Apartheid column in Japan Press", *New York Times*, February 16, 2015.

39 세균이든 사람이든 개체의 유전체genome는 고정되어 있고 죽음을 면할 수 없다. 그러나 유전자는 재조합하면서 새로운 개체를 만든다. 개체는 죽지만 유전자풀 혹은 사회는 영원히 살 수 있다. Hayflick(1994), pp.48-49.

2장 그룹선택

1 Strickberger(2000), Chapter 2.

2 니치(niche)는 생태학 용어인데 어떤 종이 적응하여 살아가는 종합적 시공간적

환경을 지칭한다. 비유적으로 기업인과 종교인은 사회생태적 니치가 다르다.

3 Malthus(1798), http://www.gutenberg.org/files/4239/4239-h/4239-h.htm
에서 《인구론》 전문을 볼 수 있다.

4 Mettler et al.(1988), pp.2-4. 다윈의 자연선택설을 개조식으로 요약 설명한
것을 볼 수 있다. 자연선택설은 다윈 외에도, 동시대의 영국 박물학자 알프레
드 월리스에 의해서도 개진되었다. 여기서는 논의의 편의상 다윈만을 언급하
였다. 다윈과 월리스의 상호 연락과 관계에 대해서는 Gribbin(2002), pp.435-
442 참조.

5 Huxley(1900), Vol 1, p.189.

6 14세기 영국의 수도사이며 철학자인 오컴은 "적은 것을 가지고 할 수 있는 일
을 더 많은 것을 가지고 하는 것은 헛된 짓이다"라고 하였다. Russell(1959),
p.238.

7 Strickberger(2000), Chapter 4에는 다윈의 자연선택설에 대한 종교계의 반론
과 이에 대한 재반론, 그리고 창조론 등이 설명되어 있다.

8 https://en.wikiquote.org/wiki/Arthur_Schopenhauer.

9 Cavanaugh(1985).

10 Maschwitz & Maschwitz(1974).

11 Sakagami & Akahira(1960).

12 Darwin(1872), pp.227-233. http://darwin-online.org.uk.

13 사람과 침팬지의 DNA는 99% 같지만 형제간에는 1/2이 같다. 이 말들은 서로
모순적으로 보이지만 전혀 다른 내용이 숫자로 표시되면서 착시를 일으킨다.
전자는 DNA의 절대량 가운데 인간과 침팬지의 공통적인 부분의 비율이고 후
자는 자식이 아버지 DNA의 1/2을 받고 어머니 DNA의 1/2을 받는다는 현상
에서 나오는 확률이다. 사람은 이배체로 두 개의 대립유전자를 갖고 있기 때문
에 두 형제의 DNA가 같을 확률은 (1/2×1/2)+(1/2×1/2)=1/2이다.

14 Hamilton(1964). 해밀턴의 법칙은 다음의 식으로 요약된다. $c < r \times b$.
b(benefit)는 수혜자가 얻는 생식적 이득이고 c(cost)는 행위자의 생식적 손실
이다. r은 유전적 공유도를 표시하는 혈연계수이다. 해밀턴의 법칙은 이 공식
의 조건을 만족시키는 경우 이타적 행위가 가능하다는 내용이다.

15 Hamilton(1964).

16 Strickberger(2000), p.385.

17 개미의 경우 수컷의 염색체 수를 n개라고 하면 암컷은 2n이다. 암개미는 사람 같이 부모한테 물려받은 2벌의 유전 정보를 갖고 있으므로 난자 상호 간에는 평균적으로 전체 유전자의 반이 같다. 수정에 기여하는 것이 단지 1마리의 수 개미일 경우에 수정된 알들은 정자의 유전자는 같고 난자가 공여하는 유전자 는 1/2만 같기 때문에, 태어나는 일개미들은 평균적으로 유전자의 3/4이 같게 된다.

18 Maynard Smith(1964).

19 Williams(1966).

20 Dawkins(1989), p.254.

21 Alcock(2001), pp.449–451.

22 Dugatkin(2006), pp.50–51에서 미국의 진화생물학자인 Warder Allee에서 Sewall Wright를 거쳐 Edward Wilson에 이르는 그룹선택 이론의 간략한 역 사를 볼 수 있다. 현대의 다수준 선택multi-level selection 이론에 대해서는 Sober & Wilson(1999), Wilson & Wilson(2007), Nowak et al.(2010) 참조. 라이트 의 그룹선택 가설은 포괄적 적응과 비슷한 시기에 발표되었지만 해밀턴과 윌 리엄스는 그룹선택의 영향이 미미할 것으로 생각하였고 일반적으로 그렇게 받 아들여졌다. Dawkins(1989), pp.7-10 참조: 그룹선택에 대한 회의의 상당 부 분은 그룹이 종種인지 혹은 또 다른 무엇인지 분명하지 않다는 것과 이타성이 특정 수준의 그룹에 한정되는 것으로 보이지 않는다는 데 있다. 그룹선택이 생 물계의 보편적인 법칙인가는 아직 알 수 없지만 분명 존재한다는 것은 이미 여 러 가지로 입증이 되었다.

23 Muir(1996).

24 Nowak et al.(2010). 혈연선택을 그룹선택의 한 부분집합으로 보는 윌슨의 주 장은 학계에 격렬한 논란을 불러일으켰고 윌슨이 틀렸다는 공격을 받았다. 반 론들은 2011년 3월 24일 *Nature*, Brief Communications Arising 섹션에 실 렸다. Abbott et al.(2011). 그러나 대부분의 반박은 윌슨의 연구에 대한 충분한 이해가 없이 전통적 혈연선택 이론을 재확인하는 데 그친 것으로 보인다.

25 Nowak et al.(2010), Box 1.

3장 선

1 Singer(1981), p.12.

2 Sandel(2009), p.13.

3 위의 책, p.47.

4 Mackie(1977), p.35. 매키는 도덕적 객관성을 추구하는 것은 오류라며 Error Theory를 개진하였다.

5 기독교《구약 성경》의 10계명은 〈탈출기(출애굽기)〉 20장 1절부터 17절에 있다.

6 류정훈(1997), p.123, Keown(1996), p.152.

7 돈을 주고 대가성이 없었다고 주장하는 예가 심심치 않게 보도된다. 이 장의 선악의 정의에 따르면 이런 주장은 성립될 수 없다. 부모와 자식 간이 아니면 대가성이 없는 선행은 곤경에 처한 사람일 때만 일어난다. 곤경에 처하지 않은 사람에게 돈을 주는 것은 실수이거나 협동이다(표 6-2 참조). 협동의 반대급부는 꼭 직접적인 행동이 아닐 수 있으며 간접적 호혜(6장 참조)도 가능하다.

8 Aristotle, pp.215-219.

9 Sober & Wilson(1999), pp.228-231.

10 Kalat(1999), pp.207-210. 스키너의 행동주의 심리학에 대한 요약.

11 Olds & Milner(1954).

12 Bentham(1789), p.36.

13 위의 책, 1장 3절. Utility는 철학자들은 '공리', 경제학자들은 '효용'이라고 번역한다. Utilitarianism은 '공리주의'라고 번역한다. 쾌락과 고통이 인간의 지배자이며 도덕과 입법의 원칙이라는 주장은 기독교 교리에 대한 정면 도전이며 당시에는 충격적인 선언이었다.

14 위의 책, 1장 2절.

15 위의 책, 1장 3절.

16 이것은 인류 종이 태어나기 훨씬 전부터 존재해온 지렁이나 곤충 같은 미물들에게도 적용되어야 하는 요구 조건이다. 사람이 느끼는 쾌락과 고통이 과연 지렁이나 파리에도 같은 감각으로 존재하는지는 알 수 없다. 다만 몸이 끊어진

지렁이의 몸부림이나 한쪽 날개가 잘려나간 파리의 요란한 회전을 보면 이들의 신경계에 우리의 고통에 상응하는 무엇이 있다는 것은 짐작하게 한다.

_____ **4장 갈등**

1 Fulghum(1988).

2 Hirschberger(1965), p.102. 플라톤은 소크라테스가 무엇이 선이라고 분명히 정의하지 않는다는 것을 잘 인식하고 있었다.

3 김태길(1998), p.445.

4 Cornman et al.(1992), pp.287-299. Wong(2005), 2장과 3장. 도덕적 상대주의와 이에 대한 반박 논변을 볼 수 있다.

5 Pieper(1991), p.179.

6 위의 책, pp.179-183.

7 Sumner(1907), p.521.

8 내집단과 외집단의 개념은 폴란드계 영국인 심리학자 헨리 타이펠에 의해서 크게 부각되었다. Tajfel(1970). 사회적 단위로서 그룹에 대한 간략한 설명은 Wiggins et al.(1994), pp.108-111.

9 Hartung(1995).

10 Wilson(1978), pp.107-111.

11 Hardin(1960)은 가우스 법칙Gause's Law에 대한 재발견이다. 비슷한 니치를 갖는 두 종이 평화롭게 공존할 수 없다는 원리가 갖는 생태학적 경제학적 의미를 새기고 있다.

12 Shermer(2004), pp.25-26에서 대표적인 황금률들을 볼 수 있다. 황금률은 말은 조금씩 다르지만 핵심은 이타이며 모든 사회에서 언급되는 보편적인 도덕률이라고 할 수 있다.

13 Kant(1786), p.215.

14 Hirschberger(1965), pp.115-123.

_____ **5장 선행**

1 "48회 청룡봉사상 주인공들", 〈조선일보〉. 2014. 6. 18.

2   LeDoux(1996), Chapter 6에 실험의 개요가 설명되어 있다.

3   편도체에 손상이 있는 사람은 대부분의 경우에 보통 사람들과 다름없지만 뱀
    이나 독거미를 만진다거나 흉가에 들어간다는 등 보통의 사람들이 공포를 느
    낄 상황에서 거의 반응을 보이지 않는다. Feinstein et al.(2011).

4   LeDoux(1996), p.164.

5   Dunn et al.(2008).

6   Dovidio(1990).

7   Rizzolatti et al.(1996).

8   거울뉴런 발견의 역사와 에피소드는 Ramachandran(2011), Chapter 4 참조.

9   Singer et al.(2004).

10 Delton et al.(2011).

6장 협동

1   Dugatkin(2006), p.144. 죄수의 딜레마의 한 예.

2   Ridley(1996), Chapter 3에서 죄수의 딜레마와 맞대응에 대한 역사와 설명
    을 볼 수 있다. Axelrod & Hamilton(1981)은 컴퓨터 프로그램 토너먼트
    의 결과를 바탕으로 상호호혜적 협동의 수학적 모형을 제시한 논문이다. 컴
    퓨터 프로그램들의 시합과 배경에 대해서는 Dugatkin(2006), pp.142-150,
    Dawkins(1989), pp.210-214.

3   맞대응과 혈연선택에 대한 해설과 해밀턴의 성취에 대해서는 Dugatkin(2006),
    p.146 참조.

4   Wilson(1978), pp.155-156.

5   Cornman et al.(1992), Chapter 6.

6   Wilson(1978), Chapter 7; Ridley(1996); Sober & Wilson(1998).

7   Trivers(1971).

8   Rilling et al.(2002).

9   Cosmedes & Tooby(2005)는 웨이슨 테스트와 변형된 테스트에 대한 종합적
    리뷰이다.

10 Fehr & Gächter(2002).

11 Nowak & Sigmund(1998).

12 Rockenbach & Milinski(2006).

13 Asch(1951).

14 Boyd & Richerson(1990).

15 Simon(1990).

16 Milgram(1974).

17 후성유전(epigenetic)은 유전정보 위에 덧씌워진 유전현상이라는 말인데 분야마다 약간 다른 의미로 쓰인다. Epigenesis는 발생학적으로 하나의 수정란이 여러 가지 특성의 다양한 세포들로 분화되고 이들이 엮어져 신체의 조직과 기관을 형성하는 것을 말한다. Kalthoff(1996), pp.4-6; 윌슨은 특정한 선험적 행동을 유발하는 신경회로들을 후성유전규칙epigenetic rule이라고 표현하였다. Wilson(1998), pp.150-154. 분자생물학에서는 염기순서 자체는 그대로 있는데 DNA의 메틸화methylation 등으로 인해서 유전자의 발현이 조절되는 현상을 지칭한다epigenetic inheritance. Hartl & Jones(2009), pp.409-413 참조.

7장 생존경쟁

1 Russell(1988), pp.13-15.

2 Beck et al.(1991), pp.168-169. 생물에 대한 열역학적 고찰 이론의 원전은 Schrödinger(1955)이다.

3 Strickberger(2000), pp121-128. 생명체의 기본 물질들이 어떻게 무기환경에서 유래하는가에 대한 설명.

4 Beck et al.(1991), pp.198-199. Strickberger(2000), pp.158-170. 생명의 기원에 대한 여러 설을 간략히 리뷰하였다.

5 다음의 웹페이지에서 '길에 돈 뿌리기'의 국내외 실례들을 볼 수 있다. http://www.theguardian.com/commentisfree/2013/dec/07/minnesota-mall-of-america-dollar-bills-toss-charity; http://news.kbs.co.kr/news/NewsView.do?SEARCH_NEWS_CODE=3051612.

6 Schwanhäusser et al.(2011)는 포유동물 세포에서 몇 개의 유전자가 얼마나 RNA와 단백질 분자로 발현되는지 정량적으로 측정한 논문이다. 세포를 구성

하는 물질에는 이 외에도 탄수화물이나 지방산, 작은 분자나 이온 등 다양한 물질이 있지만 서로 다른 종류를 따지면 RNA와 단백질이 대부분을 차지한다.

7   Bianconi et al.(2013)는 인체의 세포 수를 추정한 논문이다.

8   흥미롭게도 노화는 정확하게 정의하기 어려운 현상이며 '자연적인' 죽음도 원인이 분명하지 않다. 에이즈 환자는 흔히 폐렴으로 죽지만 진짜 원인은 HIV 감염에 의한 면역력 상실이다. 비슷하게, 사망진단서에 기록되는 많은 원인들은 표면적인 죽음의 원인이라고 할 수는 있지만 노후로 인한 혹은 신체에 기인하는 근본 사망 원인은 아니다. Hayflick(1994), pp.44~48.

9   Wikiquote, "Seneca the Younger", 'Other works'.
https://en.wikiquote.org/wiki/Seneca_the_Younger#Quotes_about_Seneca.

10 Diamond(2005)는 사라진 인류 사회들이 왜 종말을 맞게 됐는지 탐구한 책이다. 종말을 맞는 사회에서 일어나는 인류 개인 간의 생존경쟁이 그려져 있다.

11 Wilson(1975), Chapter 15. 왜 성sex이 존재하는가와 암수(정자와 난자)가 존재해야 하는지 그리고 이로 인하여 어떤 현상들이 벌어지는지 설명하고 있다.

12 Buss(1994). 남자와 여자의 배우자 선호에 대한 최초의 진화심리학적 연구; Barrett et al.(2002), Chapter 5. 진화적인 관점에서 남녀의 형질 차이, 배우자 선호, 혼인제도 등에 이르기까지 폭넓게 다루었다. Cummins(2005), pp.689~691은 여성이 남성의 사회적 지위에 쏠리는 현상을 설명하고 있다.

13 Baker & Bellis(1995). Section 2.4.1. "Polyandrous females" 참조.

14 유전적 다양성은 질병이나 환경의 변화에 대한 내성을 높여주며 그룹의 적합도 제고에 필수적인 조건이다. 채취수렵시대의 부락은 인구가 적고 부락 내의 혼인만으로는 유전적 다양성이 자꾸 떨어지게 된다. 이웃 부락은 경쟁의 상대이기도 하지만 혼인의 상대이기도 하다. 여기에 더해 자연선택은 기회 닿을 때마다 이웃 마을의 유전자를 가져오라고 명령하는 듯이 보인다. 여자가 이방인에 대해서 호감을 느끼고 일상에서 벗어나 혼자 있고 싶을 때 이런 자연선택의 설계가 작용하는 것인지도 모른다.

15 "성은 거래 대상 될 수 없어" vs. "성노동자 직업의 자유 보장해야", 〈한겨레〉, 2015. 4. 1. http://www.hani.co.kr/arti/society/women/685048.html.

16 Wilson(1978), pp.125-126.

17 Barash & Lipton(2001), pp.234-244. 일부일처의 진화에 대해서 여러 가지 설을 검토하였다.

18 "Why Put a Ring on It?", *The Economist*, Apr. 16, 2016. 급격히 증가하는 독신 여성들과 그로 인한 미국 사회의 변화에 대한 기사이며 이를 반영하는 세 권의 책을 리뷰하였다.

19 Wilson(1975), pp.287-290.

20 Cummins(2005). 서열경쟁에서부터 호르몬의 변화까지 인간의 사회적 지위에 따른 사회생물학적 설명.

21 Moxon & Wills(1999).

22 Barett et al.(2002), pp.125-126. 남자는 있는 척하고 여자는 젊은 척하는 것이 본능이라는 연구.

23 https://plato.stanford.edu/entries/ethics-virtue/.

24 Frankena(1988), pp.148-150.

25 Wittgenstein(1953), §109.

8장 인간의 본성

1 Maslow(1943).

2 Reiss(2004).

3 Reiss(2002).

4 동기의 목록을 제시한 것이 매슬로나 라이스만은 아니다. Reiss(2004)에서 다른 모형에 대한 참고문헌을 볼 수 있다.

5 Alcock(2001), pp.117-118.

6 뻐꾸기의 기생에 대해서는 Alcock(1993), p.28. 1장에서 다룬 닭의 교활함을 생각하면 닭과 멧새를 같이 취급하기 어렵다. 여기에 대해서 아직 분명한 설명은 하기 어렵다. 사람은 이제 조류의 마음을 한번 힐끗 본 정도밖에는 알지 못한다. 조류는 1억 5000만 년의 세월 동안 진화해 수많은 종류가 있다. 까마귀는 도구를 사용한다. Rutz et al.(2016). 모든 조류의 지능이 비슷할 것이라고 생각하는 것은 모든 포유류의 지능이 비슷할 것이라고 생각하는 것 같은 오류

일지도 모른다.

7   Alcock(2001), p.118.

8   사자의 영아살해 본능에 대해서는 Alcock(2001), pp.16-18. Wilson(1975), pp.84-85. 사자에 대한 근접 관찰과 분석은 Schaller(1972) 참조.

9   "아동학대 당한 초·중등생 35명 또 확인", 〈조선일보〉, 2016. 4. 26. http://srchdb1.chosun.com/pdf/i_service/pdf_ReadBody.jsp?Y=2016&M=04&D=26&ID=2016042600163.

10   지재희(2000), p.35.

11   Plutchik(1980).

12   James(1884), Schachter & Singer(1962).

13   주객이 바뀐 것 같지만 심리학적 시험은 이런 주장이 상당 부분 사실임을 입증한다. 가령, 연필을 입에 물고 억지로 웃는 표정을 짓게 해도 긍정적인 답이 많이 나온다. Kahneman(2011), pp.53-54.

14   LeDoux(1996), p.126.

15   Cannon(1927), Bard(1934).

16   Bacon(1620).

17   Maon(1962) p.464.

18   Kuhn(1962).

19   Hole(1990), Chapter 12.

20   Wilson(1998), p.151. 윌슨은 후성유전규칙을 2수준으로 구분하였다. 첫째 수준은 조건반사 같은 자동적 반응이고 둘째 수준은 학습과 문화적인 요소까지 더해져 나타나는 선천적 성향이다. 이 책의 욕망의 레퍼토리들은 이런 구분을 필요로 하지 않는다.

21   사회생물학적 텃세는 Wilson(1975), Chapter 12 참조. 인류에 대해서는 Wilson(1978), pp.107-111.

22   정연보(2004), pp.296-300. 개념 형성, 인과관계 도출, 재조합에 의한 창출은 저자가 추정한 3가지 이성의 기능이다.

23   이들은 이름은 쾌락주의hedonism, 이기주의egoism, 이타주의altruism이다. Sober & Wilson(1998), pp.223-242.

1   헨리의 연설 전문은 다음의 사이트에서 볼 수 있다.
    http://www.history.org/almanack/life/politics/giveme.cfm. William
    Wirt(1836), "Sketches of the Life and Character of Patrick Henry", as re-
    produced in *The World's Great Speeches*, Copeland et al.(eds.).

2   Roberts & Westad(2013), pp.723-726. 미국 독립 과정의 간략한 역사.

3   Berlin(1969), "Two Concepts of Liberty"는 1958년 벌린의 옥스퍼드대학교
    취임 강연이다.

4   Russell(1950). 노벨상 수상 연설에서 나오는 말이다. 행동의 원인이 욕망이라
    고 주장한 최초의 철학자는 "이성은 정념(passion)의 노예"라고 한 흄일 것이
    다. Hume(1740b), p.160.

5   Schopenhauer(1819), 55장. 쇼펜하우어의 '의지'는 내용상 이 책에서 말하는
    '욕망'과 거의 같다.

6   위의 책, 55장.

7   Mill(1859); van Mill(2015)에서 언론의 자유에 대한 종합적 고찰을 볼 수 있다.

8   Feinberg(1985).

9   *Le Monde Diplomatique*(2008), pp.98-99는 현대의 기업적 언론 과점 현상
    과 이로 인한 정경유착의 경향에 대한 간략한 스냅사진을 보여준다.

10 "Just an Idea: Don't Kill Rushdie", *The Economist*, May 1, 1997. 루슈디
    의 책은 이슬람교도들에 의해서 영국에서도 불태워졌고 번역자들은 폭행당하
    거나 심지어는 사살되었다.

11 "The Attack on Charlie Hebdo, Terror in Paris", *The Economist*, January
    10, 2015.

12 https://en.wikipedia.org/wiki/Charlie_Hebdo.

13 Ball(2015), "Pope Francis Sees Limits to Freedom of Speech", Jan. 15.
    Wall Street Journal. http://www.wsj.com/articles/pope-francis-sees-
    limits-to-freedom-of-speech.1421325757.

14 http://www.pewresearch.org/daily-number/global-muslim-popula-
    tion/.

1   Laplace(1902), pp.3-4. https://archive.org/stream/philosophicaless00lapl
iala#page/4/mode/2up.

2   James(1890), Vol.2, p.524.

3   Locke(1689), Book II, Chap. XXI, Sec. 17. http://oll.libertyfund.org/titles/
761#Locke_0128-01_514.

4   결정론과 비결정론의 여러 가지 이론들과 이에 대한 반박 등은 Cornman et
al. (1992), Chapter 3 참조.

5   Libet(1985).

6   리벳의 실험을 둘러싼 자유의지에 대한 분석과 비판은 Blackmore(2004),
p.130; "free won't"는 Ramachandran(2011), p.124.

7   Wegner & Wheatley(1999).

8   Schopenhauer(1819), p.363.

9   리벳의 실험은 다른 과학자들에 의해서 보다 정교하게 다듬어지며 여러 가지
형태로 되풀이 확인되었다. 그러나 여전히 자유의지 실종이라는 결론과 그로
인한 곤혹스러움에서 벗어나지 못하고 있다. Smith(2011)는 이런 연구와 반론
에 대한 최근의 리뷰이다. 조지아주립대학의 철학자 에디 나미아스는 현재의
신경과학자들의 실험 결과를 반박하기는 어렵지만 대부분의 사람들이 자유의
지를 경험한다며 무엇인가 부족하다고 믿는다. Nahmias(2015), p.66.

10 Kant(1786), p.215; 최재희(1979), p.116.

11 Hume(1740c), pp.27-28; 칸트와 흄의 도덕 이론 비교는 Hauser(2006),
pp.12-31.

12 Hume(1740a), pp.25-26.

13 Kahneman(2011), pp.20-21.

14 Pinker(2002), pp.5-6은 로크의 Blank Slate/*Tabula rasa*에 대한 간단한 리
뷰이다. 핑커는 마음은 빈 서판이 아니라 적응에 의한 결과로 꽉 채워져 있다
고 한다. 그러나 로크는 마음은 감각을 통한 경험으로 만들어진다고 보았다.
핑커와 로크의 관점은 일종의 Nature(유전) vs. Nurture(양육)이다. 이 책의 욕
망 중심 모형은 전자에 해당되고 시스템2의 시스템1화는 후자를 설명한다.

15   Pinker(1994), pp.28-34에서 보편문법에 대한 설명을 볼 수 있다.

16   Hauser(2006), pp.43-55.

17   Hoffman(2000).

18   Kohlberg(1969).

19   http://murderpedia.org/female.B/b/bishop-amy.htm.

20   Shariff & Vohs(2014)에서 인용.

21   위의 책.

22   Vohs & Schooler(2008).

23   위의 책.

24   Blanke et al.(2002).

25   Gallup(1977).

26   코끼리는 Plotnik et al.(2006); 돌고래는 Reiss & Marino(2000).

27   Morin(2004)은 아기의 자아 인식 발달에 관여하는 사회적, 물리적, 신경학적
      요소들에 대한 리뷰이며 다차원적 요소들이 자아 인식에 기여한다는 모델을
      제시하는 논문이다. Morin은 자신을 보여주는 주변의 거울과 자기수용감각이
      자아 인식의 한 중요한 요소라고 지적한다.

28   Descartes(1637), pp.104-114《성찰》 2). 자아에 대한 여러 가지 철학적 담론은
      Cornman et al.(1992), Chapter 4. 이원론에 대해서는 pp.143-154.

29   Hume(1740a), p.257. 이준호(1999)에서 흄의 자아 개념에 대한 상세한 설명을
      볼 수 있다. 3장 참조.

30   Hume(1740a), pp.321-322.

31   Searl(2004), 11장.

32   위의 책, p.313.

33   Blackmore(2004), Chapter 8은 자아에 대한 주요 이론과 쟁점의 리뷰이다.

34   James(1890), Vol.1, p.401.

35   Hume(1740a), pp.256-267.

36   Damasio(2003), pp.270-271.

37   Fernyhough(2008).

38   Conselice(2007).

39   Schopenhauer(1819), p.362.

40   Mason(1962), pp.557-558.

41   많은 수의 단위가 반응하는 데서 생기는 확률성은 창발적 현상이다. 철학적 '창발'에 대해서는 O'Connor & Wong(2015)에서 비교적 간단한 리뷰를 볼 수 있다. 원자핵을 발견한 20세기 초기의 물리학자 어니스트 러더퍼드는 원자에 대한 물리학 외의 다른 모든 학문은 근본 원리를 찾는 것이 아니기 때문에 일종의 우표수집에 불과하다고 폄하하였다. https://en.wikiquote.org/wiki/Ernest_Rutherford. 러더퍼드는 모든 현상이 하위의 원리로 환원되어 궁극적으로 원자의 물리학에 귀착한다고 본 것이다. 창발성은 환원으로 찾을 수 없는 성질이 있음을 말해준다.

42   《장자》에는 황하의 신 하백이 바다를 보고 자신이 우물 안의 개구리였음을 깨닫는 우화가 나온다. 오강남(1999), pp.357-359. 장자는 인간 세상이 보잘것없는 것이니 그것을 탈피할 때 도道에 다다를 수 있다고 가르친다. 노장사상의 핵심인 도는 우주의 진리라는 면에서는 물리학의 법칙들과 다원주의에 해당되지만 인간 세상을 초월하는 '무엇'으로서는 영생같이 허구일 수밖에 없다. 거대한 자연을 의식하는 사람들은 인간이 아웅다웅하며 사는 것이 참으로 쓸모없고 허무한 일이라고 폄하하게 된다. 그러나 사람이 우물 속에서 살아남는 것을 목적으로 진화에 의해 탄생한 단위entity라는 것을 간과하는 이론은 환상적이지만 공허하다.

11장 인권

1   "피랍 김선일 씨 끝내 피살", 〈조선일보〉, 2004. 6. 23.

2   국가기록원 나라기록 컬렉션. http://theme.archives.go.kr/next/625/damageStatistic.do.

3   http://historyofrussia.org/battle-of-stalingrad-facts/.

4   로크와 루소의 사상에 대해서는 Bronowski & Mazlish(1962), 11장과 16장 참조.

5   http://www.un.org/en/documents/udhr/.

6   허미자(2007) p.86.

7   Gray(1992).

8   서울특별시교육청 학생인권조례
    http://www.sen.go.kr/web/services/bbs/bbsView.action?bbsBean.
    bbsCd=234andbbsBean.bbsSeq=5.

9   More(1516).

10 "2兆 날린 '도롱뇽 소송' 3년 만에 마침표", 〈조선일보〉, 2006. 6. 2.
    http://news.chosun.com/site/data/html_dir/2006/06/02/2006060270576.
    html.

11 "유태흥 전 대법원장 한강 투신", 〈조선일보〉, 2014. 1. 17.
    http://news.chosun.com/svc/content_view/content_view.html?contid
    =2005011770625.

12 윤정현(2001), pp.106-107. 도연명의 만가輓歌.

13 "How Doctor-Assisted Dying Works", *The Economist*, June 29, 2015.
    http://www.economist.com/blogs/economist-explains/2015/06/econo-
    mist-explains.18.
    자살 도우미 디그니타스 홈페이지는
    http://www.dignitas.ch/index.php?option=com_content&view=article&i
    d=26&Itemid=6&lang=en.

14 Gruen(2014). 동물의 존엄성에 대한 칸트의 견해와 설명.

15 Singer(1981), pp.217-222.

16 Benthall(2007).

17 http://www.fondationbrigittebardot.fr/uk.

18 Editorial.(2015), "Inhumane Treatment of Nonhuman Primate Research-
    ers", *Nature Neuroscience* 18, 787.

19 Wilson(1984), p.1.

20 Pearce(2015).

21 Monastersky(2015)는 인류세를 입증하는 여러 데이터를 보여준다.
    http://www.anthropocene.info/index.php는 인류세에 대한 대중적 교육적
    사이트이다.

22 Wilson(2002), p.102.

12장 가치

1 "Economy, stupid!"는 미국 대통령 클린턴의 대선 캠페인에 쓰인 구호로 문제의 핵심은 경제에 있다는 것을 얘기할 때 자주 인용되는 말이다

2 Mason(2015)은 가치론에 대한 전반적 리뷰이다.

3 Moore(1903), pp.47-49.

4 Frankena(1988), pp.148-150.

5 Singer et al.(2004); 이 책의 8장 참조.

6 도덕적인 것이든 아니든 우리는 언제나 선택한다. 벤담은 모든 쾌락은 동일한 것이며 쾌락의 강도, 지속성 등을 고려해 비교할 수 있다고 주장했다. 버나드 윌리엄스는 (어떻게 가능할 수 있는지는 알 수 없지만) 복수주의적 다른 가치들이 함께 비교될 수 있을 것이라며 더 높은 수준의 공통적인 가치를 측정하는 초저울을 제시한다. 서로 다른 가치의 측정과 딜레마를 둘러싼 철학자들의 논변은 Mason(2015)의 "Super Scales" 참조. 밀은 벤담과 달리 정신적인 쾌락은 고급 쾌락이고 육체적인 쾌락은 저급한 것이라고 생각하였고 행복한 돼지보다는 불만족한 인간이 되는 것이 낫다고 주장했다. 생물학적 관점에서 보면 모든 동물이 추구하는 바는 쾌락이므로 불행한 인간이 되는 것보다는 행복한 돼지가 되는 편이 낫다. (단, 사육당하는 돼지는 죽지 못해 살고 있지 싶다.)

7 Bernard Shaw(1903), "Man and Superman", Epistle dedicatory to arthur Bingham Walkley, http://www.bartleby.com/157. http://www.elise.com/quotes/george_bernard_shaw_-_a_splendid_torch.

8 떠돌아다니는 개그에서 인용. 결혼을 앞둔 두 연인이 교통사고로 죽었다. 이들은 천당에 갔지만 결혼을 하고 싶었다. 하나님에게 결혼을 하게 해달라고 부탁하였더니 하나님은 잠시 생각하고는 5년 뒤에 다시 오라고 하였다. 두 연인은 5년이 지난 뒤에 다시 하나님을 찾았고 한 목사님의 주례로 결혼식을 마칠 수 있었다. 그러나 천국에서의 결혼생활도 만만치 않았다. 5년이 지난 뒤 두 사람은 다시 하나님을 찾아가 이번에는 이혼하게 해달라고 부탁하였다. 그랬더니 하나님이 노발대발했다. 천당에서 목사 하나 찾는 데 5년 걸렸는데 변호사를

찾으려면 몇십 년이 걸릴지 모른다는 것이었다.

9 "일본 마이니치신문 '일본 구석기 유적 날조' 보도", 〈조선일보〉, 2000. 11. 5. http://qna.premium.chosun.com/qna/front/qna/knowQnaview.do?inqId=60cdbf7b242e4e15b06b3ed46dac7fa2andmenuGb=qnaandcateId=TP0204.

10 Wilson(2010).

11 http://www.getty.edu/art/collection/objects/10930/unknown-maker-kouros-greek-about-530-bc-or-modern-forgery.

12 http://edition.cnn.com/2015/12/22/luxury/auction-houses-art-record-breakers/. 예술품의 가치는 감상자의 행복의 크기이며 감상자마다 다를 수밖에 없다. 김치는 한국인에게는 큰 행복을 주지만 유럽인에게 행복을 주기는 어렵다. 묵은 김치는 한국에서는 고가로 팔릴 수 있지만 유럽에서는 식탁에 오르기도 힘들다. 이런 유비는 유럽 화가들의 작품이 엄청나게 높은 가격에 팔리는 이유를 말해준다. 수요자들이 돈이 많으면 상품의 가격이 높아지는 것이다.

13 3장 "공리의 원리" 참조.

14 Caldas & Neves(2012). 2007년 금융위기에 대한 논문 모음으로 경제학에서의 가치와 객관성이라는 주제를 다루었다.

15 Thaler(2015), p.348.

16 Kwanwoo Jun(2015), "How MERS Could Affect South Korea's Economy", *The Wall Street Journal*, June 10, 2015. http://blogs.wsj.com/economics/2015/06/10/how-mers-could-affect-south-koreas-economy/.

17 https://fixingtheeconomists.wordpress.com.

18 Marris(2003), Chapter 2. 경제학은 논문에 수식이 많다는 점에서는 물리학과 비슷하지만 다루는 대상이 복잡계라는 면에서는 의학과 비슷하다. 경제학도 자연히 해몽에는 능하지만 예언에는 약하다. 거듭해서 증권 가격을 정확히 예언하는 사람이 나오는 것은 많은 수의 투자자들 가운데 필연적으로 발생하는 확률적인 현상(큰수의 법칙)일 수 있다. Taleb(2005), pp.151-153.

19 Kahneman(2011), p.261. 카너먼은 정말 안 좋은 것은 이들이 자신들의 전망이 무가치한 것임을 모르는 것이라고 꼬집었다. 1년 정도 장기적으로 보면 원

숭이가 일류 펀드매니저보다 수익률이 낮다는 것은 국내외에서 여러 차례 입증된 사실이다. 가령 Brett Arends(2015)를 보라. http://www.marketwatch.com/story/how-hedge-fund-geniuses-got-beaten-by-monkeys-again-2015-06-25.

20 Moore(1903), pp.59-65.

21 Hume(1740c), p.44.

22 Singer(1981), p.146.

23 Wilson(1978), p.5.

24 "Lee Kuan Yew, The Wise Man of the East", *The Economist*, March 22, 2015.

25 벌린과 윌리엄스의 주장은 Mason(2015)의 "Accepting Incommensurability" 참조

26 Kahneman & Deaton(2010).

27 Kahneman(2011), p.392.

28 http://soils.wisc.edu/facstaff/barak/soilscience326/lawofmin.htm.

29 Russell(1946), pp.380-383.

30 홍자성, 〈자연편〉, 58.

31 황보밀(2012), pp.27-33.

32 Seneca, pp.224-225(〈마음의 평정에 대하여〉, 1절 9항).

33 백연욱 외(1974).《중용》, 2장 1절, "중니 말하기를 '군자는 중용이나, 소인은 중용에 반한다'." 군자는 어떤 한 책에 집중적으로 설명되어 있지 않고《논어》의 〈계씨편(季氏篇)〉, 〈이인편(里仁篇)〉,《맹자》의 〈진심편(盡心篇)〉 등 여러 책에 간헐적으로 언급되어 있다.

34 Seneca, p.281(〈마음의 평정에 대하여〉, 11절 12항)에서 재인용.

35 Gamble et al.(2014)는 '사회지능가설(Social Brain Hypothesis)'을 주장한다. 사람의 두뇌는 무리의 숫자에 비례해서 커졌다는 얘기이다.

_____ **13장 윤리**

1 Wilson(1978), pp.22-23.

2 Wilson(1975), p.547.

3 위의 책, p.574.

4 위의 책, p.562.

5 Wilson(1978), p.5.

6 Singer(1981), pp.103-104.

7 본문의 3개 항은 Singer(1981)의 논변을 요약한 것이다. Chapter 3에서는 사실과 가치의 차이점에 대해서 설명하고 있고 Chapter 4와 5에서는 철학에서 이성의 역할에 대해서 설명하고 있다.

8 Wilson(1998), pp.238-240, Chapter 11, 초월주의와 경험주의의 양쪽의 관점에서 토론과 반론.

9 Kesebir(2011).

10 Wilson(1978). !쿵족에 대해서는 p.92, 야노마미족에 대해서는 p.115. '!쿵족'의 '!'는 혀를 차는 소리를 나타내는 국제표준발음부호이다. 인용서의 원문에서 !Kung으로 기술하기 때문에 이를 따랐다.

11 Heider & Simmel(1944). 기하학적 도형의 움직임과 심리적 반응은 다음의 동영상에서 직접 볼 수 있다. https://www.youtube.com/watch?v=sx7lBzHH7c8.

12 Wilson(1975), pp.562-564.

13 Kitcher(1993).

14 Ruse & Wilson(1985).

15 Wilson(1978), p.5.

16 Kohlberg & Hersh(1977)는 도덕발달론에 대한 종합적 리뷰이다.

17 "Women in Saudi Arabia, Unshackling Themselves", *The Economist*, May 17, 2014. http://www.economist.com/news/middle-east-and-africa/21602249-saudi-women-are-gaining-ground-slowly-unshackling-themselves. 최근 사우디아라비아는 여성의 운전을 허용하기로 했다. *The Economist*, September 30, 2017. https://www.economist.com/news/leaders/21729749-next-abolish-male-guardianship-last-saudi-women-will-be-allowed-take-wheel.

18 Good(1997).

19 Lumsden & Wilson(1982)은 유전적인 면에서, Richerson & Boyd(2005), Chapter 6은 문화적인 면에서 유전자-문화의 공진화에 접근하고 있다.

20 김경일(2001).

21 Geertz(1994).

22 박현욱(2006).

23 Szalavitz(2009), "Drugs in Portugal: Did Decriminalization Work?", *Time*, Apr. 26, 2009. http://content.time.com/time/health/article/0,8599,1893946,00.html; 마약 합법화의 세계적 경향과 미국의 마리화나 산업에 대해서는 *The Economist*, Daily Watch, "Drugs: War or Store?" http://www.economist.com/films.

24 Covey(1989).

25 https://en.wikiquote.org/wiki/Omar_Bradley.

26 Nature Genetics(2001).

27 Doglin(2014)은 생명윤리위원회IRB, Institutional Review Board 등 윤리적 자문기구가 추가로 자신의 자문기구를 두는 것을 추진하면서 촉발된 찬반 의견을 요약 소개하였다.

28 "Saying no to stem-cell research", *The Economist*, July 20, 2006. http://www.economist.com/node/7188294.

29 Hauser(2006) pp.112-121에서 요약.

30 위의 책.

31 Hauser(2006), pp.6-7에서 재인용.

32 Greene(2009).

33 Bloom(2013), pp.186-207.

14장 종교

1 Plato, *Euthyphro*, pp.56-57.

2 Russell(1988), pp.305-308. 흄의 종교적 회의론에 대한 러셀의 설명.

3 Dawkins(2006).

4   Bloom(2005).

5   사회학의 창시자인 오귀스트 콩트는 인간 사회가 신화적 허구를 숭배하는 단
계에서부터 형이상학적으로 추상화하는 단계를 거쳐 현실에 확실히 근거를 두
고 설명하는 실증주의적인 단계로, 3단계를 거치며 발전한다고 주장하였다.
Cohen(1985), pp.332-341. 자연현상이 이런 단계를 거치며 실증주의적 자
연과학이 되었고 이제는 정신이 실증주의적 해명의 단계에 진입하고 있는 셈
이다.

6   야훼는 이스라엘의 부족신이라는 설명은 길희성 외(2001), p.62; 이슬람교가
아브라함 종교로서 같은 뿌리를 가지며 다른 해석이라는 설명은 pp.753-764.

7   Dawkins(2006), pp.393.

8   Wilson(1978), Chapter 8은 종교의 배경에 집단의 진화적 생물학적 이익이 있
다고 설명한다

9   Dawkins(2006), p.418에서 재인용. 이 말이 정말 세네카의 것인지에 대한 논
란이 있다. Wikiquote의 "Disputed" 참조. https://en.wikiquote.org/wiki/
Seneca_the_Younger#Quotes_about_Seneca.

10 Maalouf(1983), p.69.

11 Madden(1999)은 십자군 전쟁의 자세한 역사서이다. 우르바누스 2세의 사면
은 p.41. Maalouf(1983)는 아랍인의 관점에서 본 십자군 전쟁을 보여준다.

12 Harris(2005).

13 Hartung(1995).

14 Zimmer(2007).

15 Xing et al.(2009).

16 류정훈(1997), Keown(1996), 김득만 & 장윤수(2000), pp.189-255.

17 D'Aquilli & Newberg(1998)는 불교의 수행자들이나 수녀들이 기도하면서 신
의 현신이나 물아일체 등을 경험하는 것이 대뇌의 OAA(Orientation Association
Area)라는 특정 부위의 활동이 억제되기 때문이라는 신경과학적 관찰이다.
Arzy et al.(2005)는 기독교 등 '아브라함 종교'의 창시자들이 신의 계시를 받
은 장소가 산인 것은 고산의 저산소 조건에서 이런 뇌의 신경회로들이 오작동
을 하기 때문이라고 설명한다. 더 나아가서 이제는 의학적으로 계시를 체험할

수 있게 만들 수 있을 것이라고 주장한다. 수행보다는 일상적인 봉사로 일관한 테레사 수녀는 죽기 직전 "아무리 기도를 해도 신의 답은 없었다"라고 하였다. http://www.catholiceducation.org/en/faith-and-character/faith-and-character/mother-teresas-long-dark-night.html.

18 Wilson(1978), p.1.

19 Wilson(1978), Chapter 1은 문제의 제시, Chapter 9는 답 겸 전망이다. 답은 맹목적인 희망blind hope이다.

20 도킨스도 (하등)동물의 행동이 마치 목적을 의식하는 듯이 보인다는 지적을 하였다. 생존기계로서 동물의 행동은 프로그램의 작동이다. (하등)동물이 의식하거나 목적을 갖고 움직이는 것은 아니다. Dawkins(1989), p.50.

21 미국 항공우주국NASA 홈페이지에서 지구와 유사한 생명체가 가능한 행성들에 대한 관찰과 연구 진행 상황을 볼 수 있다. https://www.nasa.gov/jpl/finding-another-earth.

22 https://en.wikiquote.org/wiki/Albert_Einstein. 1930s

23 인류의 최대 수명은 한정된 것이며 115년 정도라고 한다. Dong et al.(2016).

15장 정의

1 Rawls(1999), p.41

2 원조 사회계약설은 Hobbes(1651), Locke(1690), Rousseau(1762)에 있다. 홉스는 만인에 의한 만인의 투쟁을 피하기 위한 노력으로 통치자를 두고 사회계약을 맺는다고 주장하였고, 로크는 모든 사람에게 천부적인 자연권이 있음을 주장하였고, 루소는 평등을 강조하는 사회계약 이론을 펼쳤다.

3 황경식(2003)과 이양수(2012)에서 롤스의 '정의론'에 대한 간략한 해설과 비판을 볼 수 있다.

4 Rawls(1999), p.63; 공리주의에 대한 비판은 이양수(2012); 장은주(2012)는 정의와 관련하여 역사적으로 중요한 인물들의 철학을 비교, 개괄하였다.

5 Nozick(1977). 롤스의 철학적 입장을 공리주의 혹은 공동체주의에 대하여 자유주의liberalism라고 하는데 노직의 자유주의적 입장은 자유지상주의libertarianism라고 구분한다. 노직의 '소유권이론Entitlement Theory'은 Nozick(1977), 7장 참조.

6 Sandel(1997), pp.33-34. 롤스의 '무연고적 개인'에 대한 샌델의 비판을 역자 이양수가 해설하였다.

7 황경식(2006), p.378

8 Wilson(1978), p.5.

9 Snow(1959).

10 Wilson(1978), p.6.

11 Magee(1982), p.219.

12 Buss(2005), p.xi-xvi에서 핑커의 소회를 볼 수 있다.

13 Buss(2005)는 인문사회학의 여러 분야의 전문가들이 진화생물학적 접근으로 이룬 성취를 리뷰한 논문집이다. Barrett et al.(2002)는 진화심리학의 교과서이다.

14 Samson(2014)과 Thaler(2015)는 행동경제학의 40년 역사를 리뷰하고 은퇴 설계 등 행동경제학이 효과를 입증한 몇 가지 사례들을 소개하고 있다.

15 Katz(2000)는 진화윤리에 대한 심포지엄 논문과 토론이다. Ruse & Wilson(1985)은 진화윤리의 개척적 논설이고 정연교(2003)는 한국 철학자의 진화윤리학에 대한 조망과 비판이다.

16 Durant(1926), p.49에서 재인용. 플라톤의 정의에 대한 논변은 《공화국》에서 볼 수 있다.

17 Atistotle, p.319.

18 Corning(2011), p.19에서 재인용.

19 여기서 말하는 덕은 플라톤의 4덕(정의, 용기, 절제, 지혜)나 맹자의 인의예지 4단을 말하는 것은 아니다. 개념적으로 또 해석에 따라 상당 부분 겹치겠지만 본문의 내용은 나름대로의 덕의 정의인 셈이다.

20 정의에서 추정한 덕의 역할은 거꾸로 덕에 대한 정의가 될 수 있다. 가령, 덕은 "윤리와 정의를 구현하는 정신적 능력"이라고 정의할 수 있다. 맹자의 측은지심은 보호욕과 연관되며 희생적 선행을 촉진하고 수오지심과 시비지심은 형평욕과 연관되며 공정한 행동을 추구하게 만든다. 사양지심은 경쟁에서 패배의 승복이나 겸손을 연상시키며 경쟁이 싸움이 되지 않게 한다.

21 Clark & Sokoloff(1999), pp.637-670.

22 Equality와 더불어 Equity는 정의론의 핵심적인 개념이다. 우리말로는 평등, 동등, 공정, 공평 등으로 번역이 되며 정확한 의미는 문헌이나 맥락에 따라 같지 않아 보인다. 그것은 외국도 마찬가지인 듯하며, 가령 Corning(2011)은 equity를 merit으로 간주한다. 행동에 따르는 보상이나 처벌이 equity의 개념이라는 것이다. pp.25-27. 여기서는 어떤 문헌에 특별히 권위를 인정하여 따르기보다는 논리에 따라 의미를 부여하였으며 나름대로의 정의를 하는 셈이다.

23 Corning(2011), pp.10-13.

24 위의 책, p.154.

25 Leed & Lansley(2016)는 '보편적 기초수입(Universal Basic Income)' 시뮬레이션 모형의 구축과 리뷰이다. 당초 영국에서 추진되었지만 현재 전 세계 여러 나라에서 시험되고 있다.

26 "What's Gone Wrong with Democracy", *The Economist*, March 1, 2014.

27 우루과이 무히카 대통령은 "Americas, After Years in Solitary, an Austere Life as Uruguay's President", *New York Times*, January 4, 2015. 스위스 부르크할터 대통령은 http://www.thelocal.ch/20140904/burkhalters-solo-train-journey-goes-viral, 독일 메르켈 총리는 http://news.chosun.com/site/data/html_dir/2015/05/02/2015050200208.html.

28 황경식(2006), p.390.

29 "What are the Panama Papers and Why Do They Matter?", *The Economist*, http://www.economist.com/blogs/economist-explains/2016/04/economist-explains-1. "아이슬란드 총리 사임… 탈세 스캔들 일파만파", 〈조선일보〉, 2016. 4. 6. http://news.chosun.com/site/data/html_dir/2016/04/ 06/2016040600765.html.

30 Toffler(1984), pp.461-465.

16장 경제적 정의

1   GMI Ratings' 2013 CEO Pay Survey. http://go.gmiratings.com/rs/gmiratings/images/GMIRatings_2013CEOPaySurvey.pdf%20.

2   Robert A. Ferdman(2014), "The Pay Gap between CEOs and Workers Is

Much Worse than You Realize", *The Washington Post*, September 25, 2014. http://www.washingtonpost.com/blogs/wonkblog/wp/2014/09/25/the-pay-gap-between-ceos-and-workers-is-much-worse-than-you-realize/

3 12장 "진품과 가짜"에서 공산주의 이론에 대해서 간단히 비판했다.

4 마르크스가 꿈꾸던 공산주의 사회는 개미의 사회와 비슷한 것이다. 사회생물학자 윌슨은 마르크스가 종species을 잘못 선택했다고 한다. Ledgard(2010).

5 창의는 심리학이 탐구하는 주제 중 하나이지만 그다지 많은 연구가 되어 있지는 않다. 창의에 대한 포괄적 심리학적 설명은 Sternberg(1998). 저자는《인간의 사회생물학》에서 창의가 지식의 조립이라고 논구하였다. 창의＝지식＋노력＋능력＋운. 지식은 인류의 경험과 개인적 경험의 합이고 노력은 문제를 풀기 위해 정신을 집중(에너지 소모)하는 것이고 능력은 특정 유형의 문제를 풀기 쉽도록 마련되어 있는 뇌의 회로를 말한다. 많은 사람이 비슷한 목표를 추구하지만 일부만이 문제를 해결하며 그중 제일 먼저 이룩한 사람이 흔히 대부분의 보상을 차지한다(초유기체의 머리는 하나이다). 그것은 운이다. 정연보(2004), 13장 참조.

6 Mason(1962), Chapter 7~9는 각각 근대 이전의 중국, 인도, 중동 지역의 과학사를 간략히 서술하고 있다.

7 누구나 아인슈타인 같은 천재의 역할은 지대한 것이라고 생각한다. 천재의 업적은 대단한 것이지만 천재가 초월적인 존재는 아니다. 토마스 쿤은 과학의 발전은 비약적 단계를 거친다고 주장했다. Kuhn(1962). 패러다임을 바꾸는 비약적인 발전은 거의 사람의 일이라고 믿어지지 않기 때문에 그런 도약을 이끌어낸 사람은 천재라 불리고 거의 인류 종에 속하지 않는 듯이 여겨진다. 쿤의 패러다임 시프트가 당시까지 누적된 지식의 종합으로 인한 새로운 관점이 부상하는 것임을 감안한다면(8장의 "욕망의 레퍼토리" 참조) 천재의 역할은 그랜드 슬램을 달성하는 것과 비슷해 보인다. 비슷한 능력을 가진 테니스 선수는 많지만 어떤 한 사람만이 특정 대회에서 1등을 한다. 많은 대회를 개최하다 보면 누군가는 연속해서 1등을 하고 누군가는 그랜드슬램을 달성하는 일이 생긴다. 그랜드슬램을 달성한 선수는 뛰어난 선수이지만 특별한 인간은 아니며 다

른 최고의 선수들한테 지기도 한다. 많은 수의 뛰어난 과학자들이 연구를 하다 보면 누군가는 노벨상 감이 되는 연구 결과를 낳고 또 누군가는 역사에 길이 남을 위대한 발견을 하게 된다. 천재는 비슷한 많은 우수한 사람 가운데 운이 점지한 사람이라고 할 수 있다. 무작위성과 '큰수의 법칙' 등에 대해서는 Taleb(2005) 참조. 천재론은 정연보(2004), pp.326-340. 뉴턴이 없었다면 다른 물리학자가 만유인력의 원리를 발견하였을 것이고 아인슈타인이 없었다면 다른 어떤 사람이 상대성 원리를 발표하였을 것은 말할 나위가 없다. 이들의 업적은 그동안 누적된 인류의 지식이 새로운 원리로 통합되는 과정이며 잔에 물이 가득 차 넘칠 때에 이르렀기 때문에 생기는 현상이다.

8 Piketty(2014), p.571.

9 한국은행 자료. http://ecos.bok.or.kr.

10 http://www.index.go.kr/potal/main/EachDtlPageDetail.do?idx_cd=1076.

11 http://www.economist.com/news/leaders/21695392-big-firms-united-states-have-never-had-it-so-good-time-more-competition-problem. 한국에서는 독과점이 더 심한지도 모르겠다. 주택, 자동차, 연료, 유통 등 어떤 분야를 봐도 몇 개의 과점적인 기업들이 떠오른다. 납품을 하거나 하청을 받는 보다 작은 기업이나 농어민, 소상공인 등은 결국 거대기업에 속박되기 때문에 한국의 주요 시장도 이미 한 줌의 재벌에 의해서 지배되고 있을 것이다. 다만 경제의 모든 분야가 서로 연결되어 있고 지구촌 시대이기 때문에 시장의 지배자들조차 운신의 폭이 한정되어 있고 국지적인 시장지배력이 대중의 피부에 와서 닿지는 않는 것 같다.

12 Mankiw(2013).

13 혈통의 허구성에 대해서는 Wilson(1978), pp.196-197 참조.

14 Locke(1690).

15 김찬웅(2010), p.155. 이병철이 1971년 2월 사장단 회의에서 한 말.

16 Taleb(2005)는 부자를 포함하여 인생에 작용하는 확률에 대한 통찰이다.

17 세계 금융위기를 겪으면서 사람들의 생각이 많이 변하고 있다. Ransom & Baird(2011)는 다양한 전문가들의 개혁적인 생각을 모은 책이다.

18   Myers & DeWall(2015) p.523.

19   http://info.healthways.com/hubfs/Well-Being_Index/2014_Data/Gallup-Healthways_State_of_Global_Well-Being_2014_Country_Rankings.pdf.

20   Hayflick(1994), pp.77-83.

21   현각(1999), 제2권. pp.92-93.

22   GDP Statistics from the World Bank. http://knoema.com/mhrzolg/gdp-statistics-from-the-world-bank?country=World. Population Reference Bureau. http://www.prb.org/wpds/2014/

23   http://www.worldbank.org/en/topic/poverty/overview.

24   Appell(2003).

25   Mankiw(2013).

26   Sachs(2006).

27   Acemoglu & Robinson(2012).

28   Keynes(1963), pp.358-373. 인용된 내용은 1930년 발표된 *Economic Possibilities for Our Grandchildren*에 나온다.

참고문헌

길희성 외(편)(2001), 《경전으로 본 세계 종교》, 전통문화연구회.

김경일(2001), 《공자가 죽어야 나라가 산다》, 바다출판사.

김달진(역)(1965), 《법구경》, 현암사.

김득만·장윤수(2000), 《중국 철학의 이해》, 예문서원.

김찬웅(2010), 《이병철, 거대한 신화를 꿈꾸다》, 세종미디어.

김태길(1998), 《윤리학》, 박영사.

류정훈(1997), 《알기 쉽게 풀어쓴 불교입문》, 장승.

박현욱(2006), 《아내가 결혼했다》, 문이당.

백연욱·이기석·전영식·한백우(1974), 《대학·중용》, 홍신문화사.

오강남(1999), 《장자》, 현암사.

윤정현(2001), 《중국역대명시감상》, 민음사.

이계황(2015), 《일본근세사》, 혜안.

이양수(2012), 〈샌델과 자유주의 비판〉, 《정의의 한계 Liberalism and the Limits of Justice》, 샌델(1997) 저, 이양수 역, 멜론, 2012.

이준호(1999), 《흄의 자연주의와 자아》, 울산대학교출판부.

장은주(2012), 《정의의 문제들》, 비글인디북스.

정연교(2003), 〈진화생물학과 윤리학의 자연화〉, 《진화론과 철학》, 철학연구회, 철학과현실사, 2003.

정연보(2004), 《인간의 사회생물학》, 철학과현실사.

지재희(편)(2000), 《예기》, 자유문고.

최재희(1979), 《칸트의 생애와 철학》, 태양문화사.

허도산(편)(2001), 《세계의 명연설》, 계명사.

허미자(2007), 《허난설헌》, 성신여자대학교출판부.

현각(1999),《만행: 하버드에서 화계사까지》, 열림원.

홍자성,《채근담》, 조지훈 역, 나남출판, 1996.

황경식(2003), 〈세기의 정의론자 존 롤즈〉, Rawls, J.(1999),《정의론A Theory of Justice》, 황경식 역, 이학사, 2003.

황경식(2006),《자유주의는 진화하는가: 열린 자유주의를 위하여》, 철학과현실사.

황보밀,《고사전》, 김장환 역, 지식을 만드는 지식, 2012.

Abbot, P., et al.(2011), "Inclusive Fitness Theory and Eusociality", *Nature* 471, E1–E4.

Acemoglu, D., and J. Robinson(2012),《국가는 왜 실패하는가Why Nations Fail. The Origins of Power, Prosperity, and Poverty》, 최완규 역, 시공사, 2012.

Alcock, J.(1993), *Animal Behavior. An Evolutionary Approach*(5th Ed.), Sinauer Associates, Inc.

Alcock, J.(2001), *Animal Behavior. An Evolutionary Approach*(7th Ed.), Sinauer Associates, Inc.

Appell, D.(2003), "Profile(Jeffrey D. Sachs)", *Scientific American*, January Issue, pp.24–25.

Aristotle,《향연·파이돈·니코마코스 윤리학Nicomachean Ethics》, 최명관 역, 을유문화사, 2003.

Arzy, S., M. Idel, T. Landis, and O. Blanke(2005), "Why Revelations Have Occurred on Mountains? Linking Mystical Experiences and Cognitive Neuroscience", *Med. Hypotheses* 65: 841–845.

Asch, S. E.(1951), "Effects of Group Pressure on the Modification and Distortion of Judgments", *Groups, Leadership and Men*(Ed., H. Guetzkow), pp.177–190, Carnegie Press.

Atzmon, Gil, et al.(2010), "Abraham's Children in the Genome Era: Major Jewish Diaspora Populations Comprise Distinct Genetic Clusters with Shared Middle Eastern Ancestry", *Am. J. Hum. Genet.* 86: 850–859.

Axelrod, R., and W. D. Hamilton(1981), "The Evolution of Cooperation", *Science* 211: 1390–1396.

Bacon, F.(1620),《신기관Novum Organum, Bottom of the Hill Publishing》, 진석용 역, 한길사, 2016.

Baker, R. R., and M. A. Bellis(1995). *Human Sperm Competition: Copulation, Masturbation, and Infidelity*, Chapman and Hall.

Barash, D. P., and J. E. Lipton(2001),《일부일처제의 신화The Myth of Monogamy》, 이한음 역, 해냄, 2002.

Bard, P.(1934), "On emotional Expression after Decortication with some Remarks on certain theoretical Views", *Psychological Review* 41, 309–329.

Barrett, Louise, R. Dunbar, and J. Lycett(2002), *Human Evolutionary Psychology*, Princeton University Press.

Baten, Joerg, and M. Blum(2012), "Growing Tall but Unequal: New Findings and New Background Evidence on Anthropometric Welfare in 156 Countries, 1810–1989", *Economic History of Developing Regions*, Volume 27, Supplement 1.

Beck, W. S., K. F. Liem, and G. G. Simpson(1991), *Life. An Introduction to Biology*(3rd Ed.), Harper Collins Pub.

Benthall, Jonathan, "Animal Liberation and Rights", *Anthropology Today* 23: 1–3.

Bentham, J.(1789),《도덕과 입법의 원리An Introduction to the Principles of Morals and Legislation》, 이순용 역, 양우당, 1988.

Berlin, I.(1969), "Two Concepts of Liberty", *Four Essays on Liberty*, Oxford University Press.

Bernstein, William J.(2004),《부의 탄생The Birth of Plenty: How the Prosperity of the Modern World Was Created》, 김현구 역, 시아출판사, 2005.

Bianconi E., A. Piovesan, F. Facchin, et al.(2013), "An Estimation of the Number of Cells in the Human Body", *Ann. Hum. Biol.* 40: 463–471.

Blackmore, S.(2004), *Consciousness: An Introduction*, Oxford University Press.

Blanke, O., S. Ortigue, T. Landis, and M. Seeck(2002), "Stimulating Illusory Own-Body Perceptions", *Nature* 419: 269.

Bloom, Paul(2005), "Is God an Accident?", *The Atlantic*, December Issue.

Bloom, P.(2013), *Just Babies: The Origins of Good and Evil*, Crown.

Boyd, Robert, and Peter J. Richerson(1990), "Culture and Cooperation", *Beyond Self-Interest*(Ed., Jane J. Mansbridge), The University of Chicago Press, pp.111-132.

Bronowski, Jacob, and Bruce Mazlish(1962), 《서양의 지적 전통-Western Intellectual Tradition: From Leonardo to Hegel》, 차하순 역, 학연사, 1998.

Bshary, R.(2002), "Biting Cleaner Fish Use Altruism to Deceive Image-Scoring Client Reef Fish", *Proceedings of the Royal Society*, London, B 269: 2087-2093.

Bshary, R., and A. S. Grutter(2006), "Image Scoring and Cooperation in a Cleaner Fish Mutualism", *Nature* 441: 975-978.

Bshary, Redouan, Alexandra S. Grutter, Astrid S. T. Willener, and Olof Leimar(2008), "Pairs of Cooperating Cleaner Fish Provide Better Service Quality Than Singletons", *Nature* 455: 964-967.

Buss, D. M.(1994), "The Strategies of Human Mating", *American Scientist* 82: 238-249.

Buss, D. M.(Ed., 2005), *The Handbook of Evolutionary Psychology*, John Wiley and Sons, Inc.

Caldas, José Castro, and Vítor Neves(Ed., 2012), *Facts, Values and Objectivity in Economics*, Routlege.

Cannon, W.(1927), "The James-Lange Theory of Emotion", *American Journal of Psychology* 39: 106-124.

Cavanaugh, Michael A.(1985), "Scientific Creationism and Rationality", *Nature*

315: 185-189.

Clark, D. D., and L. Sokoloff(1999), "Circulation and Energy Metabolism of the Brain", *Basic Neurochemistry: Molecular, Cellular and Medical Aspects*(Ed., G. J. Siegel, et al.), Lippincott, pp.637-670.

Cohen, I. B.(1985), *Revolution in Science*, Harvard University Press.

Conselice, C. J.(2007), "The Universe's Invisible Hand", *Scientific American*, February Issue: 34-31.

Cornman, J. W., K. Lehrer, and G. S. Pappas(Ed., 1992), *Philosophical Problems and Arguments:An Introduction*(4th Ed.), Hackett Publishing Co.

Corning, P.(2011), *The Fair Society*, The University of Chicago Press.

Cosmides, L., and J. Tooby(2005), "Neurocognitive Adaptations Designed for Social Exchange", *The Handbook of Evolutionary Psychology*(Ed. David M. Buss), John Wiley and Sons, Inc., pp.584-627.

Covey, Stephen R.(1989), 《성공하는 사람의 7가지 습관The Seven Habits of Highly Effective People》, 김경섭·김원석 역, 김영사, 1994.

Cummins, Denise(2005), "Dominance, Status, and Social Hierarchies", *The Handbook of Evolutionary Psychology*(Ed., David M. Buss), John Wiley and Sons, Inc., pp.676-697.

Cunningham, L. A.(1997), 《나, 워렌 버펫처럼 투자하라The Essays of Warren Buffett》, 이창식 역, 서울문화사, 2000.

Damasio, A.(2003), *Looking for Spinoza, Joy, Sorrow, and the Feeling Brain*, A Harvest Book.

D'Aquilli, E., and A. Newberg(1998), "The Neuropsychological Basis of Religions, or Why God Won't Go Away", *Zygon* 33: 187-201.

Darwin, C.(1872), *The Origin of Species by Means of Natural Selection, or the Preservation of Favoured Races in the Struggle for Life*(6th Ed.), John Murray.

Dawkins, R.(1989), *The Selfish Gene*(2nd Ed., 30th Anniversary Ed.), Oxford University Press.

Dawkins, R.(2006),《만들어진 신God Delusion》, 이한음 역, 김영사, 2007.

Delton, A. W., Max M. Krasnow, Leda Cosmides, and John Tooby(2011),
"Evolution of Direct Reciprocity under Uncertainty Can Explain Hu-
man Generosity in One-Shot Encounters", *Proceedings of the National
Academy of Sciences*(USA) 108: 13335-13340.

Descarte, R.(1637),《방법서설·성찰·철학의 원리Méditationes》, 소두영 역, 한길사,
2016.

deWaal, F.(1983),《침팬지 폴리틱스, 권력 투쟁의 동물적 기원Chimpanzee Politics:
Power and Sex among Apes》, 황상익·장대익 역, 바다출판사, 2004.

Diamond, Jared(1997), *Guns, Germs, and Steel, The Fates of Human Societies*,
W. W. Norton and Co.

Diamond, Jared(2005), *Collapse: How Societies Choose to Fail or Succeed*,
Penguin Books.

Doglin, E.(2014), "The Ethics Squad", *Nature* 514: 48-420.

Dong, X., Brandon Milholland, and Jan Vijg(2016), "Evidence for a Limit to
Human Lifespan", *Nature* 538: 257-259.

Dovidio J.F., J.L. Allen, and D.A. Schroeder(1990), "Specificity of Empathy-
Induced Helping: Evidence for Altruistic Motivation", *Journal of Per-
sonality and Social Psychology* 59: 249-260.

Dugatkin, L. A.(2006), *The Altruism Equation*, Princeton University Press.

Dunn, Elizabeth W., Lara B. Aknin, and Michael I. Norton(2008). "Spending
Money on Others Promotes Happiness", *Science* 319: 1687-1688.

Durant, W.(1926),《철학이야기The Story of Philosophy》, 황문수 역, 고려대학교출판부,
1998.

Edgar, J, J. Lowe, E. Paul, and C. Nicol(2011), "Avian Maternal Response to
Chick Distress", *Proceedings of the Royal Society B-Biological Sciences*
278: 3129-3134.

Feinberg, J.(1985), *Offense to Others: The Moral Limits of the Criminal Law*, Oxford University Press.

Feinstein, Justin S., Ralph Adolphs, Antonio Damasio, and Daniel Tranel(2011), "The Human Amygdala and the Induction and Experience of Fear", *Current Biology* 21: 34-38.

Fehr, E., and S. Gächter(2002), "Altruistic Punishment in Humans", *Nature* 415: 137-140.

Fernyhough, C.(2008), "Getting Vygotskian About Theory of Mind: Mediation, Dialogue, and the Development of Social Understanding", *Developmental Review* 28: 225-262.

Fox, R.(1972), "Alliance and Constraint: Sexual Selection in the Evolution of Human Kinship Systems", *Sexual Selection and the Descent of Man 1871-1971*(Ed., B. G. Campbell), Heinemann Educational, pp.282-331.

Frankena, W.(1988), 《윤리학Ethics》, 황경식 역, 철학과현실사, 2003.

Fulghum, Robert(1988), *All I Really Need to Know I Learned in Kindergarten: Uncommon Thoughts On Common Things*, Villard Books.

Gallup, G. G.(1977), "Self-recognition in primates: A comparison approach to the bi-directional properties of consciousness", *American Psycologist* 32: 329-338.

Gamble, C., J. Gowlett, and R. Dunbar(2014), *Thinking Big: How the Evolution of Social Life Shaped the Human Mind*, Thames & Hudson.

Geertz, Clifford(1994), "Life without Fathers or Husbands", *Conformity and Conflict*(12th Ed.), *Readings in Cultural Anthropology*(Ed., J.Spradley, and D. W. McCurdy), Pearson Education, Inc.

Good, Kenneth(1997), *Into the Heart, One Man's Pursuit of Love and Knowledge Among the Yanomami*, Addison-Wesley Publishing Company.

Gray, J.(1992), *Men Are From Mars, Women Are From Venus-A Practical Guide For Improving Communication and Getting What You Want in*

Your Relationship, Harper Collins.

Greene, J.(2009), "Fruit flies of the Moral Mind", *What's Next? Dispatches on the Future of Science*(Ed., Max Brockman), Vintage Books, pp.104-115.

Gribbin, John (2002),《사람이 알아야 할 모든 것 과학Science: A History 1543-2001》, 강윤재 · 김옥진 역, 들녘, 2004.

Gruen, L.(2014), "The Moral Status of Animals", *The Stanford Encyclopedia of Philosophy*, Fall 2014 Edition(Ed., Edward N, Zalta), http://plato.stanford. edu/archives/fall2014/entries/moral-animal/.

Hamilton, W. D.(1964), "The Genetical Evolution of Social Behaviour I, II", *Journal of Theoretical Biology* 7: 1-52.

Hardin, G.(1960), "The Competitive Exclusion Principle", *Science* 131: 1292-1297.

Harris, S.(2005), *The End of Faith: Religion, Terror, and the Future of Reason*, W. W. Norton and Company.

Hattle, D. L., and E. W. Jones(2009), *Genetics*(7th Ed.), Jones and Bartlett Publishers.

Hartung, J.(1995), "Love Thy Neighbor: The Evolution of In-Group Morality", *Skeptic* 3: 86-98.

Hauser, M. D.(2006), *Moral Minds*, Harper Collins Publishers.

Hayflick, Leonard(1994), *How and Why We Age*, Ballantine Books.

Heider, F., and M. Simmel(1944), "An Experimental Study in Apparent Behavior", *The American Journal of Psychology* 57: 243-259.

Hirschberger, J.(1965),《서양철학사Geschichte der Philosophie》상권, 고대와 중세편, 강성위 역, 이문출판사, 1984.

Hobbes, T.(1651),《리바이어던: 국가론Leviathan》, 이정식 역, 박영사, 1984.

Hoffman, M. L.(2000), *Empathy and Moral Development: Implications for Caring and Justice*, Cambridge University Press.

Hole, J. W.(1990), *Human Anatomy and Physiology*(5th Ed.), Wm. C. Brown Pub.

Hölldobler, B., and E. O. Wilson(2009), *The Superorganism: The Beauty, Elegance and Strangeness of Insect Societies*, W. W. Norton.

Hume, D.(1740a), 《인간 본성에 관한 논고A Treatise of Human Nature, Of the Understanding》제1권, 오성에 관하여, 수정판(modern edition by L. A. Selby-Bigge), 이준호 역, 서광사, 1998.

Hume, D.(1740b), 《인간 본성에 관한 논고A Treatise of Human Nature, Of the Passion》제2권, 정념에 관하여, 수정판(modern edition by L. A. Selby-Bigge), 이준호 역, 서광사, 1998.

Hume, D.(1740c), 《인간 본성에 관한 논고A Treatise of Human Nature, Of the Morals》제3권, 도덕에 관하여, 수정판(modern edition by L. A. Selby-Bigge), 이준호 역, 서광사, 1998.

Huxley, Leonard(1900), *The Life and Letters of Thomas Henry Huxley*, Macmillan.

James, W.(1884), "What Is an Emotion?", *Mind* 9: 188-205.

James, W.(1890), *The Principles of Psychology*, Macmillan.

Jorde, Lynn B., and Stephen P. Wooding(2004), "Genetic Variation, Classification and 'Race'", *Nature Genetics* 36: S28-S33.

Kahneman, D.(2011), *Thinking, Fast and Slow*, Penguin.

Kahneman, D., and A. Deaton(2010), "High Income Improves Evaluation of Life but Not Emotional Well-Being", *Proceedings of the National Academy of Sciences*(USA) 107: 16489-16493.

Kalat, J. W.(1999), *Introduction to Psychology*(5th Ed.), An International Thompson Publishing Co.

Kalthoff, K.(1996), *Analysis of Biological Development*, McGraw-Hill.

Kant, I.(1786), "도덕철학서론", 《실천이상비판Grundlegung zur Metaphysik der Sitten》, 최재희 역, 박영사, 1975.

Katz, L. D.(Ed.)(2000), *Evolutionary Origins of Morality*, Imprint Academic.

Keown, D.(1996), 《불교란 무엇인가Buddism》, 고길환 역, 동문선, 1996.

Kesebir, Selin(2012), "The Superorganism Account of Human Sociality: How and When Human Groups are like Beehives", *Pers. Soc. Psychol. Rev.* 16: 233-261.

Keynes, J. M.(1963), *Essays in Persuasion*, W. W. Norton & Co.

Kitcher, Philip(1993), "Four Ways of 'Biologicizing' Ethics", *Evolution und Ethik*(Ed., K. Bauertz), Reclam.

Kohlberg, L.(1969), "Stage and Sequence: the Cognitive-Developmental Approach to Socialization", *Handbook of Socialization Theory and Research*(Ed., D. A. Goslin), Rand McNally Co., pp.347-480.

Kohlberg, Lawrence, and Richard H. Hersh(1977), "Moral Development: A Review of the Theory", *Theory Into Practice* 16: 53-59.

Kuhn, T.(1962), 《과학혁명의 구조The Structure of Scientific Revolution》, 김명자 역, 까치글방, 1999.

Laplace, P. -S.(1902), *A Philosophical Essay on Probabilities*, John-Wiley.

Leahey, T. H., and Harris, R. J.(2000), *Learning and Cognition*(5th Ed.), Prentice Hall.

Ledgard, J. M.(2010), "Ants and Us", *Intelligent Life Magazine*, Autumn Issue.

LeDoux(1996), *The Emotional Brain*, Simon and Schuster.

LeDoux(2002), *Synaptic Self*, Penguin Books.

Leed, Howard, and Stewart Lansley(2016), *Universal Basic Income: An Idea Whose Time Has Come?*, Compass.

Le Monde Diplomatique(2008), 《르몽드세계사L'Atlas du Monde Diplomatique》, 권지현 역, 휴머니스트, 2008.

Leslie, S., B. Winney, G. Hellenthal, et al.(2015), "The Fine-Scale Genetic Structure of the British Population", *Nature* 519: 309-314.

Libet, B.(1985), "Unconscious Cerebral Initiative and the Role of Conscious Will in Voluntary Action", *Behavioral and Brain Sciences* 8: 529-539.

Locke, John(1690), *Second Treatise of Government*(10th Ed.), Project Gutenberg.

Locke, J.(1689), *An Essay Concerning Human Understanding*, BookII, Chap, XXI, Sec.17, Penguin Classics.

Lumsden, C. J., and E. O. Wilson(1985), "The Relation Between Biological and Cultural Evolution", *J. Soc. Biol.* Structures 8: 343-359.

Maalouf, Amin(1983), 《아랍인의 눈으로 본 십자군 전쟁Les Croisades vues par les Arabes》, 김종석 역, 아침이슬, 2002.

Mackie, John L.(1977), *Inventing Right and Wrong*, Penguin.

Madden, T.(1999), 《십자군The New Concise History of the Crusades》, 권영주 역, 루비박스, 2005.

Magee, Bryan(1982), 《현대철학의 쟁점들은 무엇인가Men of Ideas: Some Creators of Contemporary Philosophy》, 이명현·이건원·이종권 역, 심설당, 1985.

Malthus, T.(1798), 《인구론An Essay on the Principle of Population》, 이서행 역, 동서문화사, 2011.

Mankiw, N. Gregory(2013), "Defending the One Percent", *Journal of Economic Perspectives* 27: 21-34.

Marris, Bernard(2003), 《무용지물 경제학Antimanuel d'Economie》, 조홍식 역, 창비, 2008.

Maschwitz, U., and E. Maschwitz(1974), "Platzende Arbeiterinnen: Eine Neue Art der Feindabwehr bei sozialen Hautiflüglern", *Oecologia* 14: 289-294.

Maslow, A. H.(1943), "A Theory of Human Motivation", *Psychological Review*, 50(4): 370-396.

Mason, Elinor(2015), "Value Pluralism", *The Stanford Encyclopedia of Philosophy*, Summer 2015 Edition(Ed., Edward N. Zalta), http://plato.stanford.edu/archives/sum2015/entries/value-pluralism.

Mason, S. F.(1962), *A History of the Sciences*, Collier Books.

Maurois, A.(1978), 《영국사Histoire d'Angleterre》, 신용석 역, 김영사, 2013.

Maynard Smith, J.(1964), "Group Selection and Kin Selection", *Nature* 201: 1145-1147.

Mettler, L. E., T. G. Gregg, and H. E. Schaffer(1988), *Population Genetics and Evolution*(2nd Ed.), Prentice Hall.

Milgram, Stanley(1974), *Obedience to Authority: an Experimental View*, Harper and Row.

Mill, J. S.(1859), 《자유론 On Liberty》, 서병훈 역, 책세상, 2005.

Monastersky, R.(2015), "The Human Age", *Nature* 215: 144-147.

Moore, G. E.(1903), 《윤리학 원리 Principia Ethica》, 정석해 역, 민중서관, 1958.

More, Thomas(1516), 《유토피아 Utopia》, 원창엽 역, 홍신문화사, 2006.

Morin, A.(2004), "A Neurocognitive and Socioecological Model of Self-Awareness", *Genetic, Social, and General Psychology Monographs* 130: 197-222.

Moxon, E. R., and C. Wills(1999), "Searching for Papa Chimp", *Scientific American*, January Issue, p.75.

Muir, M. W.(1996), "Group Selection for Adaptation to Multiple-Hen Cages: Selection Program and Direct Responses", *Poultry Science* 75: 447-458.

Myers, D. G., and C. N. DeWall(2015), 《심리학 Psychology》, 신현정 · 김비아 역, 시그마프레스, 2015.

Nahmias, E.(2015), "Why We Have Free Will?", *Scientific American*, January Issue, pp.64-67.

Nature Genetics(2001), Editorial, *Nature Genetics* 28: 298.

Nowak, M., and K. Sigmund(1998), "Evolution of Indirect Reciprocity by Image Scoring", *Nature* 393: 573-577.

Nowak, M., C. Tarnita, and E. O. Wilson(2010), "The Evolution of Eusociality", *Nature* 466: 1057-1062.

Nozick, R.(1977), 《아나키에서 유토피아로: 자유주의 국가의 철학적 기초 Anarchy, State and Utopia》, 남경희 역, 문학과지성사, 1997.

O'Connor, Timothy, and Hong Yu Wong(2015), "Emergent Properties", *The Stanford Encyclopedia of Philosophy*, Summer 2015 Edition(Ed., Edward N.

Zalta), https://plato.stanford.edu/archives/sum2015/entries/properties-emergent.

Olds, J., and P. Milner(1954), "Positive Reinforcement Produced by Electrical Stimulation of Septal Area and Other Regions of Rat Brain". *J. Comparative and Physiological Psychology* 47: 419-427.

Ostrer, H.(2012), *Legacy: A Genetic History of the Jewish People*, Oxford University Press.

Pearce, F.(2015), *The New Wild: Why Invasive Species Will Be Nature's Salvation*, Icon Books.

Pieper, Annemarie(1991),《현대윤리학입문 Einführung in die Ethik》, 진교훈·류지한 역, 철학과현실사, 1999.

Piketty, Thomas(2014),《21세기 자본 Capital in the Twenty-first Century》, 장경덕 외 역, 글항아리, 2014.

Pinker, S.(1994), *The Language Instinct*, W. Morrow and Co.

Pinker, S.(2002) *The Blank Slate: The Modern Denial of Human Nature*, Viking Penguin Books.

Plato,《에우티프론, 소크라테스의 변론, 크리톤, 파이돈 Euthyphro》, 박종현 역, 서광사, 2003.

Plotnik, J. M., Frans B. M. de Waal, and Diana Reiss(2006), "Self-recognition in an Asian elephant", *Proceedings of the National Academy of Science* (USA) 103: 17053-17057.

Plutchik, R.(1980), *Emotion, a Psychoevolutionary Synthesis*, Harper and Row.

Ramachandran, V. S.(2011), The *Tell-Tale Brain*, W. W. Norton and Company.

Ransom, D., and V. Baird(2011),《경제민주화를 말하다 People First Economics》, 김시경 역, Winnersbook, 2012.

Rawls, J.(1999),《정의론 A Theory of Justice》, 황경식 역, 이학사, 2003.

Reiss, S.(2002), *Who am I? The 16 Basic Desires That Motivate Our Actions and Define Our Personalities*, Berkley Trade.

Reiss, S.(2004), "Multifaceted Nature of Intrinsic Motivation-The Theory of 16 Basic Desires", *Review of General Psychology* 8: 179-193.

Reiss, D., and L. Marino(2000), "Mirror Self-Recognition in the Bottlenose Dolphin: A Case of Cognitive Convergence", *Proceedings of the National Academy of Science*(USA), 98: 5937-5942.

Richerson, P. J., and R. Boyd(2005), *Not by Genes Alone. How Culture Transformed Human Evolution*, University of Chicago Press.

Ridley, M.(1996), 《이타적 유전자 The Origin of Virtue》, 신좌섭 역, 사이언스북스, 2001.

Rilling, James K., David A. Gutman, Thorsten R. Zeh, Giuseppe Pagnoni, Gregory S. Berns, and Clinton D. Kilts(2002), "A Neural Basis for Social Cooperation", *Neuron* 35: 395-405.

Rizzolatti G., L. Fadiga, V. Gallese, and L. Fogassi(1996), "Premotor Cortexand the Recognition of Motor Actions", *Cognitive Brain Research* 3: 131-141.

Roberts, J. M., and O. A. Westad(2013), *The History of the World*(6th Ed.), Oxford University Press.

Rockenbach, B., and M. Milinski(2006), "The Efficient Interaction of Indirect Reciprocity and Costly Punishment", *Nature* 444: 718-723.

Rousseau, J. J.(1762), 《사회계약론. 정치적 권리의 제원리 Du Contrat Social》, 이태일 역, 범우사, 1975.

Ruse, M., and Wilson, E. O.(1985), "The Evolution of Ethics", *New Scientist*, 17: 50-52.

Russell, B.(1946), 《서양철학사 History of Western Philosophy》(상), 최홍민 역, 집문당, 2006.

Russell, B.(1959), 《서양의 지혜 Wisdom of the West: A Historical Survey of Western Philosophy in its Social and Political Setting》, 이명숙·곽강제 역, 서광사, 1990.

Russell, B.(1950), *What Desires Are Politically Important?*, Nobel Lecture, http://www.nobelprize.org/nobel_prizes/literature/laureates/1950/

russell-lecture.html.

Russel, J. B.(1988),《악마의 문화사 The Prince of Darkness, Radical Evil and Power of Good in History》, 최은석 역, 황금가지, 1999.

Rutz, Christian, Barbara C. Klump, et al.(2016), "Tool Bending in New Cale-donian Crows", *R. Soc. Open Sci.* 3, 160439.

Sachs, J.(2006), *The End of Poverty: Economic Possibilities for Our Time*, Penguin Books.

Sakagami, S. F., and Y. Akahira(1960), "Studies on the Japanese Honeybee, *Apisceranacerana Fabricius*: 8, Two Opposing Adaptations in the Post-Stinging Behavior of Honeybees", *Evolution* 14: 29-40.

Samson, A.(Ed., 2014), *The Behavioral Economics Guide 2014.* http://www.behavioraleconomics.com.

Sandel, M.(1997),《정의의 한계 Liberalism and the Limits of Justice》, 이양수 역, 멜론, 2012.

Sandel, M. J.(2009),《정의란 무엇인가 Justice: What's the Right Thing to Do?》, 이창신 역, 김영사, 2010.

Sanderson, S. K.(1995),《사회학, 인간사회의 구조와 변동 Macrosociology, An Introduction to Human Societies》, 김정선 외 역, 그린, 1999.

Schachter, S., and J. Singer(1962), "Cognitive, Social, and Physiological Deter-minants of Emotional State", *Psychological Review* 69: 379-399.

Schaller, G. B.(1972), *The Serengeti Lion: A Study of Predator-Prey Relations*, University of Chicago Press.

Schopenhauer, A.(1819),《의지와 표상으로서의 세계 Die Welt als Wille und Vorstellung》, 곽목록 역, 세계의 사상 제3권, 을유문화사, 1994.

Schrödinger, E.(1955), *What Is Life? The Physica Aspect of the Living Cell*, Cambridge University Press.

Schwanhäusser, B., et al.(2011), "Global Quantification of Mammalian Gene Expression Control", *Nature* 473: 337-342.

Searl, J. R.(2004), 《마인드 Mind: A Brief Introduction》, 정승현 역, 까치, 2007.

Seneca, L. A. 《세네카 인생사전 On the Shortness of Life: Life Is Long if You Know How to Use It》, 차전석 역, 뜻이있는사람들, 2015.

Shariff, A. F., and K. D. Vohs(2014), "The World Without Free Will", *Scientific American*, June Issue, pp.60-63.

Shermer, M.(2004), *The Science of Good and Evil*, Times Books.

Simon, H. A.(1990), "A Mechanism for Social Selection and Successful Altruism", *Science* 250: 1665-1668.

Singer, P.(1981), 《사회생물학과 윤리 Expanding Circle: Ethics and Sociobiology》, 김성한 역, 인간사랑, 1999.

Singer, T., B. Seymour, J. O'Doherty, et al.(2004), "Empathy for Pain Involves the Affective but Not Sensory Components of Pain", *Science* 303: 1157-1162.

Smith, Carolynn L., Alan Taylor, and Christopher S. Evans(2011), "Tactical Multimodal Signalling in Birds: Facultative Variation in Signal Modality Reveals Sensitivity to Social Costs", *Animal Behaviour* 82: 521-527.

Smith, Carolynn L., and Sarah L. Zielinkski(2014), "Brainy Bird", *Scientific American*, February Issue, pp.46-51.

Smith, C.(2011), "Neuroscience vs Philosophy: Taking Aim at Free Will", *Nature* 477: 23-25.

Sober, E., and D. S. Wilson(1998), *Unto Others, The Evolution and Psychology of Unselfish Behavior*, Harvard University Press.

Snow, C. P.(1959), *The Two Cultures*, Cambridge University Press.

Sternberg, R. J.(Ed.), (1998), *Handbook of Creativity*, Cambridge University Press.

Strickberger, M. W.(2000), Evolution(3rd Ed.), Jones and Bartlett Publishers.

Sumner, W. G.(1907), *Folkways: A Study of the Sociological Importance of Usages, Manners, Customs, Mores, and Morals*, Ginn and Co.

Tachau, F.(1987), 《케말 파샤Kemal Ataturk: World Leaders Pastand Present》, 한영탁 역, 대현출판사, 1993.

Tajfel, H.(1970), "Experiments in Intergroup Discrimination", *Scientific American*, Norember Issue, 223: 9-102.

Taleb, Nassim N.(2005), *Fooled by Randomness*(2nd Ed.), Random House Trade Paperbacks.

Thaler, R. H.(2015), *Misbehaving: The Making of Behavioural Economics*, Penguin.

Toffler, A.(1984), 《제3의 물결The Third Wave》, 원창엽 역, 홍신문화사, 2006.

Tofilski, A., M. J. Couvillon, S. E. Evison, H. Helanterä, E. J. Robinson, and F. L. Ratnieks(2008), "Preemptive Defensive Self-Sacrifice by Ant Workers", *American Naturalist* 172: E 239-243.

Trivers, R. L.(1971), "The Evolution of Reciprocal Altruism", *Q. Rev. Biol.* 46: 35-57.

van Mill, David(2015), "Freedom of Speech", *The Stanford Encyclopedia of Philosophy*, Spring 2015 Edition(Ed., Edward N. Zalta), http://plato.stanford.edu/archives/spr2015/entries/freedom-speech.

Vohs, K. D., and J. W. Schooler(2008), "The Value of Believing in Free Will: Encouraging a Belief in Determinism Increases Cheating", *Psychol. Sci.* 19: 49-54.

Weatherford, Jack(2004), 《칭기스칸, 잠든 유럽을 깨우다Genghis Khan and the Making of the Modern World》, 정영목 역, 사계절, 2005.

Wegner, D. M., and T. Wheatley(1999), "Apparent Mental Causation: Sources of the Experience of Will", *American Psychologist* 54: 480-492.

Wheeler, M. W.(1911), "The Ant-Colony as an Organism", *The Journal of Morphology* 22: 307-325.

Wiggins, J. A., B. B. Wiggins, and J. V. Zanden(1994), *Social Psychology*(5th Ed.), McGraw-Hill.

Williams, G.(1966), *Adaptation and Natural Selection*, Princeton University Press.

Wilson, D. S., and E. O. Wilson(2007), "Rethinking the Theoretical Foundation of Sociobiology", *The Quarterly Review of Biology* 82: 327–348.

Wilson, E. O.(1975), *Socioboiology, The New Synthesis*(25th anniversary edition), The Belknap Press of Harvard University Press, 2000.

Wilson, E. O.(1978), *On Human Nature*, Harvard University Press.

Wilson, E. O.(1984), *Biophilia*, Harvard University Press.

Wilson, E. O.(1998), *Consilience, The Unity of Knowledge*, Alfred A. Knopf, Inc.

Wilson, E. O.(2002), *The Future of Life*, Alfred A. Knopf, Inc.

Wilson, E. O.(2012), 《지구의 정복자: 우리는 어디서 왔는가, 우리는 무엇인가, 우리는 어디로 가는가? Social Conquest of Earth》, 이한음 역, 사이언스북스, 2013.

Wilson, Ian(2010), *The Shroud*, Transworld Digital.

Wittgenstein(1953), *Philosophical Investigations*(3rd Ed.), Pearson.

Wong, David(2005), 《다원론적 상대주의 Natural Moralities: A Defense of Pluralistic Relativism》, 김성동 역, 철학과현실사, 2005.

Wong, K.(2014), "The 1 Percent Difference", *Scientific American*, September Issue, p.80.

Xing, J., et al.(2009), "Fine-scaled Human Genetic Structure Revealed by SNP Microarrays", *Genome Research*, 19: 815–825.

Zerjal, T., et al.(2003), "The Genetic Legacy of the Mongols", *Am. J. Hum. Genet*, 72: 717–721.

Zimmer, Carl(2007), *Smithsonian Intimate Guide to Human Origins*, Harper Perennial.